Rhino 6.0 中文版
入门、精通与实战

陈演峰 邓福超 张阳 编著

电子工业出版社
Publishing House of Electronics Industry
北京·BEIJING

内 容 简 介

本书以 Rhino 6.0 中文版为操作基础，全面讲解软件应用技巧与产品造型设计技能知识。

本书基于 Rhino 6.0 全面详解其造型功能与应用。本书由浅到深、循序渐进地介绍了 Rhino 与 Rhino 插件的基本操作及命令的使用，并配合大量的制作实例，使读者能更好地巩固所学知识。

本书穿插大量的课外链接，帮助读者快速掌握软件应用。还向读者提供了超过 10 小时的设计案例的演示视频、全部案例的素材文件和设计结果文件，以协助读者完成全书案例的操作。

本书从软件的基本应用及行业知识入手，以 Rhino 软件的应用为主线，以实例为引导，按照由浅入深、循序渐进的方式，讲解机械图纸及零件模型的设计技巧。

本书定位初学者，通过对金牌案例的讲解，以及通过读者对本书内容的学习、理解和练习，让读者学习到相关专业的基础知识。

未经许可，不得以任何方式复制或抄袭本书之部分或全部内容。

版权所有，侵权必究。

图书在版编目（CIP）数据

Rhino 6.0中文版入门、精通与实战 / 陈演峰，邓福超，张阳编著. -- 北京：电子工业出版社，2020.1
ISBN 978-7-121-37336-7

Ⅰ.①R… Ⅱ.①陈… ②邓… ③张… Ⅲ.①产品设计—计算机辅助设计—应用软件 Ⅳ.①TB472-39

中国版本图书馆CIP数据核字（2019）第189954号

责任编辑：田 蕾 特约编辑：刘红涛
印　　刷：北京盛通商印快线网络科技有限公司
装　　订：北京盛通商印快线网络科技有限公司
出版发行：电子工业出版社
　　　　　北京市海淀区万寿路173信箱　邮编：100036
开　　本：787×1092 1/16 印张：21.75 字数：630.9千字
版　　次：2020年1月第1版
印　　次：2023年9月第10次印刷
定　　价：79.00元

Rhino eros（Rhino）是一套工业产品设计及动画场景设计师所钟爱的概念设计与造型的强大工具。它可以广泛地应用于三维动画制作、工业制造、科学研究以及机械设计等领域。它能轻易整合 3ds Max 与 Softimage 的模型功能部分，对要求精细、似有弹性与复杂的 3D NURBS 模型，有点石成金的效能。

Rhino 是第一套将 NURBS 造型技术的强大且完整的功能引入 Windows 操作系统中的软件。

本书内容

本书基于 Rhino 6.0 全面详解其造型功能与应用。本书由浅到深、循序渐进地介绍了 Rhino 与 Rhino 插件的基本操作及命令的使用，并配合大量的制作实例，使读者能更好地巩固所学知识。全书共 9 章，章节简介如下。

第 1 章：介绍 Rhino 6.0 的工作界面、坐标系、工作平面、工作视窗配置及视图操作等。

第 2 章：详细讲解 Rhino 的变动工具。变动工具是快速建模必不可少的重要作图工具。

第 3~8 章：主要介绍 Rhino 6.0 曲线的绘制与编辑、基本曲面造型、高级曲面造型，以及实体造型、编辑与操作等。

第 9 章：进行 3 个产品造型设计练习，帮助读者熟悉 Rhino 的功能指令，并掌握 Rhino 在实战案例中的应用技巧。

本书特色

本书定位初学者，旨在为产品造型工程师、家具设计师、鞋类设计师、家用电器设计者打下良好的三维工程设计基础，同时让读者学习到相关专业的基础知识。

本书从软件的基本应用及行业知识入手，以 Rhino 6.0 的模块和插件程序的应用为主线，以实例为引导，按照由浅入深、循序渐进的方式，讲解软件的新特性和软件操作方法，使读者能快速掌握软件设计技巧。

对于 Rhino6.0 的基础应用，本书内容讲解得非常详细。

本书最大特色在于：

- 功能指令全。
- 穿插大量实例且典型丰富。
- 大量的视频教学，结合书中内容介绍，更好地融合贯通。
- 随书光盘中赠送大量有价值的学习资料及练习内容，能使读者充分利用软件功能进行相关设计。

本书适合从事工业产品设计、珠宝设计、制鞋、建筑及机械工程设计等专业的初学者和技术人员，以及想快速提高 Rhino 6.0 造型技能的爱好者，还可作为大中专和相关培训学校的教材。

作者信息

本书由广西特种设备检验研究院梧州分院的陈演峰、邓福超和张阳编著。感谢读者选择了本书，希望我们的努力对读者的工作和学习有所帮助，也希望读者把对本书的意见和建议告诉我们。

由于时间仓促，本书难免有不足和错漏之处，还望广大读者批评和指正！

读者服务

读者在阅读本书的过程中如果遇到问题，可以关注 "有艺"公众号，通过公众号与我们取得联系。此外，通过关注"有艺"公众号，您还可以获取更多的新书资讯、书单推荐、优惠活动等相关信息。

扫一扫关注"有艺"

资源下载方法：关注"有艺"公众号，在"有艺学堂"的"资源下载"中获取下载链接，如果遇到无法下载的情况，可以通过以下三种方式与我们取得联系：

1. 关注"有艺"公众号，通过"读者反馈"功能提交相关信息；
2. 请发邮件至 art@phei.com.cn，邮件标题命名方式：资源下载+书名；
3. 读者服务热线：（010）88254161~88254167 转 1897。

投稿、团购合作：请发邮件至 art@phei.com.cn。

视频教学

随书附赠 130 集实操教学视频，扫描下方二维码关注公众号即可在线观看全书视频（扫描每一章章首的二维码可在线观看相应章节的视频）。

全书视频

CONTENTS

CONTENTS

CHAPTER 1

Rhino 6.0 设计入门

本章导读

本章主要结合最新发布的 Rhino 6.0，介绍安装 Rhino 软件的方法、该软件的特点及 Rhino 6.0 的新功能，以及 Rhino 中模型输入与输出的方法和支持的格式。希望读者通过本章的学习，能对 Rhino 软件有一个初步的认识。

项目分解

- ☑ Rhino 6.0 概述
- ☑ Rhino 坐标系
- ☑ 工作平面
- ☑ 工作视窗配置
- ☑ 视图操作
- ☑ 可见性

扫码看视频

1.1 Rhino 6.0 概述

Rhino 是一款基于 NURBS 开发的功能强大的高级建模软件，Rhino 6.0 新增 Grasshopper 参数化插件、连续性控制调节自动连续实时预览功能、面或体渲染实体功能等。Rhino 软件也是三维设计师们所说的犀牛软件。

1.1.1 Rhino 6.0 的工作界面

打开 Rhino 6.0，将显示它的工作界面，大致由文本命令操作窗口、图标命令面板以及中心区域的 4 个视图构成（顶视图、前视图、右视图、透视图）。用户界面的具体结构如图 1-1 所示。

1. 菜单栏

菜单栏是文本命令的一种，与图标命令方式不同，它囊括了各种各样的文本命令与帮助信息，用户在操作中可以直接通过选择相应的命令菜单项来执行相应的操作。

2. 命令监视区

监视各种命令的执行状态，并以文本的形式显示出来。

3. 命令输入区

接受各种文本命令的输入，提供命令参数设置。命令监视区与命令输入区并称命令行，在使用工具或命令时，命令行中的信息会相应地更新。

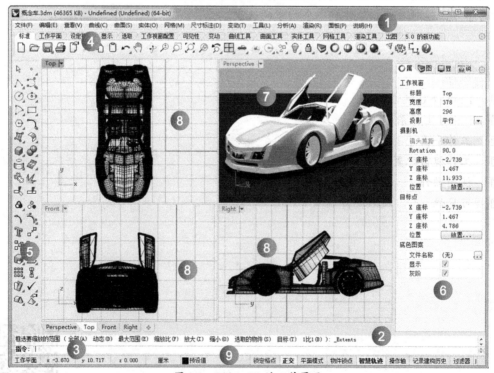

图 1-1　Rhino 6.0 的工作界面

4. 工具列群组

工具列群组包括一些常用选项卡命令，以图标的形式提供给用户，可以提高工作效率。用户可以添加工具列或者移除工具列。

5. 边栏工具列（简称"边栏"）

在边栏工具列中列出了常用建模指令，包括点、曲线、网格、曲面、布尔运算、实体及其他变动指令。

6. 辅助工具列

辅助工具列的功能类似于其他软件中的控制面板，在选取视图中的物件时，可以查看它们的属性，分配各自的图层，以及在使用相关命令或工具时可以查看该命令或工具的帮助信息。

7. 透视图

以立体方式展现正在构建的三维对象，展现方式有线框模式、着色模式等，用户可以在此视图中旋转三维对象，从各个角度观察正在创建的对象。

8. 正交视图

这 3 个正交视图（Top 视图、Right 视图、Front 视图）分别从不同的角度展现正在构建的对象，合理地布置分配要创建模型的方位，并通过这些正交视图来更好地完成较为精确的建模。另外，需要注意的是，这些视图在工作区域的排列不是固定不变的，还可以添加更多的视图，比如后视图、底视图、左视图等。

技术要点：

透视图窗口和 3 个正交视图窗口组合成"工作视窗"。

9. 状态栏

状态栏主要用于显示某些信息或控制某些项目，这些项目有工作平面坐标信息、工作图层、锁定格点、物件锁点、智慧轨迹、记录构建历史等。

1.1.2　Rhino 建模的相关术语

在讲解 Rhino 3D 中的工具命令之前，需要对它的常见术语做一下说明，这些理论知识对用户理解工具各选项的功能有很大的帮助。即使未能完全理解也没有关系，在后面遇到的时候可以返回这里进行巩固。

1. 非统一有理 B 样条（NURBS）

Rhino 3D 是以 NURBS 为基础的三维造型软件，通过它创建的一切对象均由 NURBS 定义。NURBS 是一种非常出色的建模方式，它是 Non-Uniform Rational B-Splines 的缩写，直译过来便是"非统一有理 B 样条"。在高级三维软件中都支持这种建模方式，相比于传统的网格建模方式，它能够更好地控制物体表面的曲线度，从而创建出更为逼真、生动的造型。使用 NURBS 建模造型，可以创建出各种复杂的曲面造型，以及特殊的效果，如动物模型、流畅的汽车外形等。如图 1-2 所示为 NURBS 造型中常见的各元素。

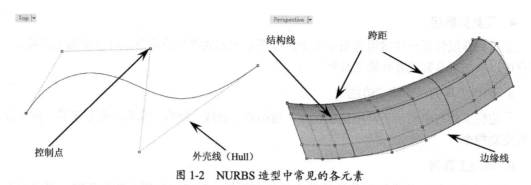

图 1-2　NURBS 造型中常见的各元素

2. 阶数（Degree）

一条 NURBS 曲线有 4 个重要的参数：阶数（Degree）、控制点（Control Point）、节点（Knot）、评定规则（Evaluation Rule）。其中，阶数（Degree）是最主要的参数，又称为度数，它的值总是一个整数。阶数决定了曲线的光滑长度，比如，直线为一阶、抛物线为二阶等。其中的一阶、二阶说明该曲线的阶数为 1 或 2。

通常情况下，曲线的阶数越高，则表现出来的效果越光滑，因此计算所需的时间也越长。曲线的阶数不宜设置得过高，满足要求即可，以免给以后的编辑带来困难。如果创建一条直线，将其复制为几份，然后将它们更改为不同的阶数，可以看出，随着阶数的不同，控制点的数目也会随之增加。如果移动这些控制点就会发现，这些控制点所管辖的范围也不尽相同，如图 1-3 所示。

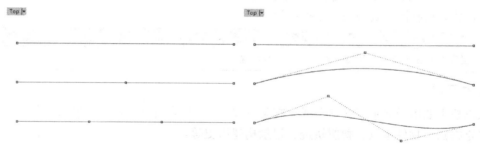

图 1-3　阶数对曲线的影响

> **技术要点：**
>
> 若要更改曲线的阶数，则可以在曲线编辑工具列中选择【变更阶数】工具，也可以选择菜单栏中的【编辑】|【改变阶数】命令来对曲线（或曲面）的阶数进行更改。

3. 控制点（Control Point）

这里需要对控制点与编辑点进行区分。控制点一般在曲线之外，控制点之间的连线在 Rhino 3D 中呈虚线显示，称为外壳线（Hull），而编辑点则位于曲线之上，并且在向一个方向移动控制点时，控制点左右两侧的曲线随控制点的移动而发生变化，在拖动编辑点时，它始终位于曲线之上，无法脱离，如图 1-4 所示。

在修改曲线的造型时，一般情况下是通过移动曲线的控制点来完成的。控制点为附着在外壳线（Hull）虚线上的点群。由于曲线的阶数与跨距的不同，移动控制点对曲线的影响也不同。移动控制点对曲线的影响程度又称为权重（Weight），如果一条曲线的所有控制点权重相同，则称该曲线为非有理线条，反之，则称为有理线条。

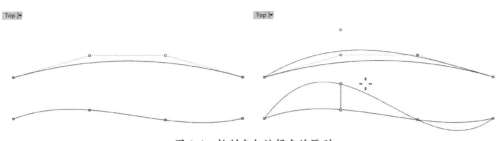

图1-4 控制点与编辑点的区别

技术要点：

控制点的权重可以通过位于点的编辑工具列上的编辑控制点权值工具 ![ ] 来更改。

4. 节点（Knot）

首先关于曲线上节点的数目可以通过控制点的数目减去曲线的阶数，然后加一计算得到。因此增加节点，控制点也会被添加；删除节点，控制点也会随之被删除。控制点与节点的关系如图1-5所示（图中曲线的阶数为3）。

图1-5 曲线的控制点与节点

节点在曲线的创建中，显得并不太重要，但是如果以这条曲线为基础创建一块曲面，则这时可以看到，曲线节点的位置与曲面结构线的位置一一对应，如图1-6所示。

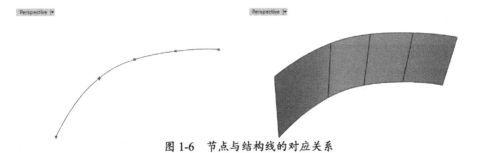

图1-6 节点与结构线的对应关系

技术要点：

如果两个节点发生重叠，则重叠处的 NURBS 曲面就会变得不光滑起来。当节点的多样性值与其阶数一样时，将其称为全复节点（Full Multiplicity Knot），这种节点会在 NURBS 曲线上形成锐角点（Kink）。

1.2 Rhino 坐标系

如果 Rhino 新手研究或者使用过 AutoCAD 软件，就不难发现 Rhino 的坐标系与 AutoCAD 的坐标系是相通的。也就是说，用户如果掌握了 AutoCAD 软件，对 Rhino 软件也就至少会一半了。

1.2.1 坐标系

Rhino 有两种坐标系：工作平面坐标系（相对坐标系）和世界坐标系（绝对坐标系）。世界坐标系在空间中固定不变，工作平面坐标系可以在不同的作业视窗中分别设定。

技术要点：

在默认情况下，工作平面坐标系与世界坐标系是重合的。

1. 世界坐标系

Rhino 有一个无法改变的世界坐标系，当 Rhino 提示用户输入一点时，用户可以输入世界坐标。每一个作业视窗的左下角都有一个世界坐标轴图标，用以显示世界 X、Y、Z 轴的方向。当用户旋转视图时，世界坐标轴图标也会跟着旋转，如图 1-7 所示。

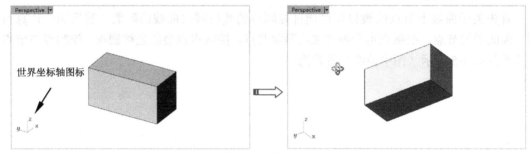

图 1-7　世界坐标系

2. 工作平面坐标系

每一个视图窗口（简称"视窗"）都有一个工作平面，除非用户使用坐标输入、垂直模式、物件锁点或其他限制方式，否则工作平面就像是让鼠标光标在其上移动的桌面。工作平面上有一个原点、X 轴、Y 轴及网格线，工作平面可以任意改变方向，而且每一个作业视窗的工作平面预设是各自独立的，如图 1-8 所示。

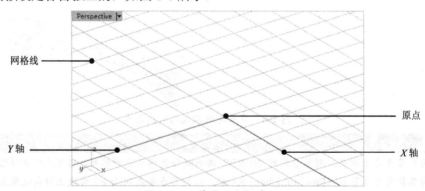

图 1-8　工作平面坐标系

网格线位于工作平面，暗红色的线代表工作平面 X 轴，暗绿色的线代表工作平面 Y 轴，两条轴线交会于工作平面原点。

工作平面是工作视窗中的坐标系统，这与世界坐标系不同，可以移动、旋转及新建或编辑。

Rhino 的标准工作视窗各自有预设的工作平面，但 Perspective 视窗及 Top 视窗同样是以世界坐标的 Top 平面为预设的工作平面。

1.2.2　坐标输入方式

Rhino 中的坐标系与 AutoCAD 中的坐标系相同，其坐标输入方式也相同，即如果仅以"X,Y"格式输入则为 2D 坐标，若以"X,Y,Z"格式输入则为 3D 坐标。

2D 坐标输入和 3D 坐标输入统称为绝对坐标输入。当然坐标输入方式还包括相对坐标输入。

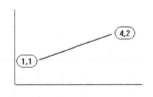

图 1-9　2D 坐标输入绘制直线

1. 2D 坐标输入

在指令提示下输入一点时，以"*x,y*"的格式输入数值，*x* 代表 *X* 坐标，*y* 代表 *Y* 坐标。例如，绘制一条从坐标（1,1）至坐标（4,2）的直线，如图 1-9 所示。

2. 3D 坐标输入

在指令提示下输入一点时，以"*x,y,z*"的格式输入数值，*x* 代表 *X* 坐标，*y* 代表 *Y* 坐标，*z* 代表 *Z* 坐标。

在每一个坐标数值之间并没有空格。例如，需要在距离工作平面原点 *X* 方向 3 个单位、*Y* 方向 4 个单位及 *Z* 方向 10 个单位的位置放置一点时，可在指令提示下输入"3,4,10"，如图 1-10 所示。

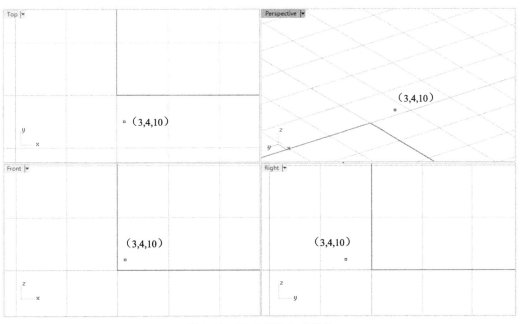

图 1-10　3D 坐标输入放置点

3. 相对坐标输入

Rhino 会记住最后一个指定的点，用户可以使用相对于该点的方式输入下一点。当用户只知道一连串的点之间的相对位置时，使用相对坐标输入会比绝对坐标来得方便。相对坐标是以下一点与上一点之间的相对坐标关系定位下一点的。

在指令提示下输入一点时，以"r*x,y*"的格式输入数值，r 代表输入的是相对于上一点的坐标。

在 AutoCAD 中，相对坐标输入是以"@x,y"格式进行的。

下面以3D坐标和相对坐标输入方式来绘制如图1-11所示的椅子空间曲线。

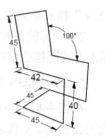

图 1-11　椅子空间曲线

上机操作——用坐标输入法绘制椅子空间曲线

① 在菜单栏中选择【文件】|【新建】命令，或者在【标准】选项卡下单击【新建文件】按钮□打开【打开模板文件】对话框。单击对话框底部的【不使用模板】按钮完成模型文件的创建，如图1-12所示。

图 1-12　新建模型文件

② 为了更清楚地看见所绘制的曲线，将工作视窗中的网格线隐藏。在菜单栏中选择【工具】|【选项】命令，打开【Rhino 选项】对话框。在对话框左侧【文件属性】选项组下选中【格线】选项，然后在右侧的选项设置区域中取消【显示格线】复选框的勾选即可，如图1-13所示。

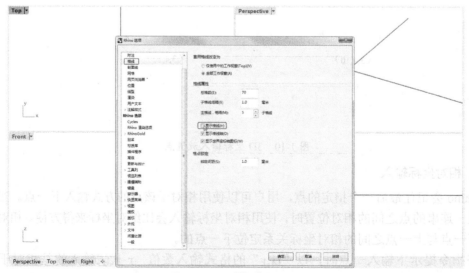

图 1-13　取消格线的显示

技术要点：

　　默认情况下工作平面中仅显示 *X* 轴和 *Y* 轴，要显示 *Z* 轴，在工作视窗右侧的辅助工具列中的【显示】选项卡下勾选【*Z* 轴】复选框即可，如图 1-14 所示。

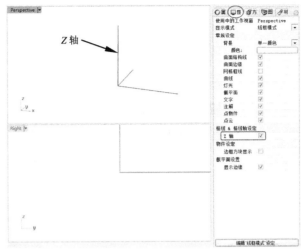

图 1-14　显示 *Z* 轴

③ 在透视图窗口中绘制。在边栏工具列中单击【多重直线】按钮，然后在命令行中输入直线起点坐标（0,0,0），并按 Enter 键或单击鼠标右键确认，命令行提示如下：

```
指令: Polyline
多重直线起点(持续封闭(P)=否):0,0,0✓
```

技术要点：

　　坐标值后的 ✓ 符号在本书中表示为确认。

④ 将光标移动到 Top（*XY* 工作平面）视窗中。然后输入基于原点的相对坐标值"点 1：r45,0"并单击鼠标右键确认，命令行状态如下：

```
多重直线的下一点(持续封闭(P)=否模式(M)=直线导线(H)=否复原(U)):r45,0✓
```

⑤ 将光标移动到 Front（*ZX* 工作平面）视窗中。然后依次输入相对坐标值"点 1：r0,40""点 3：r-41,0"，命令行状态如下：

```
多重直线的下一点, 按Enter完成(持续封闭(P)=否模式(M)=直线导线(H)=否长度(L)复原(U)):r0,40✓
多重直线的下一点, 按 Enter 完成(持续封闭(P)=否封闭(C)模式(M)=直线导线(H)=否长度(L)复原(U)):r-41,0✓
```

⑥ 仍然是在 Front 视窗中，在命令行中输入"<100"，并确认。然后输入点 4 的数值为"45"，并单击鼠标右键确认，命令行状态如下：

```
多重直线的下一点,按Enter完成(持续封闭(P)=否封闭(C)模式(M)=直线导线(H)=否长度(L)复原(U)):<100✓
多重直线的下一点,按Enter完成(持续封闭(P)=否封闭(C)模式(M)=直线导线(H)=否长度(L)复原(U)):45✓
```

⑦ 将光标移动到 Right（*ZY* 工作平面）视窗中。然后在命令行中输入点 5 的相对坐标值"r45,0"，命令行状态如下：

```
多重直线的下一点, 按 Enter 完成(持续封闭(P)=否封闭(C)模式(M)=直线导线(H)=否长度(L)复原(U)):r45,0✓
```

⑧ 将光标移动到 Perspective 透视视窗中。然后捕捉到点 3 的水平延伸追踪线的垂点单击即可获取点 6 的坐标，如图 1-15 所示。

⑨ 同理，在点 6 的水平延伸追踪线上捕捉，然后在命令行中输入值"41"，即可确定点 7，如图 1-16 所示。

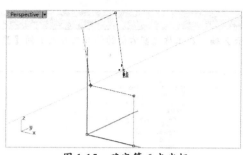

图 1-15 确定第 6 点坐标

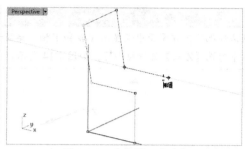

图 1-16 确定第 7 点坐标

⑩ 继续在透视图窗口中向下垂直捕捉到点 8 的位置，如图 1-17 所示。

⑪ 将光标移动到 Front 视窗中，按住 Shift 键向左延伸，然后输入值"45"，即可确定点 9 的位置，如图 1-18 所示。

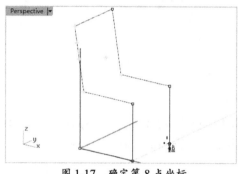

图 1-17 确定第 8 点坐标

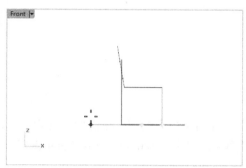

图 1-18 确定第 9 点坐标

⑫ 最后与原点重合，完成椅子曲线的绘制，如图 1-19 所示。

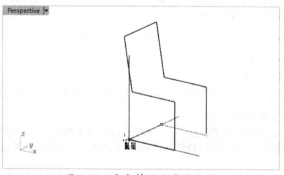

图 1-19 完成椅子曲线的绘制

1.3 工作平面

　　工作平面是 Rhino 建立物件的基准平面，除非用户使用坐标输入、垂直模式、物件锁点，否则用户所指定的点总是会落在工作平面上。

　　每一个工作平面都有属于独立的轴、网格线与相对于世界坐标系的定位。

　　预设的工作视窗使用的是预设的工作平面。

- Top 工作平面的 X 轴和 Y 轴对应于世界坐标系的 X 轴和 Y 轴。
- Right 工作平面的 X 轴和 Y 轴对应于世界坐标系的 Y 轴和 Z 轴。

- Front 工作平面的 X 轴和 Y 轴对应于世界坐标系的 X 轴和 Z 轴。
- Perspective 工作视窗使用的是 Top 工作平面。

工作平面是一个无限延伸的平面，但在作业视窗中工作平面上相互交织的直线阵列（称为格线）只会显示在设置的范围内，可作为建模的参考，工作平面格线的范围、间隔、颜色都可以自定。

1.3.1　设置工作平面原点

【设置工作平面原点】命令用于通过定义原点的位置来建立新的工作平面。在【工作平面】选项卡下单击【设置工作平面原点】按钮，命令行会显示如图 1-20 所示的操作提示。

工作平面基点 〈0.000,0.000,0.000〉（全部(A)=否　曲线(C)　垂直高度(L)　下一个(N)　物件(O)　上一个(P)　旋转(R)　曲面(S)　通过(T)　视图(V)　世界(W)　三点(3)）：

图 1-20　命令行操作提示

操作提示中的选项可以通过直接单击进行选择，也可以通过输入选项后括号中的大写字母进行选择。

操作提示中的选项与【工作平面】选项卡下的按钮命令是相同的，只不过选择命令的方式不同。如图 1-21 所示为【工作平面】选项卡下的按钮命令。

图 1-21　【工作平面】选项卡下的按钮命令

在设置工作平面原点时，命令行中的第一个选项【全部(A)=否】，表示仅在某个视窗中将工作平面原点移动到指定位置，如图 1-22 所示。

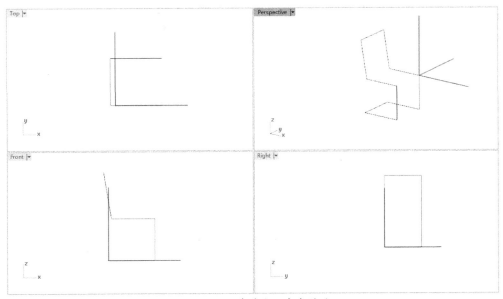

图 1-22　仅在某个视窗中移动

当【全部(A)=否】选项变为【全部(A)=是】时，再选择该选项将会在所有视窗中移动工作平面原点到指定位置，如图 1-23 所示。

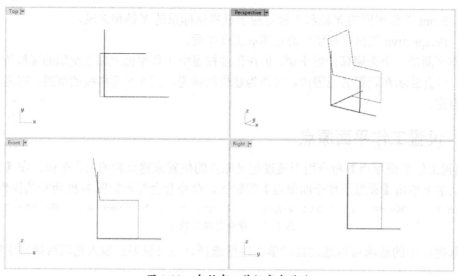

图 1-23　在所有工作视窗中移动

1.3.2　设置工作平面高度

【设置工作平面高度】命令用于基于 X、Y、Z 轴进行平移而得到新的工作平面。选择不同的视窗再单击【设置工作平面高度】按钮，会得到不同平移方向的工作平面。

1. 创建在 X 轴向平移的工作平面

首先选中 Front 工作视窗或 Right 工作视窗，再单击【设置工作平面高度】按钮，将会在 X 轴正负方向创建偏移一定距离的新工作平面，如图 1-24 所示。

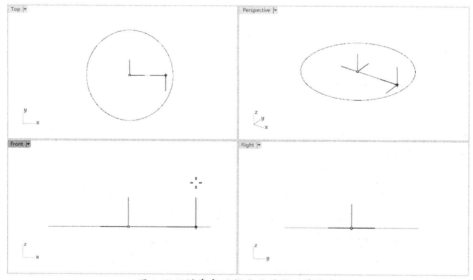

图 1-24　创建在 X 轴向平移的工作平面

2. 创建在 Y 轴向平移的工作平面

先选中 Perspective 工作视窗，再单击【设置工作平面高度】按钮，将会在 Y 轴正负方向创建偏移一定距离的新工作平面，如图 1-25 所示。

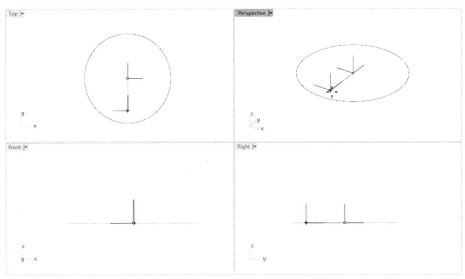

图 1-25 创建在 Y 轴向平移的工作平面

3. 创建在 Z 轴向平移的工作平面

先选中 Top 工作视窗，再单击【设置工作平面高度】按钮 ，将会在 Z 轴正负方向创建偏移一定距离的新工作平面，如图 1-26 所示。

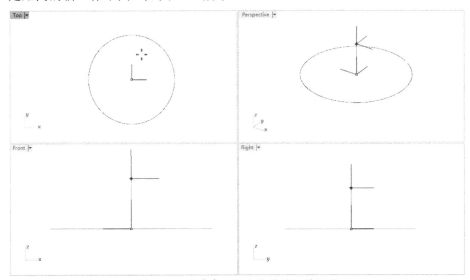

图 1-26 创建在 Z 轴向平移的工作平面

1.3.3 设定工作平面至物件

【设定工作平面至物件】命令用于在作业视窗中将工作平面移动到物件上。物件可以是曲线、平面或曲面。

1. 设定工作平面至曲线

在【工作平面】选项卡下单击【设定工作平面至物件】按钮 ，然后在 Top 工作视窗中选中要定位工作平面的曲线，随后将自动建立新工作平面。该工作平面中的某轴将与曲线相切，如图 1-27 所示。

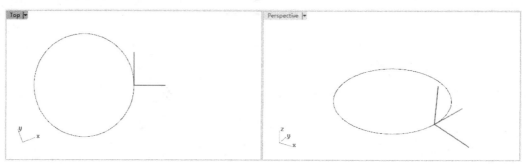

图 1-27　设定工作平面至曲线

2. 设定工作平面至平面

当用于定位的物件是平面时，该平面将成为新的工作平面，且该平面的中心点为工作坐标系的原点，如图 1-28 所示。

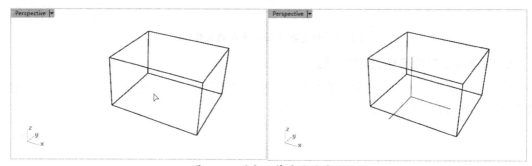

图 1-28　设定工作平面至平面

技术要点：

如果选择面时无法选取，可以选择模型的棱线，然后通过弹出的【候选列表】对话框来选取要定位的平面，如图 1-29 所示。

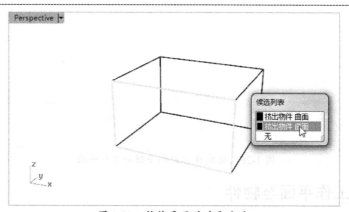

图 1-29　物件平面的选取方法

3. 设定工作平面至曲面

可以将工作坐标系移动到曲面上。在【工作平面】选项卡下单击【设定工作平面至曲面】按钮 ，选择要定位工作平面的曲面后，按 Enter 键接受预设值，工作坐标系移动到曲面指定位置，至少有一个工作平面与曲面相切，如图 1-30 所示。

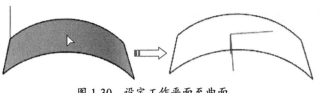

图 1-30　设定工作平面至曲面

1.3.4　设定工作平面与曲线垂直

用户可以将工作平面设定为与曲线或曲面边垂直。在【工作平面】选项卡下单击【设定工作平面与曲线垂直】按钮，选中曲线或曲面边并接受预定值后，即可将工作坐标系移动到曲线或曲面边上，且工作平面与曲线或曲面边垂直，如图 1-31 所示。

图 1-31　设定工作平面与曲线垂直

1.3.5　旋转工作平面

【旋转工作平面】命令用于将工作平面绕指定的轴和角度进行旋转，从而得到新的工作平面。如图 1-32 所示为旋转工作平面的操作步骤。命令行提示如下：

```
指令:'_CPlane
工作平面基点<0.000,0.000,0.000>(全部(A)=否曲线(C)垂直高度(L)下一个(N)物件(O)上一个(P)旋转(R)
曲面(S)通过(T)视图(V)世界(W)三点(I)):_Rotate/见图❷
旋转轴终点(X(A)Y(B)Z(C)):/见图❸
角度或第一参考点:90✓/见图❹
```

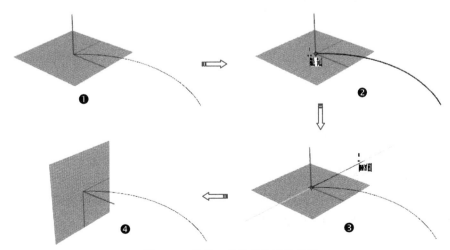

图 1-32　旋转工作平面的操作步骤

1.3.6 其他方式设定工作平面

除了上述应用广泛的工作平面设置方法，还包括以下设置工作平面的简便方法。

1. 设定工作平面：垂直

【设定工作平面：垂直】命令用于设置与原始工作平面相互垂直的新工作平面，如图1-33所示。

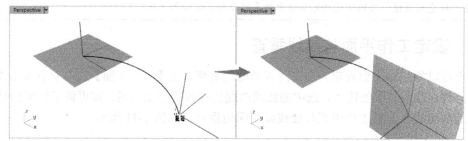

图1-33　设定工作平面：垂直

2. 以3点设定工作平面

【以3点设定工作平面】命令用于指定基点（圆心点）、*X*轴延伸线上一点和工作平面定位点（*XY*平面），如图1-34所示。

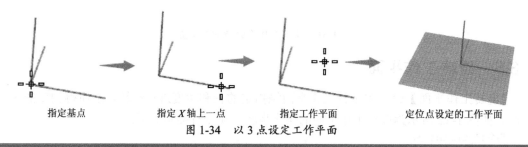

指定基点　　　　指定*X*轴上一点　　　　指定工作平面　　　　定位点设定的工作平面

图1-34　以3点设定工作平面

> **技术要点：**
>
> 此种方式所设定的工作平面仅仅是*XY*平面，但因指定的工作平面定位点的不同，可以更改*Y*轴的指向。如图1-35所示为指定*Y*轴负方向一侧后设定的工作平面。

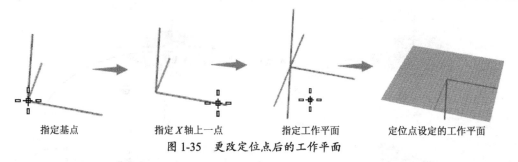

指定基点　　　　指定*X*轴上一点　　　　指定工作平面　　　　定位点设定的工作平面

图1-35　更改定位点后的工作平面

3. 以*X*轴设定工作平面

利用【以*X*轴设定工作平面】命令可以设定由基点和*X*轴上一点而确定的新工作平面，如图1-36所示。这种方法无须再指定工作平面定位点。

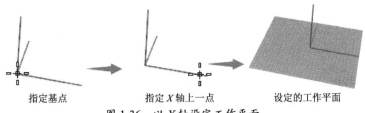

| 指定基点 | 指定 X 轴上一点 | 设定的工作平面 |

图 1-36　以 X 轴设定工作平面

4. 以 Z 轴设定工作平面

利用【以 Z 轴设定工作平面】命令可以设定由基点和 Z 轴上一点而确定的新工作平面，如图 1-37 所示。这种方法同样无须再指定工作平面定位点。

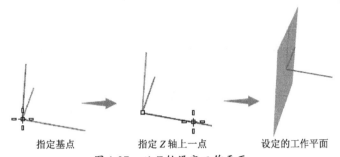

| 指定基点 | 指定 Z 轴上一点 | 设定的工作平面 |

图 1-37　以 Z 轴设定工作平面

5. 设定工作平面至视图

利用【设定工作平面至视图】命令可以将当前工作视图的屏幕设定为工作平面，如图 1-38 所示。

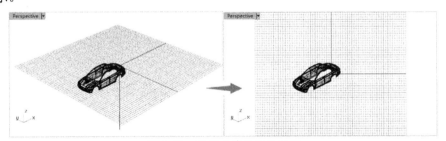

图 1-38　设定工作平面至视图

6. 设定工作平面为世界

【设定工作平面为世界】命令用于将世界坐标系（绝对坐标系）中的 6 个平面（Top、Bottom、Left、Right、Front、Back）指定工作平面，如图 1-39 所示。

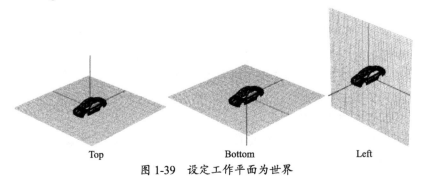

| Top | Bottom | Left |

图 1-39　设定工作平面为世界

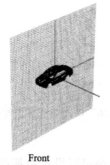
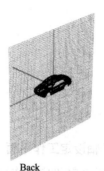

Right   Front   Back

图 1-39   设定工作平面为世界（续）

7. 上一个工作平面

在【工作平面】选项卡下单击【上一个工作平面/下一个工作平面】按钮 🔄，可以返回到上一个工作平面状态，如果在此按钮 🔄 上单击鼠标右键将复原至下一个使用过的工作平面状态。

上机操作——用工作平面方法绘制椅子曲线

本次上机操作中将充分利用工作平面的优势再绘制一次椅子的空间曲线，可以让大家看出何种方式最便捷。要绘制的椅子曲线如图 1-40 所示。

① 在菜单栏中选择【文件】|【新建】命令，或者在【标准】选项卡下单击【新建文件】按钮 🗋 打开【打开模板文件】对话框。单击对话框底部的【不使用模板】按钮完成模型文件的创建，如图 1-41 和图 1-42 所示。

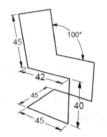

图 1-40   要绘制的椅子曲线

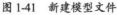

图 1-41   新建模型文件

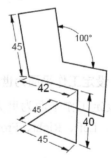

图 1-42   椅子曲线

② 在【工作平面】选项卡下单击【设定工作平面为世界 Top】按钮 🔧，然后在窗口底部的状态栏中单击【正交】选项和【锁定格点】选项。

③ 在边栏工具列中单击【多重直线】按钮 ⟋，然后锁定到工作坐标系原点并单击，以此确定多重线的起点，如图 1-43 所示。

④ 往 X 轴正方向移动光标，然后在命令行中输入值"45"并单击，完成第一条直线的绘制，如图 1-44 所示。

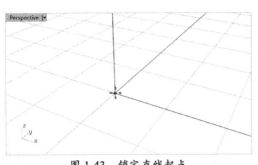

图 1-43　锁定直线起点

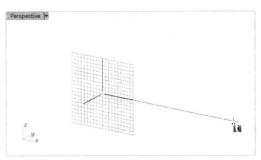

图 1-44　绘制第一条直线

⑤　同理，单击【设定工作平面为世界 Front】按钮 ，竖直向上移动鼠标，在命令行中输入值"40"再单击即可绘制第二条直线，如图 1-45 所示。

⑥　保持同一工作平面，向左移动鼠标，输入值"42"并单击确认，绘制第三条直线，如图 1-46 所示。

图 1-45　绘制第二条直线

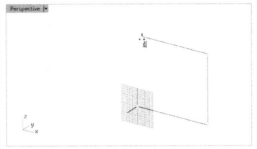

图 1-46　绘制第三条直线

⑦　单击状态栏中的【正交】选项，暂时取消正交控制。在命令行中输入"<100"，按 Enter 键确认后，移动鼠标在 100°延伸线上，然后输入长度值"45"，单击完成斜线 4 的绘制，如图 1-47 所示。

⑧　重新激活【正交】选项，然后将工作平面设定为世界 Left，在水平延伸线上输入距离值"45"，单击确认后完成第五条直线的绘制，如图 1-48 所示。

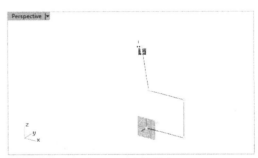

图 1-47　绘制斜线 4

⑨　同理，通过切换工作平面，完成其余直线的绘制，最终结果如图 1-49 所示。

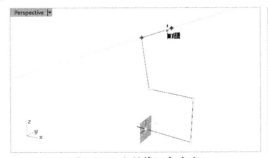

图 1-48　绘制第五条直线

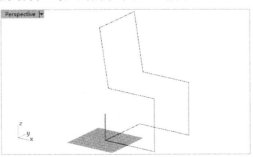

图 1-49　绘制完成的椅子曲线

1.4 工作视窗配置

工作视窗是指软件中由 4 个视图组成的视图窗口区域，各个视图窗口也可称为 Top 工作视窗（简称 Top 视窗）、Front 工作视窗、Right 工作视窗和 Perspective 工作视窗。

1.4.1 预设工作视窗

常见的工作视窗有 3 种：3 个工作视窗、4 个工作视窗和最大化/还原工作视窗。还可以在原有工作视窗的基础之上新增工作视窗，此新增的工作视窗处于漂浮状态。还可以将工作视窗进行分割，由 1 变为 2、2 变为 4 等。

1. 3 个工作视窗

在【工作视窗配置】选项卡下单击【3 个工作视窗】⊞，工作视窗区域变成 3 个视窗，包括 Top 视窗、Front 视窗和 Perspective 视窗，如图 1-50 所示。

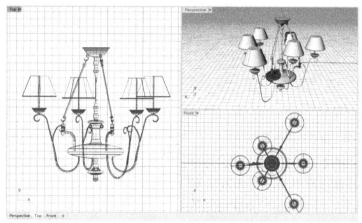

图 1-50　3 个工作视窗

2. 4 个工作视窗

在【工作视窗配置】选项卡下单击【4 个工作视窗】⊞，工作视窗区域变成 4 个视窗，4 个视窗也是建立模型文件时的默认工作视窗，如图 1-51 所示。

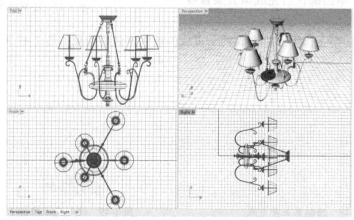

图 1-51　4 个工作视窗

3. 最大化/还原工作视窗

在【工作视窗配置】选项卡下单击【最大化/还原工作视窗】□，可以将多个视窗变为一个视窗，如图 1-52 所示。

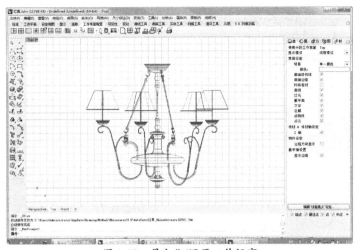

图 1-52　最大化/还原工作视窗

4. 新增工作视窗

在【工作视窗配置】选项卡下单击【新增工作视窗】▦，可以增加一个 Top 视窗，如图 1-53 所示。

如果要关闭新增的视窗，可以在【新增工作视窗】▦ 上单击鼠标右键，或者在工作视窗区域底部要关闭的视窗中单击鼠标右键，在弹出的快捷菜单中选择【删除】选项即可，如图 1-54 所示。

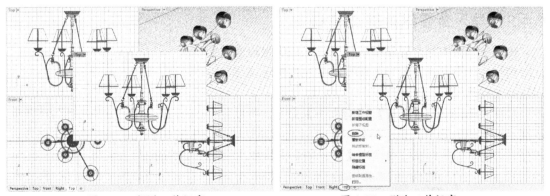

图 1-53　新增工作视窗　　　　　　　　　图 1-54　删除工作视窗

5. 水平分割工作视窗

选中一个视窗，单击【工作视窗配置】选项卡下的【水平分割工作视窗】按钮▤，可以将选中的视窗一分为二，如图 1-55 所示。

6. 垂直分割工作视窗

与水平分割工作视窗操作相同，可将选中的工作视窗进行垂直分割，如图 1-56 所示。

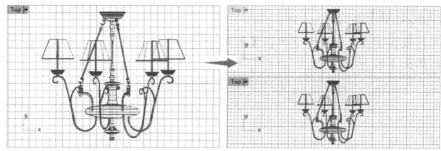

图 1-55　水平分割工作视窗

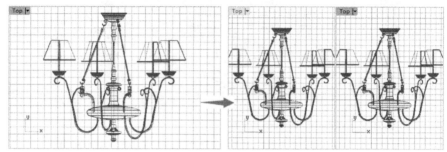

图 1-56　垂直分割工作视窗

7. 工作视窗属性

选中某个工作视窗，单击【工作视窗属性】按钮，弹出【工作视窗属性】对话框。通过该对话框，可以设置所选工作视窗的基本属性，如视图命名、投影模式、摄像机镜头的位置与目标点的位置、底色图案配置与显示等，如图 1-57 所示。

1.4.2　导入背景图片辅助建模

在工作视窗中导入背景图片可以更好地确定模型的特征结构线，在不同视窗中导入模型相应视角的透视图，可以辅助完成模型的三维建模。

图 1-57　【工作视窗属性】对话框

选择菜单栏中的【查看】|【背景图】命令，可以看到在其子菜单中的各项命令。另外，还可以选择菜单栏中的【工具】|【工具列配置】命令，在打开的配置工具列窗口中调出【背景图】工具列，如图 1-58 所示。

图 1-58　调出【背景图】工具列

对于工具列中的这几项工具，做如下简单说明。

- 【放置背景图】：用于导入背景图片。
- 【移除背景图】：用于删除背景图片。
- 【移动背景图】：用于移动背景图片。
- 【缩放背景图】：用于缩放背景图片。
- 【对齐背景图】：用于对齐背景图片。
- 【显示/隐藏背景图片（左/右键）】：显示或隐藏背景图片，避免工作视窗的紊乱。

1. 导入背景图片

不同视角的背景图片要放置到相应的视窗窗口中才恰当。向 Top 正交视窗中导入背景图片，需要首先使 Top 正交视窗处于激活状态（当前工作窗口），单击 Top 正交视窗的标题栏，选择【放置背景图】工具，在弹出的文件浏览窗口中，选择需要导入的背景图片。在 Top 视图中通过确定两个对角点的位置，放置图片完成，如图 1-59 所示。

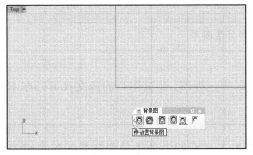

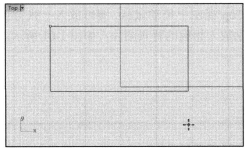
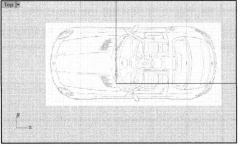

图 1-59　导入背景图片

2. 对齐背景图片

以刚刚导入的背景图片为例，Top 正交视窗仍处于激活状态下，单击选择【对齐背景图】工具，然后确定背景图片上的两点，紧接着确定这两点与当前工作视图中要对齐的位置，背景图片将自动调整大小与其对齐，如图 1-60 所示。

技术要点：

　　在上述对齐操作中，在背景图片的特殊位置创建一条辅助线（图 1-59 中的辅助线，是以汽车顶视图的前后两个 LOGO 为端点），然后在对齐的过程中通过开启物件锁点，以辅助线的两个端点对齐顶视图的 Y 轴轴线。

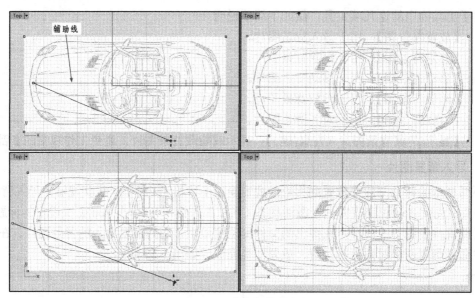

图 1-60　对齐背景图片

上机操作——导入背景图片

下面以一个小范例来讲解怎样对齐一个汽车的三视图。背景图片的源文件可以在本书附带的光盘文件中找到。

① 运行 Rhino 6.0。

② 单击 Top 视图激活该窗口，单击【背景图】工具面板中的【放置背景图】按钮，选择本例光盘文件夹中的 top.bmp，然后在 Top 视图中拖动鼠标，即可放入一张背景图。用此方法，依次在 Front、Right 视图中分别放入相应的背景图片，如图 1-61 所示。

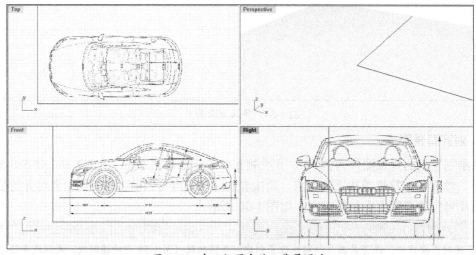

图 1-61　在三视图中放入背景图片

> **技术要点：**
> 导入的背景图片最好提前在 Photoshop 或其他平面软件中将轮廓线以外部分切除，这样方便设立对齐的参考点和控制缩放的显示框。

③ 从图 1-61 中可以发现，每个视图中的背景图片并没有对齐，这是不符合要求的。下面
需要将 3 个视图中的图片分别对齐，才能起到辅助建模的作用。首先打开网格，激活
Top 视图，单击【对齐背景图】按钮 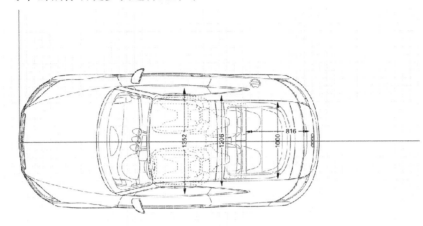 ，在背景图片中点选一点作为基准点，另外选择
一点作为参考点。然后在工作平面中单击一点作为基准点到达的位置，再单击一点作为
参考点到达的位置，即可完成 Top 背景图片的对齐，如图 1-62 所示。当然，如果发现
不够准确，可单击鼠标右键多次选择此命令。

图 1-62　对齐 Top 背景图片

技术要点：

一般情况下，为了对齐更准确，在选择参考点时往往按住 Shift 键，保证参考点与基准点在一条直线上。

④ 按照同样的方法对齐 Front 视图和 Right 视图，如图 1-63 所示。

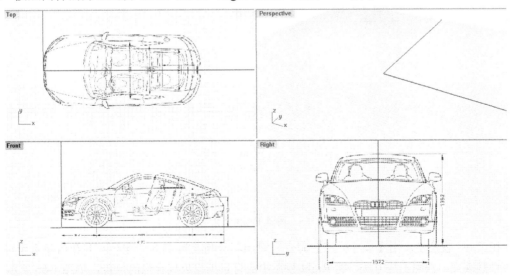

图 1-63　对齐 3 个视图

⑤ 对齐各背景图片后，新问题又出现了。从图 1-63 中网格数量可以明显看出，3 个视图中
的车身长、宽、高的数值是不对等的。这时，需要调节图片比例。

⑥ 首先，选定 Top 视图作为缩放尺寸基准。用【尺寸标注】命令 量出车身长度为 39 个

单位，一半宽度为 9.1 个单位（这里由于选择的基准在轴线上，所以可以只测量一半的宽度）。然后，在 Top 视图中，分别在车头、车尾及车身侧面基准点处，用【点】命令 ⊙ 绘出 3 个点作为缩放参考点，如图 1-64 所示，红色圈内即为参考点的位置。

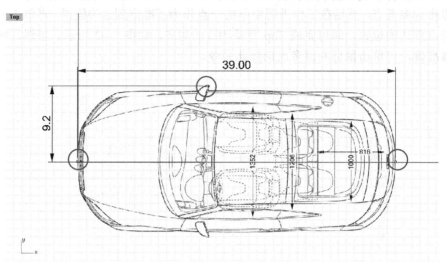

图 1-64　建立缩放基准点

⑦　单击 Front 视图，打开【物件锁点】 ⊖ 中的点捕捉，单击【缩放背景图】，点选坐标原点为基点，点选车尾一点作为第一参考点，第二参考点即步骤 ⑥ 中绘制的车尾基准点。核对车身长度是否同为 39 个单位，缩放完毕，如图 1-65 所示。

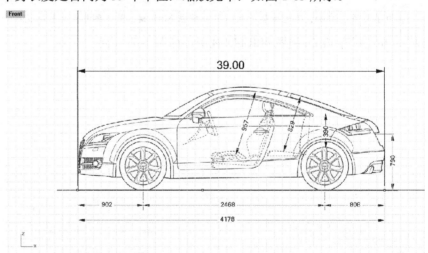

图 1-65　缩放 Front 背景图片

⑧　在 Front 视图中，用【尺寸标注】命令 ⤢ 量出车身高度为 11.8 个单位，并在最高点设定一个基准点。按照上述方法，将 Right 视图中的背景图缩放到合适的位置，如图 1-66 所示。

⑨　如出现缩放比例出错，则关闭【物件锁点】，或者按住 Shift 键将缩放轴锁定在坐标轴上拖移，让缩放框到达定位基准点的位置，松开鼠标即可。校对车身高度值，完成整个背景图片的放置，如图 1-67 所示。用后面的方法时，要注意导入图片前需要在 Photoshop 或其他平面软件中将轮廓线以外部分切除才准确。

⑩　为了检验背景图片放置的准确性，可以在任一视图的车身线条上绘制一些点，然后在其他视图中检验该点是否放置在车身线条正确的位置。

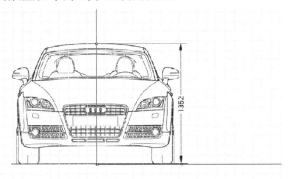

图 1-66　缩放 Right 背景图片

技术要点：

在操作过程中，需要进行物件锁点捕捉时，可以按住键盘上的 Alt 键进行快捷调用，松开即可关闭捕捉。

此外，在【背景图】的工具面板中还有【移除背景图】按钮和【隐藏背景图】按钮两个命令，操作比较简单，这里就不做解释了。值得关注的一点是，单击按钮可以隐藏背景图，在该按钮上单击鼠标右键可以显示背景图，练习时注意区分。

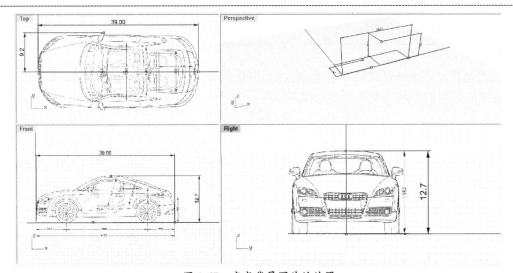

图 1-67　完成背景图片的放置

1.4.3　添加一个图像平面

除了上述常规的放置背景图片的方法，Rhino 还有一个引入参考图辅助建模的方法——添加一个图像平面。

单击【添加一个图像平面】按钮，在各视图中以平面形式导入参考图。为了提高图片对齐的准确度，建议在导入前将图片修整好，并且导入的基点选择在坐标原点。如发现不符合要求的地方，则同样可以使用【平移】或【缩放】命令对导入的帧平面进行调整。完成后，如图 1-68 所示。

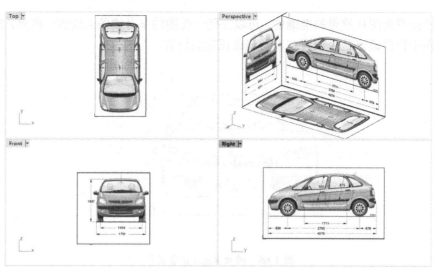

图 1-68　导入平面参考图

这种方法的好处在于能够直观立体地看到整个物体的各面细节，便于对模型进行调整。如果导入的是真实产品图片，则还可以检查模型渲染的效果，而且由于该参考图是以平面形式出现的，所以其可操作性（比如在空间移动等）远远高于导入的背景图片。

1.5　视图操作

三维建模设计类软件有很多相通的地方，但是其操作习惯又有一定的区别。本节将着重讲解在 Rhino 中的一些模型的基本操作习惯。

1.5.1　视图操控

利用键盘和鼠标的功能键是熟练操作软件的必要保障，同时也是进入软件学习阶段的最基础的操作。

1. 平移、缩放和旋转

在【标准】选项卡下包含操控物件（Rhino 中的物件就是指物体或对象）的平移、缩放和旋转指令，如图 1-69 所示。也可以在【设定视图】选项卡下选择视图操控命令来控制视图，如图 1-70 所示。

图 1-69　操控物件的功能指令

图 1-70　【设定视图】选项卡下的视图操控命令

2. 利用快捷键操控视图

对软件使用者来说，快捷键是最常用的，一般情况下会记忆并使用软件提供的默认快捷键。当有些快捷键使用频率很高时，用户往往需要设置几个适合自己使用习惯的快捷键。

常用鼠标快捷键如下：

- 鼠标右键——1D 视窗中平移屏幕，透视图视窗中旋转观察。
- 鼠标滚轮——放大或缩小视窗。
- Ctrl+鼠标右键——放大或缩小视窗。
- Shift+鼠标右键——在任意视窗中平移屏幕。
- Ctrl+Shift+鼠标右键——在任意视窗中旋转视图。
- Alt+以鼠标左键拖曳——复制被拖曳的物件。

常用键盘快捷键，见表 1-1。这些快捷键有许多是可以改变的，用户也可以自行加入快捷键或指令别名。

表 1-1 常用键盘快捷键

功能说明	快捷键
调整透视图摄影机的镜头焦距	Shift+PageUp
调整透视图摄影机的镜头焦距	Shift+PageDown
端点物件锁点	E
切换正交模式	O、F8、Shift
切换平面模式	P
切换格点锁定	F9
暂时启用/停用物件锁点	Alt
重做视图改变	End
切换到下一个作业视窗	Ctrl+Tab
放大视图	PageUp
缩小视图	PageDown

技术要点：

用户在操作时如果不小心，则会遇到视图无法恢复到最初状态的情形，这时试着选择菜单栏中的【查看】|【工作视窗配置】|【4 个作业视窗】命令，4 个视图窗口就会回到默认的状态。

如果突然发现使用鼠标、键盘组合键无法对透视图进行旋转操作，则可试着在 Rhino 工具列中选择旋转工具来对视图进行旋转。很有可能再次使用组合键时会发现它已恢复了正常的功能。

1.5.2 设置视图

视图总是与工作平面关联，每个视图都可以作为工作平面。常见的视图包括 7 种：6 个基本视图和 1 个透视图。

设置视图可以从【设定视图】选项卡下单击视图按钮进行操作，如图 1-71 所示。也可以在菜单栏中选择【查看】|【设置视图】命令，如图 1-72 所示。还可以在各个视窗中左上角单击下三角箭头，展开菜单后选择【设置视图】命令，再选择视图选项即可，如图 1-73 所示。

图 1-71 视图设置按钮

图 1-72　在菜单栏中选择【设置视图】命令　　图 1-73　在视窗中选择【设置视图】命令

1.6　可见性

当用户在复杂场景中需要编辑某个物体时，隐藏命令可以方便地把其他物体先隐藏起来，不在视觉上造成混乱，起到简化场景的作用。

此外，还有一种场景简化方法就是锁定某些特定物体，该物体被锁定后将不能对其实施任何操作，这样也大大降低了用户误操作的概率。

上述操作命令均集成于【可见性】工具面板中，按下标准工具栏中的【隐藏物件】按钮或【锁定物件】按钮不放，均可弹出【可见性】工具面板，面板中各按钮具体功能见表1-2。此类命令操作方法比较简单，选择物体后单击命令按钮即可，因此不再一一举例。

表 1-2　隐藏与锁定各按钮图标的功能

名　称	说　明	快捷键	图　标
隐藏物件	左键：隐藏选取的物件，可以多次点选物件进行隐藏 右键：显示所有隐藏的物件	Ctrl+H	
显示物件	显示所有隐藏的物件	Ctrl+Alt+H	
显示选取的物件	显示选取的隐藏物件	Ctrl+Shift+H	
隐藏未选取的物件	隐藏未选取的物体，即反选功能		
对调隐藏与显示的物件	隐藏所有可见的物件，并显示所有之前被隐藏的物件		
隐藏未选取的控制点	左键：隐藏未选取的控制点 右键：显示所有隐藏的控制点和编辑点		
隐藏控制点	隐藏选取的控制点和编辑点		
锁定物件	左键：设置选取物件的状态为可见、可锁点，但无法选取或编辑 右键：解锁所有锁定的物件	Ctrl+L	
解锁物件	解锁所有锁定的物件	Ctrl+Alt+L	
解除锁定选取的物件	解锁选取的锁定物件	Ctrl+Shift+L	
锁定未选取的物件	锁定未选取的物体，即反选功能		
对调锁定与未锁定的物件	解锁所有锁定的物件，并锁定未锁定的物件		

CHAPTER 2

对象变换与操作

本章导读

本章将详细讲解 Rhino 的变动工具。变动工具是快速建模必不可少的重要作图工具。

所有与改变模型的位置及造型有关的操作都被称为物件的变换操作，它主要包含以下主要内容：物件在 Rhino 坐标系中的移动，物件的旋转、缩放、倾斜、镜像等。本章主要介绍 Rhino 中关于物件变换工具的使用方法及相关功能。

项目分解

- ☑ 复制类工具
- ☑ 对齐与扭曲工具
- ☑ 合并和打散工具

扫码看视频

2.1 复制类工具

在建模过程中，会经常需要对创建的物件进行移动、缩放、旋转等操作，以使得它满足尺寸位置等方面的要求。在菜单栏中的变动菜单下，几乎包含了所有的变动工具，同样存在一个与之对应的工具列。如图 2-1 所示为【变动】选项卡中的变动工具。在左边栏中也可以找到相同的变动工具。

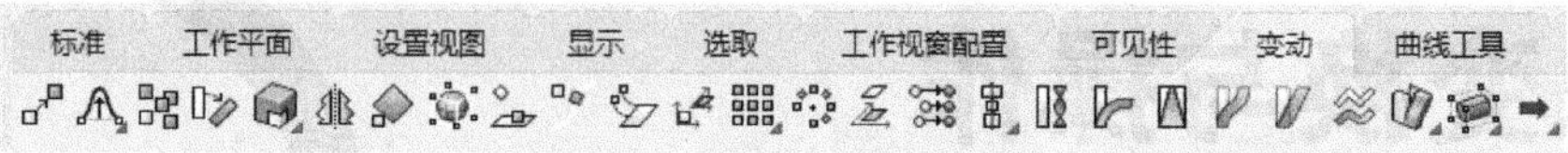

图 2-1 【变动】选项卡

Rhino 复制类工具包括移动、复制、旋转、缩放、镜像、阵列等。

2.1.1 移动

利用【移动】命令可以将物件从一个位置移动到另一个位置。物件也称为对象，Rhino物件包括点、线、面、网格和实体。

单击【变动】选项卡中的【移动】按钮 ，选择物件，单击鼠标右键或按 Enter 键确认操作。

在视窗中任选一点作为移动的起点，这时物件就会随着光标的移动而不断地变换位置，当被操作物件移动到所需的位置时单击确认移动即可，如图 2-2 所示。

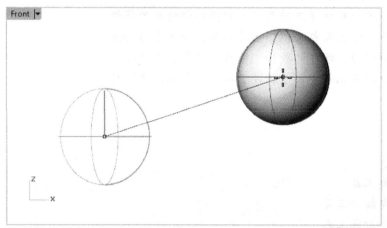

图 2-2 移动物件

技术要点：

如需准确定位，可以在寻找移动起点和终点时，按住 Alt 键，打开【物件锁点】对话框并勾选所需捕捉的点。

在 Rhino 中还有如下两种移动物件的方式。

1. 直接移动物件

在视窗中选中物件按住鼠标左键不放并拖动物件，可以将物件移动到一个新的位置后再松开鼠标左键，如图 2-3 所示。

如果在拖动过程中快按 Alt 键，可以创建一个副本，等同于复制功能，如图 2-4 所示。

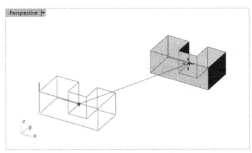

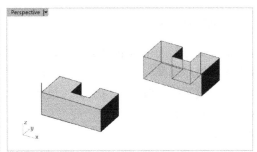

图 2-3 拖动物件移动　　　　　　　　图 2-4 快按 Alt 键创建副本

　　直接拖动物件进行移动，与选择【移动】命令进行移动所不同的是，直接拖动不能精确移动与定位。

2. 按组合快捷键进行移动

　　在视窗中选中物件，然后按住 Alt 键，物件会随着按【↑】或【↓】或【←】或【→】这 4 个键在该视窗的 *XY* 坐标轴上移动，结合 Alt 键+Page Up 或 Page Down 键可在 *Z* 坐标轴上移动。

上机操作——【移动】工具的应用

① 新建 Rhino 文件。

② 在菜单栏中选择【曲线】|【多边形】|【星形】命令，绘制五角星，如图 2-5 所示。

③ 在菜单栏中选择【视图】|【挤出平面曲线】|【直线】命令，创建挤出实体，如图 2-6 所示。

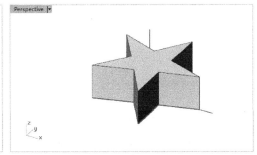

图 2-5 绘制五角星　　　　　　　　图 2-6 创建挤出实体

④ 在【变动】选项卡下单击.【移动】按钮，然后选取要移动的挤出实体并单击鼠标右键确认。

⑤ 在命令行中输入移动起点坐标（0,0,0），单击鼠标右键确认后再输入移动终点坐标（0,30,0），单击鼠标右键确认后完成物件的移动，如图 2-7 所示。

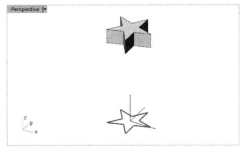

图 2-7 移动物件

　　要想利用移动工具创建出复制的物件，就不能通过单击【移动】按钮进行移动，只能通过手动拖动物件+ Alt 键组合使用的方法。

2.1.2 复制

单击【变动】选项卡下的【复制】按钮，选中要复制的物件，按 Enter 键或单击鼠标右键确认。然后选择一个复制起点，此时视窗中会出现一个随着光标移动的物件预览操作。移动到所需放置的位置后单击确认。最后按 Enter 键或单击鼠标右键结束操作。重复操作可进行多次复制，如图 2-8 所示。

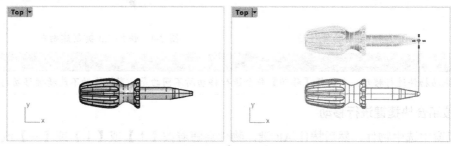

图 2-8　复制物件

在利用鼠标执行移动操作时可配合物件锁点当中的捕捉命令，从而实现被复制物件的精确定位及复制操作，如图 2-9 所示。

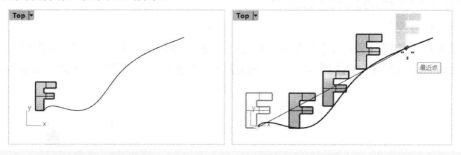

☑端点 ☑最近点 ☑点 ☑中点 ☑中心点 ☑交点 ☑垂点 ☑切点 ☑四分点 ☑节点 ☑顶点 ▣投影 　□停用

图 2-9　配合物件锁点沿曲线路径复制物件

技术要点：

移动和复制物体时都可以输入坐标来确定一个点位置，使移动和复制的位置更为准确。

2.1.3 旋转

【旋转】工具其实包含两个工具，单击工具按钮可执行 2D 旋转，在工具按钮上单击鼠标右键可执行 3D 旋转操作，如图 2-10 所示。

注意：将鼠标指针放置在工具图标上停留一会儿可以看到该工具的提示信息

图 2-10　旋转工具

1. 2D 旋转

在当前视窗中进行旋转。选择旋转工具，在视窗中选取需要旋转的物件，单击鼠标右键确定。然后依次选择旋转中心点、第一参考点（角度）、第二参考点，旋转完成，如图 2-11 所示。

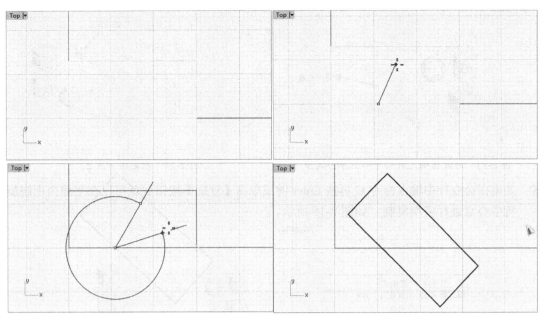

图 2-11　2D 旋转物件

　　也可在选定中心点之后，使用键盘在命令行中输入旋转的角度，然后单击鼠标右键确定，直接完成旋转。其中正值代表逆时针旋转，负值代表顺时针旋转。旋转轴为当前视窗的垂直向量。

上机操作——【旋转】工具的应用

① 新建 Rhino 文件。

② 在左侧边栏中按下【立方体】命令按钮⬛不放，弹出【建立实体】工具面板。利用实体工具面板中的命令按钮分别在视窗中建立长方体、圆球体、圆柱体各一个，如图 2-12 所示。

③ 框选选中 3 个物件，单击【旋转】按钮◱，然后在视窗中选择坐标系原点为旋转中心点，旋转效果将围绕这个点产生。

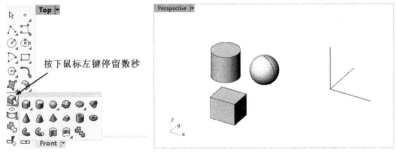

图 2-12　创建 3 个实体物件

④ 在视窗中选择第一参考点，其旋转效果将在第一参考点（参考点 1）与旋转中心点组成直线的所在平面内产生，如图 2-13 所示。

⑤ 根据预览，将物件旋转到所需位置，单击确认或在命令行中输入旋转角度按 Enter 键确认，如图 2-14 所示。

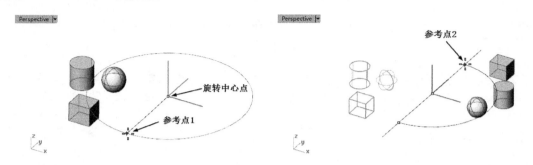

图 2-13　为旋转确定旋转中心点和参考点 1　　　　　图 2-14　确定参考点 2

⑥　如果在命令行中输入命令 C 再按 Enter 键或单击【复制】按钮 🔳 就可以在平面内围绕旋转中心点进行多次复制，如图 2-15 所示。

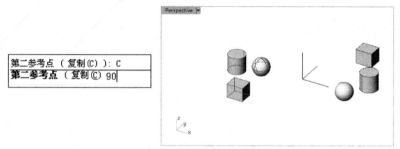

图 2-15　旋转复制

2. 3D 旋转

这种旋转方式较为复杂，在旋转工具上单击鼠标右键，然后在工作视窗中选取需要旋转的物件，单击鼠标右键确定，然后依次放置旋转轴起点、旋转轴终点、第一参考点（角度）、第二参考点。旋转完成，如图 2-16 所示。

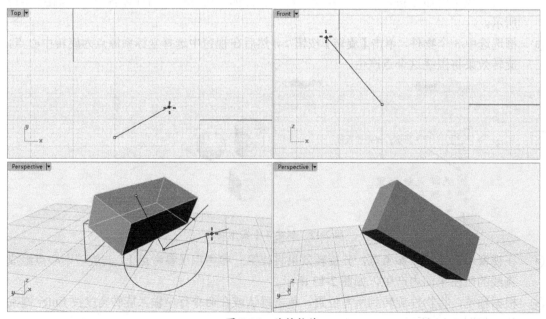

图 2-16　旋转物件

技术要点：

　　这里需要理解旋转轴的含义，对于一个物件，旋转轴与旋转角度是它最关键的参量。确定了这两个参量，物件的旋转结果也就确定下来了。在 2D 旋转中的旋转轴只是确定了特殊的方向。

　　另外，在旋转过程中用户同样可以按 Alt 键（也可在命令行中激活复制选项），然后旋转复制多个物件。

　　在实际的操作过程中，还可以借助物件锁点工具与手工绘制参考线来进行精确的三维旋转操作，如图 2-17 所示。

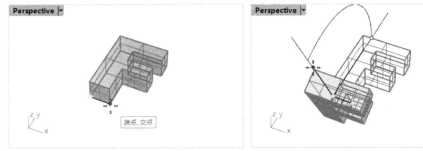

图 2-17　捕捉点旋转

技术要点：

　　物体的 3D 旋转与 2D 旋转都可以在旋转的同时进行多次复制，操作方式也相同。

2.1.4　缩放

　　Rhino 的缩放工具有 5 个，如图 2-18 所示。

图 2-18　缩放工具

1. 三轴缩放

　　单击【三轴缩放】按钮，在 X、Y、Z 3 个轴向上以相同的比例缩放选取的物件，如图 2-19 所示。

2. 二轴缩放

　　物件只会在工作平面的 X、Y 轴方向上缩放，而不会整体缩放。单击【二轴缩放】按钮，在工作视窗中选取进行缩放的物件，单击鼠标右键确定。然后依次放置基点、第一参考点与第二参考点，缩放完成，如图 2-20 所示。

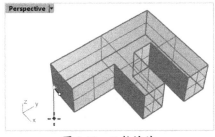

图 2-19　三轴缩放

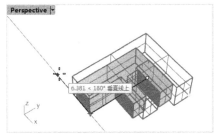

图 2-20　二轴缩放

3. 单轴缩放

选取的物件仅在指定的轴向缩放。单击【单轴缩放】按钮![按钮]，在工作视窗中选取进行缩放的物件，单击鼠标右键确定。然后依次放置基点、第一参考点和第二参考点，缩放完成，如图 2-21 所示。

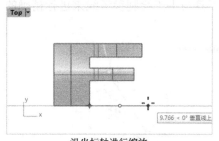

沿坐标轴进行缩放　　　　　　　　　　沿任一轴向进行缩放

图 2-21　单轴缩放

4. 不等比缩放

进行不等比缩放操作时只有一个基点而需要分别设置 X、Y、Z 3 个轴方向的缩放比例，操作方法相当于进行了 3 次单轴缩放，它的缩放仅限于 X、Y、Z 3 个轴的方向，如图 2-22 所示。

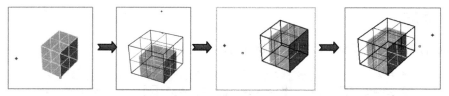

图 2-22　不等比缩放

技术要点：

这项工具的使用要烦琐一些，它需要分别确定 X、Y、Z 3 个轴向的缩放比，但是掌握了前面几个工具的使用，这个工具的用法自然也很容易理解。

与缩放相关的两大因素：一个是基点，另一个是缩放比。在很多时候，基点的位置决定了缩放结果是否让人满意。

5. 在定义的平面上缩放

可以自定义平面，物件在平面上进行 X 轴及 Y 轴或任意角度的缩放，如图 2-23 所示，在指定平面的 Y 轴方向上缩放。

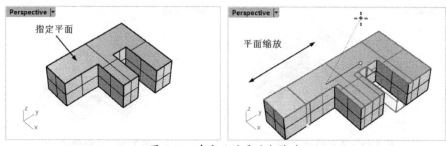

图 2-23　在定义的平面上缩放

2.1.5 倾斜

【倾斜】命令用于物件的倾斜变形操作，就是使物件在原有的基础上产生一定的倾斜变形。

创建倾斜操作步骤如下：

① 在视窗中建立一个长方体。

② 选择物件，单击【变动】选项卡中的【倾斜】按钮◢。

③ 在视窗中选择一个基点，然后选择第一参考点。此时物件的倾斜角度就会随着鼠标的移动而发生变化，如图 2-24 所示。

④ 将物件移动到所需位置，单击确认倾斜。或者在命令行中输入倾斜角度按 Enter 键确认。

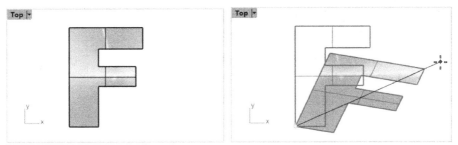

图 2-24　倾斜物件

2.1.6 镜像

【镜像】命令主要用于对物件进行关于参考线的镜像复制操作。

选择要镜像的物件，单击【变动】选项卡中的【镜像】按钮▥，在视窗中选择一个镜像平面起点，然后选择镜像平面终点，则生成的物件与原物件关于起点与终点所在的直线对称，如图 2-25 所示。

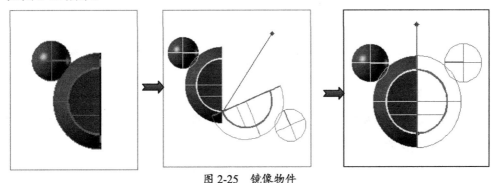

图 2-25　镜像物件

2.1.7 阵列

阵列是 Rhino 建模中非常重要的工具之一，操作命令包括【矩形阵列】【环形阵列】【沿曲线阵列】和【在曲面上阵列】等。

按下【变动】选项卡中的【阵列】命令按钮不放，弹出【阵列】子工具面板，如图2-26 所示。

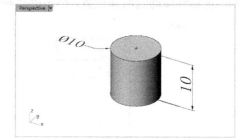

图 2-26 【阵列】子工具面板

1. 【矩形阵列】 ▦

【矩形阵列】命令用于将一个物件进行矩形阵列，即以指定的列数和行数摆放物件副本。

上机操作——矩形阵列

① 新建 Rhino 文件。

② 选择菜单栏中的【实体】|【圆柱体】命令，在坐标系圆心创建半径为 5、高度为 10 的圆柱体，如图 2-27 所示。

③ 单击【矩形阵列】按钮▦，选取要阵列的圆柱体物件后，在命令行中输入该物件在 X 方向、Y 方向和 Z 方向上的副本数分别为 5、5、0。

④ 指定一个矩形的两个对角定义单位方块的大小或在命令行中输入 X 间距（30）、Y 间距（30）的距离值。

⑤ 按 Enter 键结束操作，如图 2-28 所示。

图 2-27 创建圆柱体物件

图 2-28 矩形阵列

技术要点：

当用户想要进行 2D 阵列时只要将其中任意轴上的副本数设置为 1 即可。

2. 【环形阵列】 ⣿

【环形阵列】命令用于将物件进行环形阵列，就是以指定数目的物件围绕中心点复制摆放。

上机操作——环形阵列

① 在新文档中创建一个半径为 5 的球体，如图 2-29 所示。

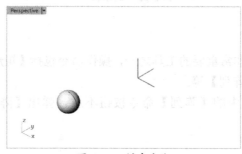

图 2-29 创建球体

② 在 Top 视窗中选中球体，然后单击【环形阵列】按钮 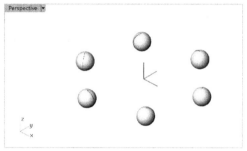。

③ 在命令行中输入环形阵列的中心点坐标（0,0,0），随后输入副本的个数为"6"，按 Enter 键确定操作。

④ 这时命令行中会有如图 2-30 所示的提示，再输入旋转总角度"360"，或者以默认值直接单击鼠标右键确认即可。

旋转角度总合或第一参考点 〈360〉（ 预览(P)=是 步进角(S) 旋转(R)=是 Z偏移(Z)=0 ）: 360

图 2-30 命令行信息提示

技术要点：

【步进角】为物件之间的角度。

⑤ 按 Enter 键结束操作，环形阵列结果如图 2-31 所示。

图 2-31 环形阵列

3. 【沿曲线阵列】

利用【沿曲线阵列】命令可以使物件沿曲线复制排列，同时会随着曲线扭转。单击【沿曲线阵列】按钮，选取要阵列的物件，单击鼠标右键确定操作。然后选取已知曲线作为阵列路径，在弹出的对话框中对阵列的方式和定位进行调整，如图 2-32 所示。

将物件进行沿曲线阵列操作时，会弹出对话框，如图 2-33 所示。

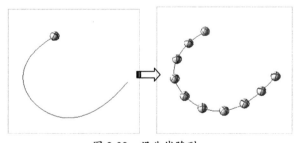

图 2-32 沿曲线阵列   图 2-33 【沿着曲线阵列选项】对话框

各选项功能如下。

- 【项目数】：输入物件沿着曲线阵列的数目。
- 【项目间的距离】：输入阵列物件之间的距离，阵列物件的数量依曲线长度而定。
- 【不旋转】：物件沿着曲线阵列时会维持与原来的物件一样的定位。
- 【自由扭转】：物件沿着曲线阵列时会在三维空间中旋转。
- 【走向】：物件沿着曲线阵列时会维持相对于工作平面朝上的方向，但会做水平旋转。

上机操作——沿曲线阵列

① 新建 Rhino 文件。然后在 Top 视窗中绘制内插点曲线和一个长方体，如图 2-34 所示。

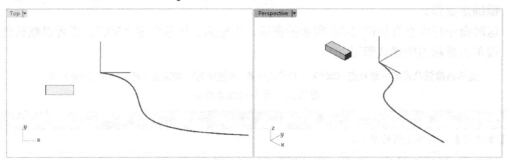

图 2-34 绘制曲线和长方体

② 选取路径曲线为内插点曲线，随后弹出【沿着曲线阵列选项】对话框。在对话框中输入【项目数】为"6"，选中【不旋转】单选按钮，最后单击【确定】按钮关闭对话框，如图 2-35 所示。

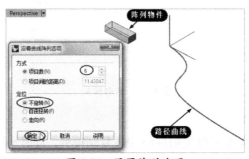

图 2-35 设置阵列选项

③ 随后生成曲线阵列，如图 2-36 所示。

④ 如果在【沿着曲线阵列选项】对话框中设置【定位】为【自由扭转】，将产生如图 2-37 所示的阵列结果。

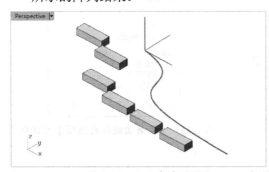

图 2-36 沿曲线阵列结果

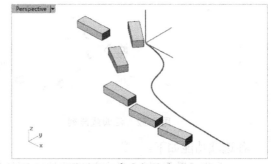

图 2-37 自由扭转阵列

⑤ 如果在【沿着曲线阵列选项】对话框中设置【定位】为【走向】，则需要选择一个工作视窗，指定不同的视窗将产生相同的阵列结果，如图 2-38 所示。

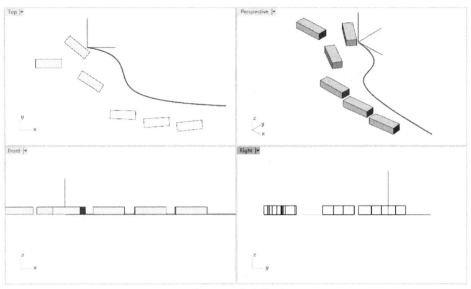

图 2-38 走向阵列

4. 【在曲面上阵列】 ▦

利用【在曲面上阵列】命令可以让物件在曲面上阵列，以指定的列数和行数摆放物件副本，物件会以曲线的法线方向做定位进行复制操作。

上机操作——在曲面上阵列

① 新建 Rhino 文件。

② 在 Front 视窗中绘制内插点曲线，如图 2-39 所示。然后利用菜单栏中的【曲面】|【挤出曲线】|【直线】命令建立一个曲面，如图 2-40 所示。

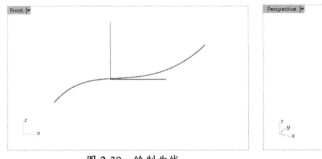

图 2-39 绘制曲线

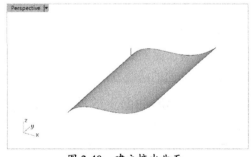

图 2-40 建立挤出曲面

③ 在菜单栏中选择【实体】|【圆锥体】命令，创建一个圆锥体，如图 2-41 所示。

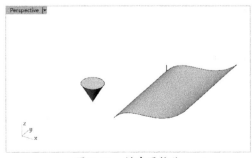

图 2-41 创建圆锥体

④ 单击【在曲面上阵列】按钮▦，然后按命令行提示进行操作。首先选取要阵列的物件——圆锥体，如图 2-42 所示。

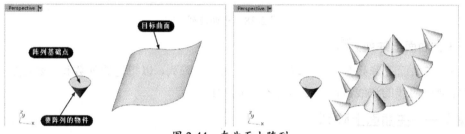

图 2-42　按命令行提示进行操作

⑤ 然后选择物件的基准点，即物体上的一点作为参考点，如图 2-43 所示。

⑥ 随后命令行提示要求指定阵列物件的参考法线，本例中将 Z 轴作为阵列的参考法线，因此按 Enter 键或单击鼠标右键即可。

⑦ 接着选取目标曲面即选取挤出曲面。

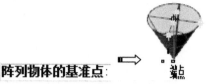

图 2-43　选择物件的基准点

⑧ 输入 U 方向的数目值为 "3"，输入 V 方向的数目值为 "3"。

⑨ 最后按 Enter 键结束操作。阵列结果如图 2-44 所示。

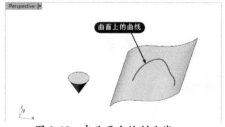

图 2-44　在曲面上阵列

技术要点：

当要进行阵列的物件不在曲线或曲面上时，物件沿着曲线或曲面阵列之前必须先被移动到曲线上，而基准点通常会被放置于物件上。

5. 【沿着曲面上的曲线阵列】✑

利用【沿着曲面上的曲线阵列】命令可以沿着曲面上的曲线以等距离摆放物件副本，阵列物件会依据曲面的法线方向定位。

上机操作——沿着曲面上的曲线阵列

① 继续用"在曲面上阵列"中操作的物件与曲面。

② 在菜单栏中选择【控制点曲线】|【自由造型】|【在曲面上描绘】命令，然后在曲面上绘制一条曲线，如图 2-45 所示。

③ 单击【沿着曲面上的曲线阵列】按钮▨，然后选择要阵列的物件，并指定一个基点（基点通常会放置于物件上），如图 2-46 所示。

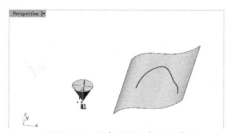

图 2-45　在曲面上绘制曲线　　　　　　图 2-46　选择物件并指定基点

④　按命令行提示要选取曲面上的一条曲线，选择描绘的曲线即可，如图 2-47 所示。
⑤　选取曲面。在曲线上放置物件，此处放置 3 个即可，如图 2-48 所示。

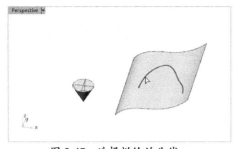

图 2-47　选择描绘的曲线

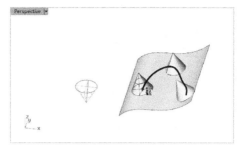

图 2-48　放置物件

⑥　单击鼠标右键或按 Enter 键确认完成阵列。

2.2　对齐与扭曲工具

对齐和扭曲是 Rhino 比较常用的变换工具，能够根据需要对模型进行造型设计变换。

2.2.1　对齐

【对齐】命令的功能是将所选物件对齐。按下【变动】选项卡中的【对齐】命令按钮 不放，将弹出【对齐】子工具面板，如图 2-49 所示。下面分别进行介绍。

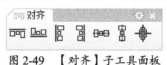

图 2-49　【对齐】子工具面板

1. 【向上对齐】命令按钮

全部选择需要对齐的物件，单击【向上对齐】命令按钮，则物件将以最上面的物件的上边沿为参考进行对齐，如图 2-50 所示。

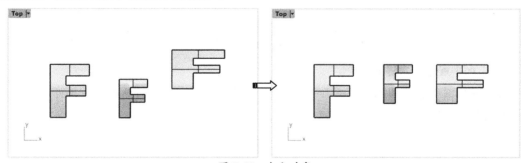

图 2-50　向上对齐

2. 【向下对齐】命令按钮

全部选择需要对齐的物件，单击【向下对齐】命令按钮，则物件将以最下面的物件的下边沿为参考进行对齐，如图 2-51 所示。

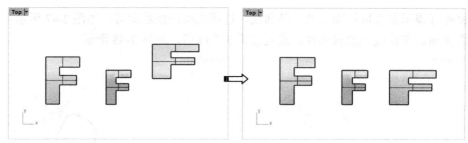

图 2-51　向下对齐

3. 【向左对齐】命令按钮

全部选择需要对齐的物件，单击【向左对齐】命令按钮，则物件将以最左面的物件的左边沿为参考进行对齐，如图 2-52 所示。

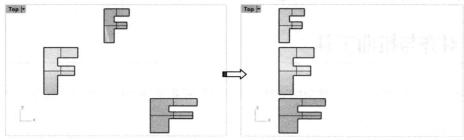

图 2-52　向左对齐

4. 【向右对齐】命令按钮

全部选择需要对齐的物件，单击【向右对齐】命令按钮，则物件将以最右面的物件的右边沿为参考进行对齐，如图 2-53 所示。

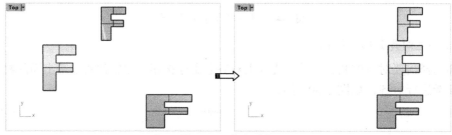

图 2-53　向右对齐

5. 【水平置中】命令按钮

全部选择需要对齐的物件，单击【水平置中】命令按钮，则物件将以所有物件位置的水平中心线为参考进行对齐，如图 2-54 所示。

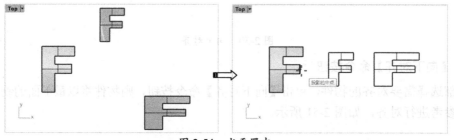

图 2-54　水平置中

6. 【垂直置中】命令按钮

全部选择需要对齐的物件，单击【垂直】命令按钮，则物件将以所有物件位置的垂直中心线为参考进行对齐，如图 2-55 所示。

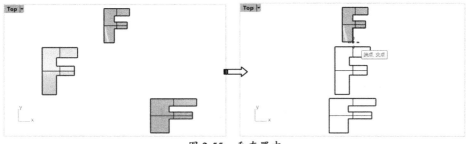

图 2-55 垂直置中

7. 【双向置中】命令按钮

全部选择需要对齐的物件，单击【双向置中】命令按钮，则物件将以所有物件位置的水平和垂直中心线为参考分别进行对齐，如图 2-56 所示。

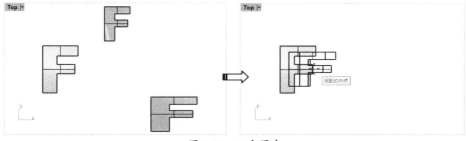

图 2-56 双向置中

> **技术要点：**
>
> 双向置中只是水平置中与垂直置中的组合，并不是将所有物体的中心移到一点。

如果选择的是【对齐】命令而非其子命令，则选择所需对齐物件后，命令行中会有如下提示：

> 选取要对齐的物件。按 Enter 完成:
>
> **对齐选项**（向下对齐(B) 水平置中(H) 向左对齐(L) 向右对齐(R) 向上对齐(T) 垂直置中(V)):

其中的各选项可通过输入对应字母或鼠标点击的方式进行选择，结果与子工具面板中相应的工具按钮功能一致。

2.2.2 扭转

【扭转】命令的功能是对物件进行扭曲变形。例如麻花绳造型，下面进行工具的应用演示。

上机操作——扭转

① 新建 Rhino 文件。

② 在菜单栏中选择【圆：中心点、半径】命令，在 Top 视窗中建立 3 个两两相切的圆，如图 2-57 所示。

③ 接着在 Right 视窗中坐标系原点绘制 Z 轴方向直线。此直线作为扭转轴参考，如图 2-58 所示。

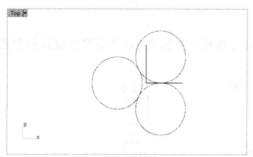

图 2-57　创建 3 个圆　　　　　　　　　图 2-58　绘制直线

④ 在菜单栏中选择【实体】|【挤出平面曲线】|【直线】命令创建挤出实体，如图 2-59 所示。

⑤ 单击【变动】选项卡中的【扭转】按钮，然后选中 3 个挤出曲面物件，按 Enter 键确认。

⑥ 选择直线的两个端点分别作为扭转轴的参考起点和终点，如图 2-60 所示。

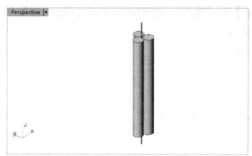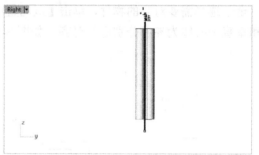

图 2-59　创建挤出实体　　　　　　　图 2-60　选择扭转轴的参考起点和终点

⑦ 指定扭转的第一参考点和第二参考点，如图 2-61 所示。

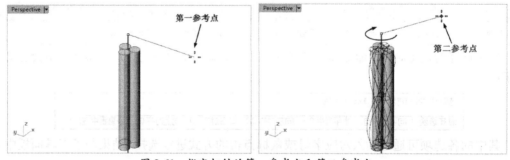

图 2-61　指定扭转的第一参考点和第二参考点

⑧ 旋转结束后单击鼠标右键结束操作。扭曲效果如图 2-62 所示。

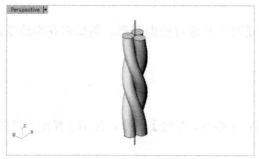

图 2-62　扭曲效果

2.2.3　弯曲

【弯曲】命令的功能是对物件进行弯曲变形。

上机操作——弯曲

① 新建 Rhino 文件。

② 在视窗中建立一个圆柱体，如图 2-63 所示。

③ 选择【弯曲】命令 ，然后选中物件，按 Enter 键确认。

④ 在物件上单击一点作为骨干起点，单击另一点作为骨干终点，如图 2-64 所示。

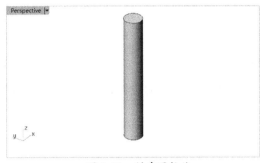
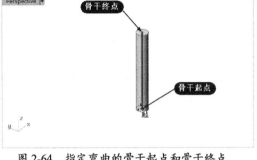

图 2-63　创建圆柱体　　　　　图 2-64　指定弯曲的骨干起点和骨干终点

⑤ 物件随着光标的移动进行不同程度的弯曲，在所需要位置单击结束操作，如图 2-65 所示。

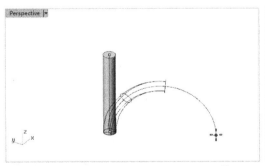

图 2-65　完成弯曲

2.3　合并和打散工具

合并和打散是 Rhino 比较常用的变换工具，能够根据需要对模型进行造型设计变换。

2.3.1　组合

Rhino 有很多合并的工具，包括组合、群组、合并边缘、合并曲面等。

【组合】命令用于将两个或多个没有封闭的曲线或者曲面的端点或曲面的边缘结合起来，从而将其组合成一个物件。

上机操作——创建曲线合并

① 新建 Rhino 文件。

② 在视窗中创建不封闭的两条线。

③ 在左侧边栏中单击【组合】按钮，然后依次选取两条线段，这时会出现一个组合对话框，提示两条线段的最接近的端点间距，并提示是否将两条线段进行组合。

④ 单击【是】按钮，单击鼠标右键结束操作，如图 2-66 所示。

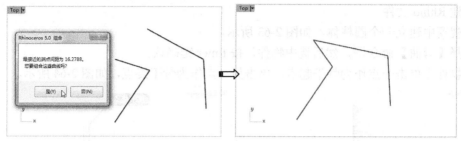

图 2-66　线的组合

⑤ 此操作同样适用于面。不同的是在对面进行组合时，两个面的边界必须要共线，组合后两个面将成为一个物件，如图 2-67 所示。

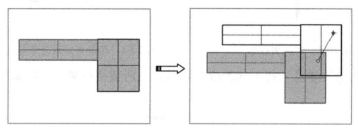

图 2-67　面的组合

2.3.2　群组

【群组】命令的功能是对物件进行各种群组操作，比如群组、解散、移除等。

按下左边栏中的【群组】命令按钮 不放，会弹出【群组】子工具面板，如图 2-68 所示。

图 2-68　【群组】子工具面板

1. 【群组】命令按钮

利用【群组】命令可对物件进行群组操作，这里的物件包括点、线、面和体。群组在一起的物件可以被当作一个物件进行选取或者进行 Rhino 中的指令操作。选择待群组的物件，单击该命令按钮，然后单击鼠标右键或按 Enter 键结束操作即可。效果如图 2-69 所示。

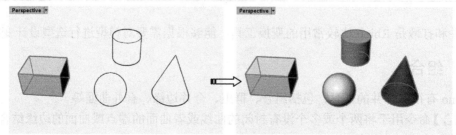

图 2-69　群组

2. 【加入至群组】命令按钮

【加入至群组】命令用于将一个物件加入一个群组当中。当一个物件与一个群组将要进行相同操作时可以采用这个工具。单击该命令按钮后，单击要加入群组的物件，再单击鼠标右键确定操作。然后选中物件要加入的群组，再单击鼠标右键确定。效果如图 2-70 所示。

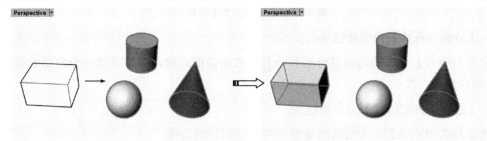

图 2-70 加入群组

3. 【从群组中移除】命令按钮

【从群组中移除】命令用于将一个物件从一个群组中移除。操作方法与【加入群组】方法一致，不再重复说明。

4. 【解散群组】命令按钮

【解散群组】命令用于将群组好的物件打散，还原成单个的物件。单击该命令按钮，选择要解散的群组，单击鼠标右键确认操作即可。效果如图 2-71 所示。

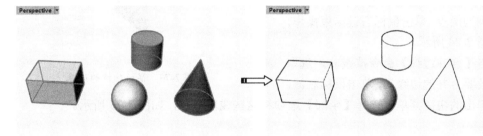

图 2-71 解散群组

5. 【设置群组名称】命令按钮

【设置群组名称】命令用于将群组进行重新命名，主要是方便模型内部物件的管理。单击该命令按钮，选择需要重新命名的群组，这时命令行会有如下提示：

```
指令: _SetGroupName
新群组名称:
```

在命令行中输入要命名的如下群组名字，按 Enter 键完成操作。

```
指令: _SetGroupName
新群组名称: 几何体
```

2.3.3 合并边缘

本节的内容主要是针对物件边缘进行操作，其中包含合并边缘的部分。

按下左侧边栏中的【分析】命令按钮不放，在弹出的子面板中再按下【边缘】命令按钮不放，将会弹出【边缘工具】面板，如图 2-72 所示。

图 2-72　【边缘工具】面板

1. 【分割与合并】命令按钮 ⊥

【分割与合并】命令的功能是分割和合并相邻的曲面边缘，就是将同一个曲面的数段相邻的边缘合并为一段。

2. 【显示与关闭边缘】命令按钮 ⊠

【显示与关闭边缘】命令的功能是显示与关闭物件的边缘。

下面通过一个操作练习，来理解上述两个命令的功能。

上机操作——分割边缘

① 新建 Rhino 文件。

② 在视窗中创建一个长方体。

③ 单击【显示与关闭边缘】命令按钮 ⊠，显示物件的边缘，如图 2-73 所示。

④ 单击【分割边缘】命令按钮 ⊥，然后选中物件的一条边（选取中点）将其分割为两段，单击鼠标右键结束操作，如图 2-74 所示。

⑤ 单击【合并边缘】命令按钮 ⊥，选取多条要合并的边缘后，单击鼠标右键，在弹出的快捷菜单中选择【全部】选项将这些线段合并，如图 2-75 所示。

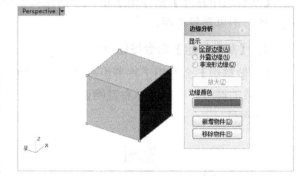

图 2-73　显示物件的边缘

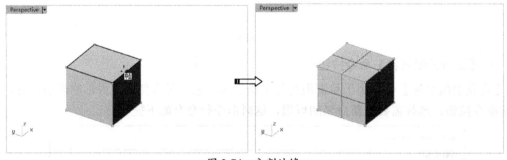

图 2-74　分割边缘

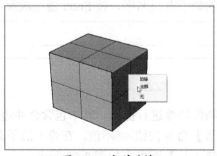

图 2-75　合并边缘

3. 【合并两个外露边缘】命令按钮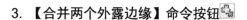

【合并两个外露边缘】命令用于强迫组合两个距离大于公差的外露边缘。如果两个外露边缘（至少有一部分）看起来是并行的，但未组合在一起，【组合边缘】对话框会提示"组合这些边缘需要（距离值）的组合公差，您要组合这些边缘吗？"这时可以选择将两个边缘强迫组合，如图 2-76 所示。

图 2-76 合并两个外露边缘

2.3.4 合并曲面

在 Rhino 中，通常使用合并曲面工具可以将两个或两个以上的边缘相接的曲面合并成一个完整的曲面。但必须注意的是，要进行合并的曲面相接的边缘必须是未经修剪的边缘。在平面视窗中绘制两个边缘相接的曲面。单击【曲面圆角】|【合并曲面】命令按钮 ，在命令行中会有如下提示：

介于 0 与 1 之间的圆度 〈1〉: _Undo
选取一对要合并的曲面（平滑(S)=是 公差(T)=0.01 圆度(R)=1):

> **技术要点：**
> 用户可以选择自己所需选项，输入相应字母进行设置。

各选项功能说明如下。

- 【平滑】：选择"是"，两曲面合并时连接之处会以平滑曲面过渡，合并出来的曲面效果会更加自然。若选择"否"，两曲面直接合并，则连接处无平滑过渡。
- 【公差】：两个要进行合并的曲面边缘距离必须小于该设置值。
- 【圆度】：过渡圆角，输入介于 0～1 之间大小的圆度。

> **技术要点：**
> 【圆度】选项仅在选择"平滑=是"选项后才会发挥作用。

选取要合并的一对曲面，按 Enter 键完成合并曲面操作，如图 2-77 所示。

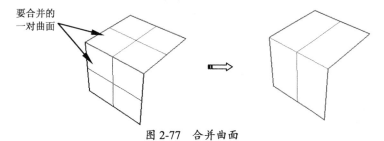

图 2-77 合并曲面

2.3.5　打散

在 Rhino 中关于打散的命令不是很多，常用的就是【炸开】命令按钮、【解散群组】命令按钮和【从群组中移除】命令按钮。

1. 【炸开】命令按钮

【炸开】命令用于将组合在一起的物件打散成个别的物件。它的操作比较简单，操作方法参考之前的组合命令。不同的物件炸开后的结果也是不同的。具体见表 2-1。

表 2-1　不同的物件炸开后得到的结果

物　　件	结　　果
尺寸标注	曲线和文字
群组	群组中的物件会被炸开，但炸开的物件仍属于同一个群组
剖面线	单一直线段或者平面
网格	个别网格或网格面
使用中的变形控制物件	曲线、曲面、变形控制器
多重曲面	个别的曲面
多重曲线	个别的曲线段
多重直线	个别的直线段
文字	曲线

2. 【解散群组】命令按钮

【解散群组】命令用于解散群组的群组状态。具体操作参考群组命令。

3. 【从群组中移除】命令按钮

【从群组中移除】命令用于将群组中的一个物件从群组中移除。具体操作参考群组命令。

2.4　实战案例——电动玩具拖车造型

本例将通过电动玩具拖车造型讲解如何建立实体基本物件及使用简单的变动操作建立模型。如图 2-78 所示为电动玩具拖车造型。

图 2-78　电动玩具拖车造型

造型过程详解如下：

1. 创建车主体

① 新建 Rhino 文件，在【打开模板文件】对话框中选择"小模型-厘米.3dm"模板。

② 在窗口底部的状态栏中开启【正交】模式选项。在【实体工具】选项卡下左侧边栏中单击【椭圆体：从中心点】按钮 ，激活 Top 视窗。

③ 在命令行中输入中心点的坐标（0,0,11），按 Enter 键（或按回车键或单击鼠标右键）确认，接着输入第一轴终点为"15"并回车确认；再输入第二轴终点为"8"并回车确认；光标滑动至 Front 视窗中，最后输入第三轴终点为"9"并回车确认，完成椭圆体的创建，如图 2-79 所示。

技术要点：

确定椭圆体的中心点时，不要在 Perspective 视窗中绘制。

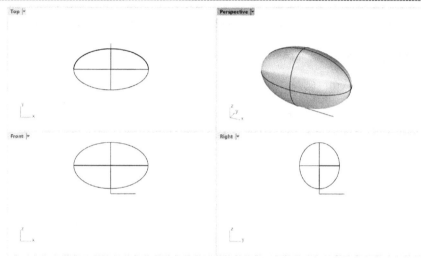

图 2-79 绘制椭圆体

2. 建立车轮子

轮轴与轮框是不同尺寸的圆柱体，轮轴较细长，轮框较扁平。建立一个轮轴及一个完整的轮子，将轮子镜像到另一侧，再将整组的轮轴及两个轮子镜像或复制到车体的前方。

① 在左边栏中单击【圆柱】按钮 ，在 Front 视窗中创建圆柱体，效果如图 2-80 所示。在命令行中输入如下指令：

```
指令：_Cylinder
圆柱体底面（方向限制(D)=垂直 实体(S)=是 两点(P) 三点(O) 正切(T) 逼近数个点(F)）：9,6.5,10 ↙
半径 <2.515>（直径(D) 周长(C) 面积(A) 投影物件锁点(P)=是）：0.5↙
圆柱体端点 <4.354>（方向限制(D)=垂直 两侧(B)=否）：-20↙
```

技术要点：

↙斜箭头表示按回车键或者按 Enter 键确认。

② 再继续创建一个圆柱体，如图 2-81 所示。在命令行中输入如下指令：

```
指令：_Cylinder
圆柱体底面（方向限制(D)=垂直 实体(S)=是 两点(P) 三点(O) 正切(T) 逼近数个点(F)）：9,6.5,10↙
半径 <0.500>（直径(D) 周长(C) 面积(A) 投影物件锁点(P)=是）：4↙
圆柱体端点 <-20.000>（方向限制(D)=垂直 两侧(B)=否）：2↙
```

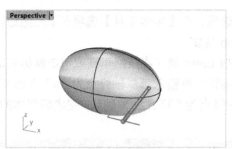
图 2-80　创建轮轴

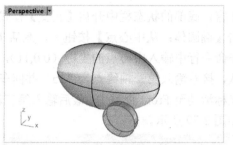
图 2-81　创建轮框

③ 在【曲线工具】选项卡下左边栏中单击【多边形：中心点、半径】按钮，然后在 Front 视窗中的轮框上绘制正六边形，如图 2-82 所示。在命令行中输入如下指令：

```
指令：_Polygon
内接多边形中心点（边数(N)=5　模式(M)=内切　边(D)　星形(S)　垂直(V)　环绕曲线(A)）：N✓
边数 <5>：6✓
内接多边形中心点（边数(N)=6　模式(M)=内切　边(D)　星形(S)　垂直(V)　环绕曲线(A)）：9,8,12✓
多边形的角（边数(N)=6　模式(M)=内切）：0.5✓
多边形的角（边数(N)=6　模式(M)=内切）
```

④ 在【实体工具】选项卡下左边栏中单击【挤出封闭的平面曲线】按钮，然后选择正六边形来创建挤出深度为"0.5"的实体，如图 2-83 所示。

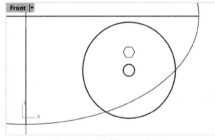
图 2-82　绘制正六边形

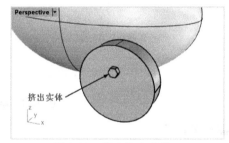
图 2-83　创建挤出实体

⑤ 选中挤出实体，然后在【变动】选项卡下单击【圆形阵列】按钮，拾取轮框的中心点作为阵列中心，创建阵列项目数为"6"的环形阵列，如图 2-84 所示。

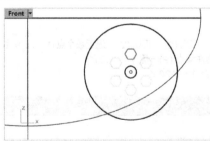
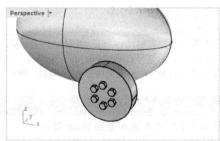
图 2-84　创建环形阵列

⑥ 在【实体工具】选项卡下左边栏中单击【环状体】按钮，然后在 Perspective 视窗中创建环状体，如图 2-85 所示。在命令行中输入如下指令：

```
指令：_Torus
环状体中心点（垂直(V)　两点(P)　三点(O)　正切(T)　环绕曲线(A)　逼近数个点(F)）：9,6.5,11✓
半径 <1.000>（直径(D)　定位(O)　周长(C)　面积(A)　投影物件锁点(P)=是）：5✓
第二半径 <1.000>（直径(D)　固定内圈半径(F)=否）：1.5✓
正在建立网格...按 Esc 取消
```

⑦ 在 Top 视窗中选中车轮（包括轮框、挤出实体和环状体），然后在【变动】选项卡中单击【镜像】按钮，在命令行中确定镜像平面起点为 *X* 轴，镜像完成结果如图 2-86 所示。

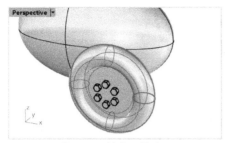

图 2-85   创建环状体

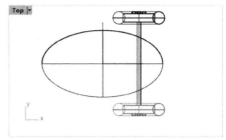

图 2-86   镜像轮子

⑧ 同理，在 Top 视窗中按下 Shift 键选择一组车轮，将其镜像至 *Y* 轴一侧，如图 2-87 所示。

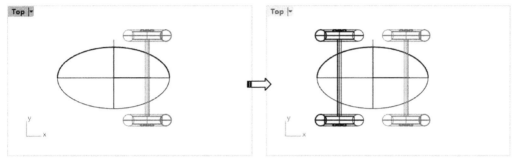

图 2-87   镜像一组车轮

3. 建立眼睛部分

① 在【实体工具】选项卡下左边栏中单击【球体：中心点、半径】按钮 ，然后在 Top 视窗中创建如图 2-88 所示的球体。在命令行中输入如下指令：

```
指令：_Sphere
球体中心点（两点(P)  三点(O)  正切(T)  环绕曲线(A)  四点(I)  逼近数个点(F)）：-12,-3,14↵
半径 <2.520>（直径(D)  定位(O)  周长(C)  面积(A)  投影物件锁点(P)=是）：3↵
正在建立网格...按 Esc 取消
```

② 同理，再创建一个球体，如图 2-89 所示。在命令行中输入如下指令：

```
指令：_Sphere
球体中心点（两点(P)  三点(O)  正切(T)  环绕曲线(A)  四点(I)  逼近数个点(F)）：-13,-4,15↵
半径 <2.000>（直径(D)  定位(O)  周长(C)  面积(A)  投影物件锁点(P)=是）：2↵
正在建立网格...按 Esc 取消
```

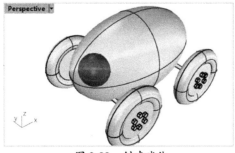

图 2-88   创建球体

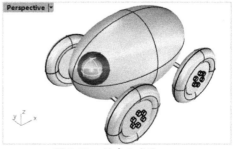

图 2-89   创建小球体

③ 利用【镜像】工具，在 Top 视窗中将两个球体镜像到 X 轴的另一侧，如图 2-90 所示。

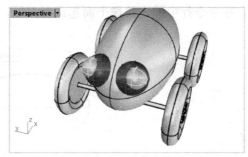

图 2-90　镜像球体

④ 至此，完成了电动玩具拖车的造型设计。

CHAPTER 3

构建造型曲线

本章导读

在 Rhino 操作过程中，曲线是构建模型的基础，也是读者学习后面的曲面构建、曲面编辑、实体编辑等知识的入门课程。希望通过本章的学习，使读者轻松掌握 Rhino 的 NURBS 曲线绘制与编辑功能的基本应用。

项目分解

- ☑ 构建基本曲线
- ☑ 绘制文字
- ☑ 曲线延伸
- ☑ 曲线偏移
- ☑ 混接曲线
- ☑ 曲线修剪
- ☑ 曲线倒角
- ☑ 曲线优化工具

扫码看视频

3.1　构建基本曲线

本节介绍常见的各种基本曲线如点物体、直线、多重直线、曲线、圆及多边形和文字曲线等的绘制方法。

曲线绘制指令主要布置在视窗左侧的边栏中，边栏也可以独立显示在窗口的任意位置，如图 3-1 所示。

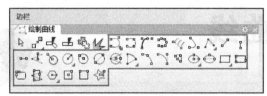

图 3-1　边栏中的曲线绘制指令

3.1.1　绘制直线

直线是比较特殊的曲线，用户可以从其他的物体上创造直线，也可以用它们获得其他曲线、表面、多边形面和网格物体。

在左边栏中按住按钮 不放，会弹出【直线】工具面板，如图 3-2 所示。

图 3-2　【直线】工具面板

- 【直线】 ：单击此按钮，在视窗中任意位置确定起点，然后拖曳光标来确定直线终点。当然，若需要精确控制直线的长度，则可在命令行中输入长度值"10"，回车后在视窗中单击，即得到一条长度为 10 毫米的直线，如图 3-3 所示。

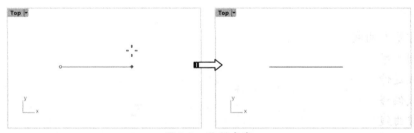

图 3-3　绘制直线

- 【从中点】 ：从中点向两侧等距离绘制直线。在视窗中单击一点作为起始点，然后单击此按钮，将会显示一条以起始点为中点，同时往两侧等距离拉出的直线，如图 3-4 所示。
- 【多重直线】 ：在视窗中单击一点作为多重直线的起始点，然后单击下一点，如果需要可以继续单击绘制下去，最后按 Enter 键或者单击鼠标右键结束绘制，如图 3-5 所示。

图 3-4 从中点绘制直线

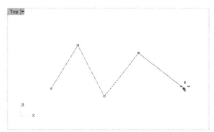

图 3-5 绘制多重直线

- 【曲面法线】 ：沿着曲面表面的法线方向绘制直线。选择一个曲面表面，在表面上单击直线的起点，然后单击一个点作为直线的终点。则这条直线为该曲面在起点处的法线，如图 3-6 所示。若单击直线终点前，在命令行中输入"B"，则会以起点为中点，沿表面法线的方向同时往两侧绘制直线，如图 3-7 所示。

图 3-6 绘制曲面的法线

图 3-7 绘制两侧曲面法线

- 【垂直于工作平面】 ：绘制垂直于工作平面（XY 平面）的直线。操作与绘制单一的直线基本上一致，只是绘制的直线只能垂直于 XY 坐标平面。同样，在【垂直于工作平面】按钮 上单击鼠标右键，也可以绘制 BothSide 模式直线，如图 3-8 所示。

工程点拨：

BothSide 模式直线是指以起始点为中点的等距向正反两方延伸的直线。BothSide，即双向的意思。

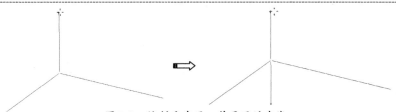

图 3-8 绘制垂直于工作平面的直线

- 【四点】 ：过 4 个点来绘制一条直线。在视窗中绘制两点确定直线的方向，然后绘制第三点和第四点，分别作为直线的起点和终点，从而绘制出一条直线，如图 3-9 所示。

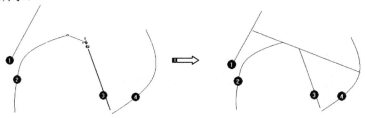

图 3-9 绘制通过 4 点的直线

- 【角度等分线】 ✏ ：沿着虚拟的角度的平分线方向绘制直线，如图 3-10 所示。

图 3-10　绘制角平分线

工程点拨：

如果需要绘制水平或竖直的线条，则只需在拖动鼠标时，按住键盘上的 Shift 键。

- 【指定角度】 ✏ ：绘制与已知直线成一定角度的直线，如图 3-11 所示。

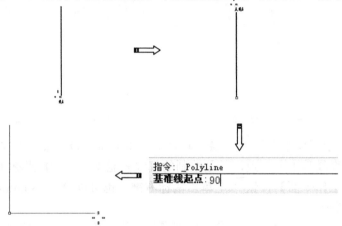

图 3-11　绘制指定角度的直线

- 【适配数个点的直线】 ✏ ：绘制一条直线，使其通过一组被选择的点。单击【适配数个点的直线】按钮 ✏ ，选择视窗中的一组点，并按下 Enter 键，将会在这些被选择的点之间出现一条相对于各点距离均最短的直线，如图 3-12 所示。
- 【起点与曲线垂直】 ✏ ：绘制垂直于选择曲线的直线，垂足即为直线的起始点。同样也可以绘制 BothSide 模式直线，如图 3-13 所示。

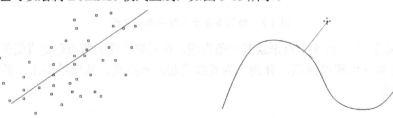

图 3-12　绘制适配数个点的直线　　　　图 3-13　起点与曲线垂直

- 【与两条直线垂直】 ✏ ：绘制垂直于两条曲线的直线，如图 3-14 所示。
- 【起点相切、终点垂直】 ✏ ：在两条曲线之间绘制一条至少与其中一条曲线相切的直线，如图 3-15 所示。

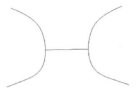 

图 3-14　绘制垂直于两条曲线的直线　　　　图 3-15　起点相切、终点垂直

- 【起点与曲线相切】 ：绘制与被选择曲线的切线方向一致的直线。单击【起点与曲线相切】按钮 ，而后单击曲线，将会出现一条总是沿着曲线切线方向的白线，沿白线任选一点作为该直线的终点。同样，该命令可用于绘制 BothSide 模式直线，如图 3-16 所示。

- 【与两条曲线相切】 ：绘制相切于两条曲线的直线。单击【与两条曲线相切】按钮 ，选择第一条曲线上希望被靠近的切点，作为切线的起点，选择第二条曲线上切线的终点，如图 3-17 所示。

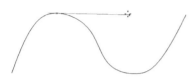 

图 3-16　绘制与曲线相切的直线　　　　图 3-17　绘制与两条曲线相切的直线

- 【通过数个点的直线】 ：绘制一条穿过一组被选择的点的多重直线。单击【通过数个点的直线】按钮 ，依次单击数个点物体（不得少于两个），单击的顺序决定了直线的形状，按 Enter 键或单击鼠标右键确认，完成绘制，如图 3-18 所示。

图 3-18　绘制通过数个点的多重直线

- 【将曲线转换为多重直线】 ：将 NURBS 曲线转换为多重直线。选择需要转换的 NURBS 曲线，按 Enter 键确认，输入角度公差值，再按 Enter 键结束，该 NURBS 曲线即可转换为多重直线，如图 3-19 所示。

图 3-19　将 NURBS 曲线转换为多重直线

工程点拨：

　　角度公差值越大，转换后的多重直线就越粗糙；角度公差值越小，多重直线就越接近原始 NURBS 曲线，产生大量的节点。所以选择合适的公差值，对于这个功能非常重要。

- 【网格上多重直线】 ：直接在网格物体上绘制多重直线。选取网格物体，按 Enter 键确认，开始在网格物体上拖动鼠标绘制多重直线，松开鼠标则绘制完成一段，还可以继续绘制。按 Enter 键或者单击鼠标右键结束绘制，如图 3-20 所示。

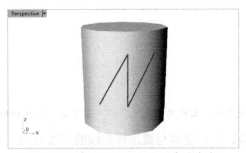

图 3-20　在网格物体上绘制多重直线

上机操作——绘制创意椅子曲线

① 新建 Rhino 文件。在【工作视窗配置】选项卡下单击【背景图】按钮，打开【背景图】工具面板。

② 单击【放置背景图】按钮，再打开本来参考位图，如图 3-21 所示。

③ 在 Top 视窗中放置参考位图，如图 3-22 所示。

图 3-21　打开参考位图

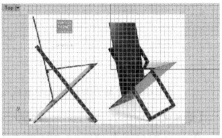

图 3-22　放置参考位图

④ 暂时隐藏格线。在视窗左边栏单击【多重直线】按钮，然后绘制如图 3-23 所示的多重直线。

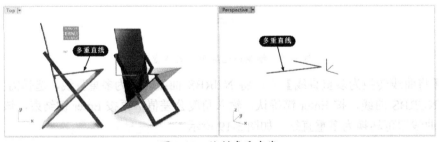

图 3-23　绘制多重直线

⑤ 单击【直线：从中点】按钮，在上一多重直线端点处开始绘制，直线中点与多重直线另一端点重合，如图 3-24 所示。

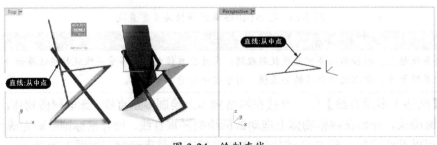

图 3-24　绘制直线

⑥ 在【曲线工具】选项卡下单击【延伸曲线】按钮 ⌐⌐，在命令行中输入延伸长度为 "4"，然后单击鼠标右键确认，完成延伸，如图 3-25 所示。

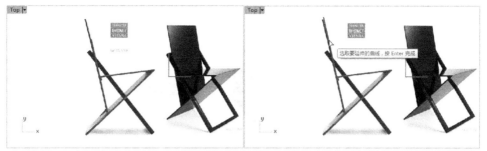

图 3-25　延伸曲线

⑦ 在菜单栏中选择【曲面】|【挤出曲线】|【直线】命令，选中前面绘制的直线和多重直线，单击鼠标右键后输入挤出长度 "-12"，最后单击鼠标右键完成曲面的创建，如图 3-26 所示。

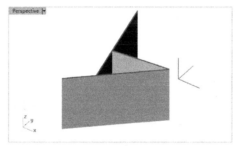

图 3-26　创建挤出曲面

⑧ 利用【直线】命令，在 Top 视窗中绘制如图 3-27 所示的直线。

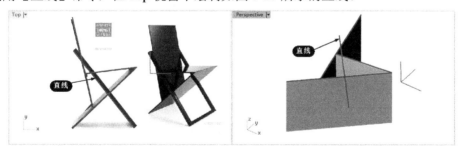

图 3-27　绘制直线

⑨ 在【曲线工具】选项卡下单击【偏移曲线】按钮 ▵，选择步骤 ⑧ 绘制的直线作为偏移参考，在 Right 视窗中指定偏移侧，然后输入偏移距离 "12"，单击鼠标右键完成偏移，如图 3-28 所示。

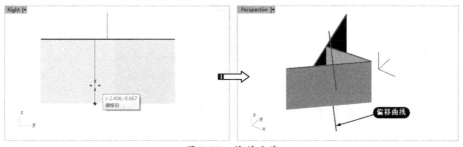

图 3-28　偏移曲线

⑩ 再利用【偏移曲线】命令，分别偏移上、下两条直线，各向偏移"0.8"，如图 3-29 所示。偏移后将原参考曲线隐藏或删除。

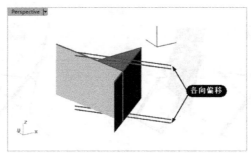

图 3-29 再次偏移曲线

⑪ 在【曲线工具】选项卡下单击【可调式混接曲线】按钮 ，绘制连接线段，如图 3-30 所示。

⑫ 同理，在另一端绘制另一条混接曲线。

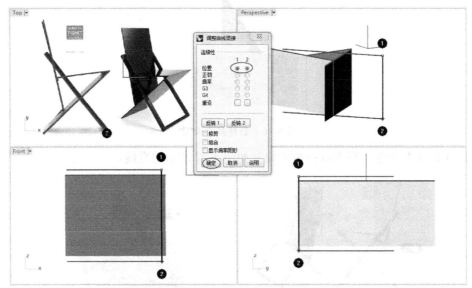

图 3-30 绘制连接线段

⑬ 在菜单栏中选择【编辑】|【组合】命令，将 4 条直线组合，如图 3-31 所示。

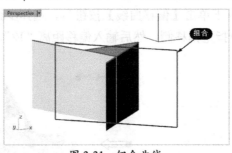

图 3-31 组合曲线

⑭ 在菜单栏中选择【曲面】|【挤出曲面】|【彩带】命令，选择组合的曲线，创建如图 3-32 所示的彩带曲面。

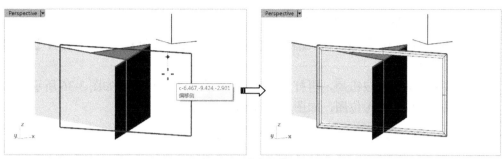

图 3-32 创建彩带曲面

⑮ 在菜单栏中选择【实体】|【挤出曲面】|【直线】命令，然后选择步骤⑭创建的彩带曲面，创建挤出长度为"0.8"的实体，如图 3-33 所示。

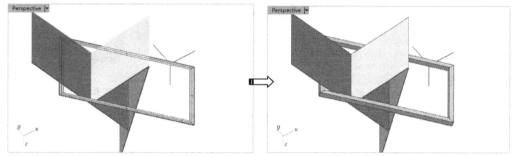

图 3-33 创建挤出实体

⑯ 在菜单栏中选择【实体】|【偏移】命令，选择挤出曲面来创建偏移厚度为"0.2"的实体，如图 3-34 所示。

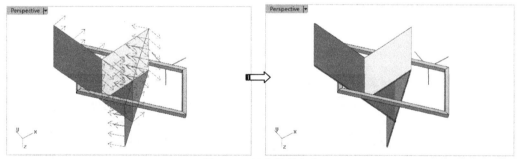

图 3-34 创建偏移实体

⑰ 至此，完成了创意椅子曲线的绘制。

3.1.2 绘制自由造型曲线

NURBS 是非均匀有理 B 样条曲线（Non-Uniform Rational B-Splines）的缩写，NURBS 曲线和 NURBS 曲面在传统的制图领域是不存在的，是为使用计算机进行 3D 建模而专门建立的。

NURBS 曲线也称自由造型曲线，NURBS 曲线的曲率和形状是由 CV 点（控制点）和 EP 点（编辑点）共同控制的。绘制 NURBS 曲线的工具有很多，集成在曲线工具面板中，如图 3-35 所示。

图 3-35 曲线绘制工具面板

上机操作——绘制创意沙发轮廓线

① 新建 Rhino 文件。在【工作视窗配置】选项卡下单击【背景图】按钮，打开【背景图】工具面板。

② 单击【放置背景图】按钮，再打开本例创意沙发的参考位图，如图 3-36 所示。

③ 在 Top 视窗中放置参考位图，如图 3-37 所示。

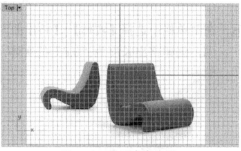

图 3-36　打开参考位图　　　　　　　　　　图 3-37　放置参考位图

④ 暂时隐藏格线。在菜单栏中选择【曲线】|【自由造型】|【内插点】命令，然后绘制如图 3-38 所示的曲线。

工程点拨：

如果绘制的曲线间看起来不光顺，可以选择菜单栏中的【编辑】|【控制点】|【开启控制点】命令，按 Ctrl 键并拖动控制点编辑曲线的连续性，如图 3-39 所示。在后面章节中还将讲解关于曲线的连续性的调整问题。

图 3-38　绘制曲线　　　　　　　　　　图 3-39　编辑曲线

⑤ 在菜单栏中选择【实体】|【挤出平面曲线】|【直线】命令，选取曲线创建如图 3-40 所示的实体（挤出长度为"10"）。

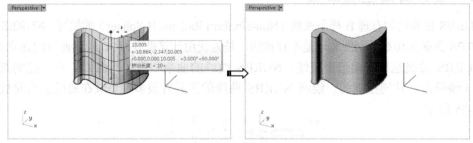

图 3-40　创建挤出实体

⑥　在菜单栏选择【实体】|【边缘圆角】|【不等距边缘圆角】命令，在挤出实体上创建半径为 0.2 的圆角，如图 3-41 所示。

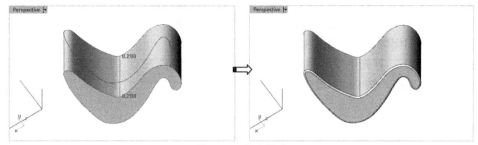

图 3-41　创建圆角

⑦　至此完成了创意沙发轮廓线的绘制。

3.1.3　绘制圆

圆是基本的几何图形之一，也是特殊的封闭曲线。Rhino 中有多种绘制圆的命令，下面分别加以介绍。

圆分为正圆和椭圆，先来学习绘制正圆的方法。在左边栏中，按下【中心点、半径】按钮⊙不放弹出圆绘制工具面板，如图 3-42 所示。

- 【中心点、半径】⊙：根据中心点、半径绘制平行于工作平面的圆，如图 3-43 所示。

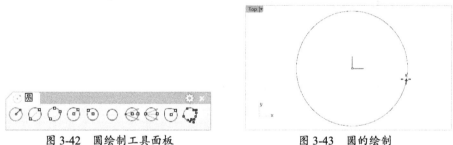

图 3-42　圆绘制工具面板　　　　　　　　图 3-43　圆的绘制

- 【与工作平面垂直、中心点、半径】：根据中心点、半径绘制垂直于工作平面的圆，如图 3-44 所示。

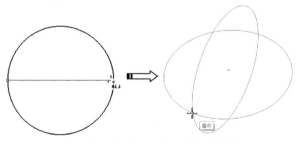

图 3-44　绘制与工作平面垂直的圆

- 【与工作平面垂直、直径】：根据中心点、直径绘制垂直于工作平面的圆。操作方法与类似，只是在输入半径值阶段改为输入直径值。
- 【环绕曲线】⊙：绘制垂直于被选择曲线的圆。

3.1.4 椭圆绘制

前面讲了圆中的正圆绘制，还有一类特殊的圆，就是椭圆。椭圆的构成要素为长边、短边、中心点及焦点，因此 Rhino 中也是通过约束这几个要素来完成椭圆绘制的。在左边栏中长按按钮 ⊙，会弹出椭圆绘制工具面板，如图 3-45 所示。

【从中心点】⊙：首先确定椭圆中心点。拖动鼠标确定第二点（长轴端点），然后单击第三点确定短半轴端点，按 Enter 键或单击鼠标右键完成绘制，如图 3-46 所示。

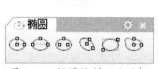

图 3-45　椭圆绘制工具面板

图 3-46　从中心点绘制椭圆

工程点拨：

工具面板中其他按钮命令，其实就包含在命令行中。

绘制过程中命令行出现如下选项，分别为绘制椭圆的各种方式：

圆心（可塑形的(D)）垂直(V) 两点(P) 三点(O) 相切(T) 环绕曲线(A) 配合点(F)）: _Deformable
椭圆中心点（可塑形的(D)）垂直(V) 角(C) 直径(I) 从焦点(F) 环绕

- 【可塑形的〔D〕】：对椭圆进行塑形。
- 【垂直〔V〕】：将平行于工作平面的椭圆改换成垂直于工作平面的椭圆。
- 【两点〔P〕】：以椭圆的焦点来绘制。
- 【三点〔O〕】：通过确定三点，来确定椭圆的形状。
- 【相切〔T〕】：通过与指定曲线相切来绘制椭圆。
- 【环绕曲线〔A〕】：绘制环绕曲线的椭圆，如图 3-47 所示。

图 3-47　绘制环绕所选曲线的椭圆

- 【配合点〔F〕】：通过确定焦点位置来绘制椭圆，方法同 ⊙。
- 【角〔C〕】：根据矩形框的对角线长度绘制椭圆，方法同 ▱。
- 【直径〔I〕】：根据直径绘制椭圆。单击按钮 ◎，在视窗中单击第一点和第二点确定椭圆的第一轴向，拖动鼠标在所需的地方单击或者直接在命令行中输入第二轴向的长度，按 Enter 键完成绘制，如图 3-48 所示。

图 3-48　根据直径绘制椭圆

- 【从焦点〔F〕】：根据两焦点及短半轴长度来绘制椭圆形，如图 3-49 所示。

图 3-49　从焦点绘制椭圆

3.1.5　多边形绘制

在 Rhino 中，矩形绘制和多边形绘制工具是分开的，但它们具有相似的绘制方法，而且可以把矩形看作一种特殊的多边形，因此在这里作为一部分内容进行讲解。

在左边栏中，长按按钮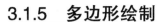，会弹出多边形绘制工具面板，如图 3-50 所示。

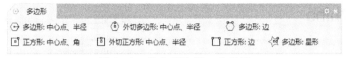

图 3-50　多边形绘制工具面板

第一排 3 个按钮命令⊕ ⊙ ♡，在默认情况下都用于绘制六边形，但在实际绘制中，是可以随意调它们的角度和边数的。

- 【中心点、半径】按钮⊕：根据中心点到顶点的距离来绘制多边形。
- 【外切多边形】按钮⊙：根据中心点到边的距离来绘制多边形。
- 【边】按钮♡：以多边形一条边的长度作为基准来绘制多边形。

第四、五、六个按钮命令□ □ □与前面 3 个按钮命令在使用上是相同的，只不过这 3 个按钮在默认情况下用于绘制正方形。如果想要改变它的边数，则在命令行中输入所需的边数即可。下面仅介绍【多边形：星形】按钮命令的用法。

- 【多边形：星形】按钮✧：通过定义 3 个点来确定星形的形状。首先指定第一点确定星形的中心点，接着需要输入 2 个半径值来指定第二点（星形凹角顶点）和第三点（星形尖角顶点）。输入第一个半径时确定星形凹角顶点的位置，输入第二个半径时确定星形尖角顶点的位置，如图 3-51 所示。

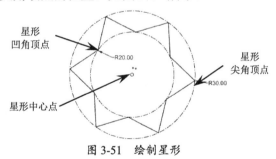

图 3-51　绘制星形

3.2　绘制文字

文字是一种语言符号，但符号却是一种形象，从远古的象形文字中可以得到证实。在 Rhino 中，文字也代表了一种形象。文字绘制常用于制作产品 LOGO，或文字型物体模型建立。

在 Rhino 中，文字具有 3 种形态：曲线、曲面和实体。根据不同情况选择不同形态进行文字绘制。多采用曲线形态，更便于修改。

上机操作——绘制文字

① 在【变动】选项卡下左边栏中单击【文字物件】按钮🝙，弹出【文字物件】对话框，如图 3-52 所示。

② 在对话框中的【要建立的文字】一栏中输入要建立的文字内容，然后在【字型】选项中选择文字的字体和形态，如图 3-53 所示。在如图 3-52 所示的对话框中选择是否勾选【群组物件】复选框，即是否建立一个文字模型群组。

图 3-52 【文字物件】对话框   图 3-53 选择文字的字体和形态

③ 若选择文字为曲线的形态，则右方出现【使用单线字型】选项，是否勾选【使用单线字型】复选框对比效果，如图 3-54 所示。

④ 输入【文字大小】选项中的高度和实体厚度数值。若选择文字为曲线或曲面的形式，则只需要输入高度（H），若选择文字实体，则还需要输入实体厚度（T），如图 3-55 所示。

勾选【使用单线字型】   未勾选【使用单线字型】

图 3-54 是否勾选【使用单线字型】复选框对比效果   图 3-55 设定文字大小

⑤ 选项设定完毕后，单击【确定】按钮。在一个平面视窗中移动鼠标选择文字位置，确定按下 Enter 键或单击确认操作。曲线、曲面、实体形态最终效果如图 3-56 所示。

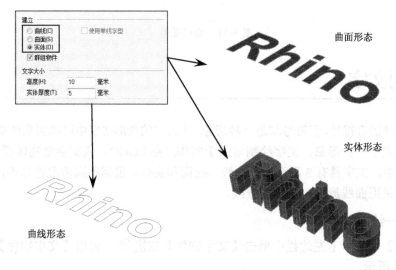

图 3-56 3 种文字形态绘制效果

3.3　曲线延伸

利用曲线延伸工具,可以根据用户的需要让曲线无限地延伸下去,并且所延伸出来的曲线具有多样性,有直线、曲线、圆弧等各种形式,操作选择非常多。

在【曲线工具】选项卡下长按按钮▭,弹出【延伸】工具面板,如图 3-57 所示。下面分别介绍该工具面板中各命令的功能。

图 3-57　【延伸】工具面板

在【延伸】工具面板中,【延伸曲线】按钮命令其实已经包含了【延伸到边界】按钮命令。

3.3.1　延伸曲线(延伸到边界)

【延伸曲线】命令主要是对 NURBS 曲线进行长度上的延伸,其中延伸方式包括:原本的、直线、圆弧、平滑 4 种。

在 Top 视窗中运用【直线】工具✏或【控制点曲线】工具🖉绘制一条直线或曲线。

单击【延伸曲线】按钮▭,命令行中会出现如下提示:

　　　选取边界物体或输入延伸长度, 按 Enter 使用动态延伸 (型式(T)=原本的)

从命令行中可以看出,默认的延伸方式为"原本的",这时按照提示在命令行中输入长度值或在视窗中单击该曲线需要延伸到的某个特定物体,然后按 Enter 键或单击鼠标右键确认操作。最后选取需要延伸的曲线,即可完成曲线延伸操作。在命令行中输入 U,则可取消刚刚的操作。

默认延伸方式只能对曲线进行常规延伸,如果需要延伸的类型有所变化,则需在命令行中输入 T,或者单击【类型(T)=原本的】选项,随后出现如下选项:

　　　类型 〈原本的〉 (原本的(N)　直线(L)　圆弧(A)　平滑(S))

用户在 4 个选项中可以选择所需要的类型,其中平滑延伸、原本延伸和圆弧延伸在此例中效果几乎相同,所以在这里不做对比展示了。以【直线】选项进行延伸的前后效果对比如图 3-58 所示。

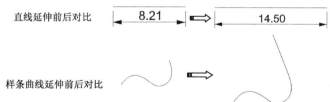

图 3-58　以【直线】选项进行延伸的前后效果对比

工程点拨:

　　先选择的是曲线要延伸到的目标,它可以是表面或实体等几何类型,但这几种类型只能让曲线延伸到它们的边。如果没有延伸目标可以输入延伸长度,则手动选择方向和类型。

上机操作——创建延伸曲线

① 打开源文件"3-1-1.3dm",如图 3-59 所示。

② 单击【延伸曲线】按钮▭,选取左侧竖直线为边界物体,按 Enter 键确认,如图 3-60 所示。

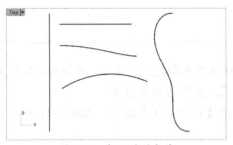
图 3-59　打开的源文件

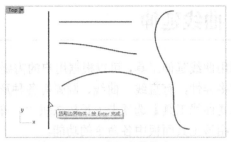
图 3-60　选取边界物体

③　依次选取中间的 3 条曲线为要延伸的曲线，如图 3-61 所示。

④　最后单击鼠标右键完成曲线的延伸，如图 3-62 所示。

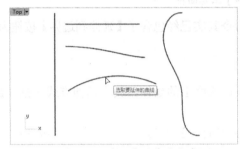
图 3-61　选取要延伸的曲线

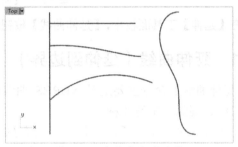
图 3-62　完成曲线的延伸

⑤　重新选择【延伸曲线】命令，在命令行中设置延伸方式为【直线】，然后选取右侧的自由曲线为边界物体，并按 Enter 键确认，如图 3-63 所示。

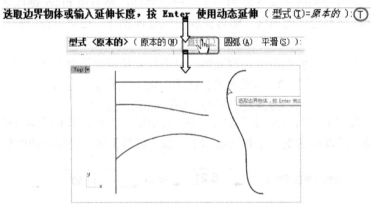
图 3-63　选择延伸方式和延伸边界物体

⑥　选择中间的直线作为要延伸的曲线，随后自动完成延伸，如图 3-64 所示。

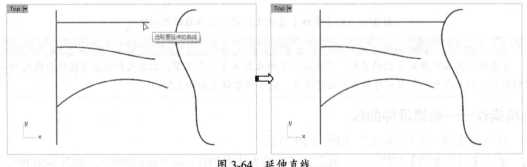
图 3-64　延伸直线

⑦　同理，对余下两条曲线（样条曲线和圆弧曲线）分别采取"平滑的"和"圆弧"延伸方
　　式进行延伸，结果如图 3-65 和图 3-66 所示。

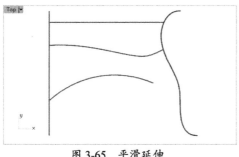

图 3-65　平滑延伸

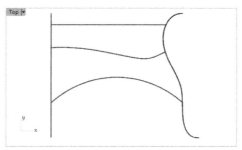

图 3-66　圆弧延伸

3.3.2　曲线连接

运用曲线连接工具可将两条不相交的曲线以直线的方式连接。

上机操作——创建曲线连接

① 　新建 Rhino 文件。

② 　在 Top 视窗中运用【直线】工具 绘制两条不相交的直线，如图 3-67 所示。

③ 　单击【连接】按钮 ，依次选取要延伸交集的两条直线，两条不相交的直线即自动连接，
　　如图 3-68 所示。

工程点拨：

　　两条弯曲的曲线同样能够进行相互连接，但要注意的是两条曲线之间的连接部分是直线，不能够形成
弯曲有弧度的曲线。

图 3-67　绘制两条直线

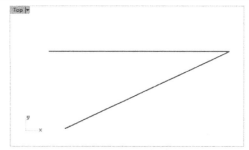

图 3-68　连接两条直线

3.3.3　延伸曲线（平滑）

【延伸曲线（平滑）】命令的操作方法与【延伸曲线】命令相同，其延伸类型同样包括：
直线、原本的、圆弧、平滑 4 种，功能也类似。不同的是，在进行直线延伸时，该命令能够
随着拖动光标，延伸出平滑的曲线，而【延伸曲线】 命令只能延伸出直线。

上机操作——创建延伸曲线（平滑）

① 　新建 Rhino 文件。

② 　在 Top 视窗中运用【直线】工具 先绘制直线，如图 3-69 所示。

③ 　单击【延伸曲线（平滑）】按钮 ，选取该直线，拖动光标，单击确认延伸终点或在命

令行中输入延伸长度，按 Enter 键或单击鼠标右键，完成延伸，如图 3-70 所示。

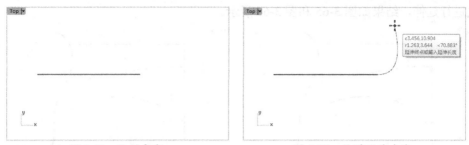

图 3-69 绘制直线　　　　　　　　　　图 3-70 平滑延伸直线

工程点拨：

在使用平滑延伸曲线工具时，无法对直线进行圆弧延伸。

3.3.4 以直线延伸

使用【以直线延伸】命令只能延伸出直线，无法延伸出曲线。【以直线延伸】命令的操作方法与【延伸曲线】命令相同，其延伸类型同样包括：直线、原本的、圆弧、平滑 4 种，功能也类似。

上机操作——创建"以直线延伸"曲线

① 新建 Rhino 文件。

② 在 Top 视窗中运用【圆弧：起点、终点、通过点】工具先绘制圆弧，如图 3-71 所示。

③ 单击【以直线延伸】按钮✐，选取要延伸的曲线，拖动光标，单击确认延伸终点或按 Enter 键或单击鼠标右键，确认操作，如图 3-72 所示。

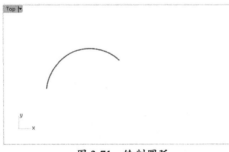　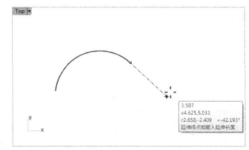

图 3-71 绘制圆弧　　　　　　　　　　图 3-72 以直线延伸

3.3.5 以圆弧延伸至指定点

利用【以圆弧延伸至指定点】命令，能够使曲线延伸到指定点的位置。下面用实例来说明操作方法。

上机操作——创建"以圆弧延伸至指定点"曲线

① 新建 Rhino 文件。

② 在 Top 视窗中运用【控制点曲线】工具和【点】工具先绘制 B 样条曲线和点，如图 3-73 所示。

③ 单击【以圆弧延伸至指定点】按钮↰，依次选取要延伸的曲线、延伸的终点，即可完成操作，如图 3-74 所示。

图 3-73　绘制样条曲线和点

图 3-74　以圆弧延伸至指定点

工程点拨：

这里要注意的是，软件在进行延伸端选择时，会选择更靠近单击位置的端点。

如果未指定固定点，也可设置曲率半径，作为曲线延伸依据。

单击【以圆弧延伸至指定点】按钮，选取要延伸的曲线，拖动光标，会在端点处出现不同曲率的圆弧。在所需位置按 Enter 键或单击鼠标右键，命令行中会出现如下提示：

延伸终点或输入延伸长度〈21.601〉（中心点 C）至点 T）：

此时，输入长度值或者在拉出的直线上单击所需位置即可。单击鼠标右键，可再次调用该命令，反复使用可以在原曲线端点处，延伸出不同形状、大小的圆弧，如图 3-75 所示。

图 3-75　圆弧延伸

3.3.6　以圆弧延伸（保留半径）

利用【以圆弧延伸（保留半径）】命令自动依照端点位置的曲线半径进行延伸，也就是说延伸出来的曲线与延伸端点处的曲线半径相同。只需输入延伸长度或指定延伸终点即可。效果与【以圆弧延伸至指定点】命令相同。

上机操作——创建"以圆弧延伸（保留半径）"曲线

① 新建 Rhino 文件。

② 在 Top 视窗中运用【圆弧：起点、终点、半径】工具先绘制圆弧曲线，如图 3-76 所示。

③ 单击【以圆弧延伸（保留半径）】按钮，选取圆弧为要延伸的曲线，然后拖动光标确定延伸终点，单击鼠标右键完成圆弧曲线的延伸，如图 3-77 所示。

图 3-76　绘制圆弧

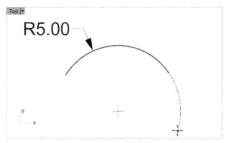

图 3-77　以圆弧延伸（保留半径）

3.3.7　以圆弧延伸（指定中心点）

【以圆弧延伸（指定中心点）】命令用于以指定圆弧中心点与终点的方式将曲线以圆弧延伸。操作方法与前面的命令类似，只是在选定待延伸曲线后，拖动光标，在拉出来的直线上单击，确定圆弧圆心位置。

上机操作——创建"以圆弧延伸（指定中心点）"曲线

① 新建 Rhino 文件。

② 在 Top 视窗中运用【控制点曲线】工具先绘制 B 样条曲线，如图 3-78 所示。

③ 单击【以圆弧延伸（指定中心点）】按钮，选取圆弧为要延伸的曲线，然后拖动光标确定圆弧延伸的圆心，如图 3-79 所示。

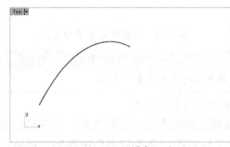

图 3-78　绘制样条曲线　　　　　　　图 3-79　确定圆弧延伸的圆心

④ 拖动光标确定圆弧的终点，单击鼠标右键完成圆弧曲线的延伸，如图 3-80 所示。

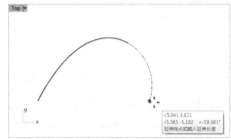

图 3-80　完成圆弧曲线的延伸

3.3.8　延伸曲面上的曲线

利用【延伸曲面上的曲线】命令可以将曲面上的曲线延伸至曲面的边缘。

上机操作——延伸曲面上的曲线

① 打开本例源文件"3-1-8.3dm"，为曲面与曲面上的曲线，如图 3-81 所示。

② 单击【延伸曲面上的曲线】按钮，然后按命令行的信息提示，先选取要延伸的曲线，如图 3-82 所示。

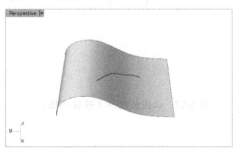
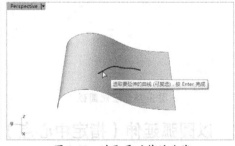

图 3-81　打开源文件　　　　　　　图 3-82　选取要延伸的曲线

③ 再选取曲线所在的曲面，按 Enter 键或单击鼠标右键结束操作，曲线将延伸至曲面的边缘，如图 3-83 所示。

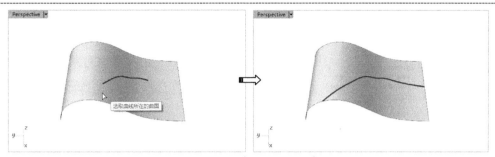

图 3-83　延伸曲面上的曲线

3.4　曲线偏移

【偏移曲线】命令是 Rhino 中常用的编辑命令之一，功能是在一条曲线的一侧产生一条新曲线，这条线在每个位置都与原来的线保持相同的距离。调用【偏移曲线】命令，可在【曲线工具】选项卡中进行。

3.4.1　偏移曲线

【偏移曲线】命令可将曲线偏移到指定的距离位置，并保留原曲线。

在 Top 视窗中绘制一条曲线，单击【偏移曲线】按钮，选取要偏移复制的曲线，确认偏移距离和方向后单击即可。

有 2 种方法可以确定偏移距离：

（1）在命令行中输入偏移距离的数值。

（2）输入【T】，这时能立刻看到偏移后的线，拖动光标，偏移线也会发生变化，在所需地方单击确认偏移距离即可。

上机操作——绘制零件外形轮廓

利用圆、圆弧、偏移曲线及修剪指令绘制如图 3-85 所示的零件图形。

图 3-84　绘制等距离偏移线

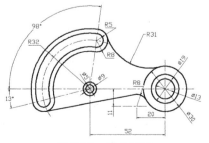

图 3-85　零件图形

① 新建 Rhino 文件。隐藏格线并设置总格数为 5，如图 3-86 所示。

② 利用左边栏中的【圆：中心点、半径】命令，在 Top 视窗坐标轴中心绘制直径为 13 的圆，如图 3-87 所示。

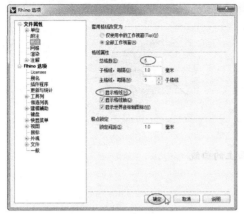

图 3-86　设置格线选项　　　　　　　　　　图 3-87　绘制圆

③ 同理，再创建同心圆，直径分别为 19 和 30，如图 3-88 所示。

④ 利用【直线】命令，在同心圆位置绘制基准线，如图 3-89 所示。

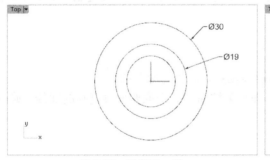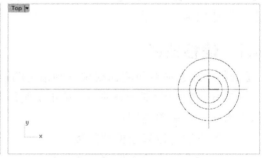

图 3-88　绘制同心圆　　　　　　　　　　　图 3-89　绘制基准线

⑤ 选中基准线，然后在【出图】选项卡下单击【设置线型】按钮，修改直线线型为点画线，如图 3-90 所示。

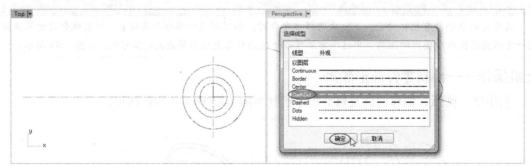

图 3-90　设置基准线线型

⑥ 再选择【圆：中心点、半径】命令，在命令行中输入圆心的坐标"-52,0,0"，单击鼠标右键确认后再输入直径值 5，单击鼠标右键，完成圆的绘制，如图 3-91 所示。

⑦ 再选择圆命令，绘制同心圆，且圆直径为 9，如图 3-92 所示。

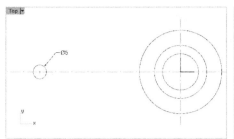

图 3-91　绘制圆

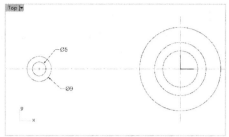

图 3-92　绘制同心圆

⑧　利用【直线：指定角度】命令，绘制两条如图 3-93 所示的基准线。

⑨　利用【圆：中心点、半径】命令，绘制直径为 64 的圆。然后利用左边栏的【修剪】命令修剪圆，得到圆弧如图 3-94 所示。

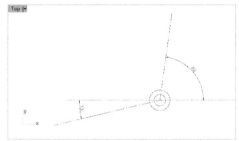

图 3-93　绘制基准线

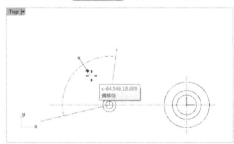

图 3-94　绘制基准圆弧

⑩　单击【偏移曲线】按钮 ，选取要偏移的曲线（圆弧基准线），单击鼠标右键确认后，在命令行中单击【距离】选项，修改偏移距离为 5，然后在命令行中单击【两侧】选项，在 Top 视窗中绘制如图 3-95 所示的偏移曲线。

选取要偏移的曲线 (距离 (D)=5) 角 (C)=锐角　通过点 (T)　公差 (O)=0.001　(两侧 (B))　与工作平面平行 (I)=是　加盖 (A)=无 :

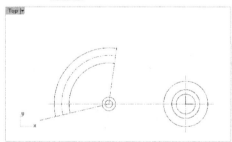

图 3-95　绘制偏移曲线（1）

⑪　同理，再绘制偏移距离为 8 的偏移曲线，如图 3-96 所示。

⑫　利用【圆：直径、起点】命令，绘制 4 个圆，如图 3-97 所示。

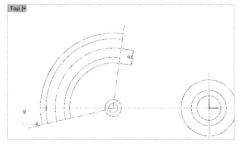

图 3-96　绘制偏移曲线（2）

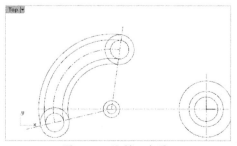

图 3-97　绘制 4 个圆

⑬ 利用【圆弧：正切、正切、半径】命令，绘制如图 3-98 所示的相切圆弧。

⑭ 利用【圆：中心点、半径】命令，绘制圆心坐标为"-20,-11,0"、圆上一点与大圆相切的圆，如图 3-99 所示。

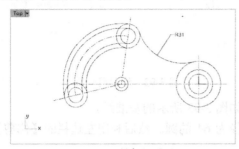

图 3-98 绘制相切圆弧　　　　　　　　　　图 3-99　绘制相切圆

⑮ 利用【直线：与两条曲线正切】命令，绘制如图 3-100 所示的相切直线。

⑯ 利用【修剪】命令，修剪轮廓曲线，得到最终的零件外形轮廓，如图 3-101 所示。

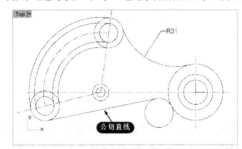
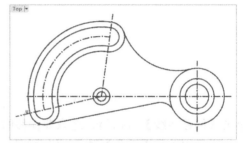

图 3-100　绘制公切线　　　　　　　　　　图 3-101　修剪图形后的最终轮廓

3.4.2　往曲面法线方向偏移曲线

【往曲面法线方向偏移曲线】命令主要用于对曲面上的曲线进行偏移。曲线偏移方向为曲面的法线方向，并且可以通过多个点控制偏移曲线的形状。下面通过一个操作练习进行讲解。

上机操作——往曲面法线方向偏移曲线

① 在 Top 视窗中利用【内插点曲线】命令绘制一条曲线，如图 3-102 所示。转入 Front 视窗，再利用【偏移曲线】命令将这条曲线偏移复制一次（偏移距离为 15），效果如图 3-103 所示。

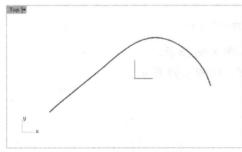
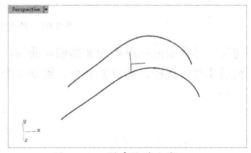

图 3-102　绘制内插点曲线　　　　　　　　图 3-103　创建偏移曲线

② 转换到 Perspective 视窗，在【曲面工具】选项卡下的左边栏中单击【放样】按钮⟨⟩，依次选取这两条曲线，放样出一个曲面（曲面内容后面会详细介绍，这里只需按照提示操作即可），如图 3-104 所示。

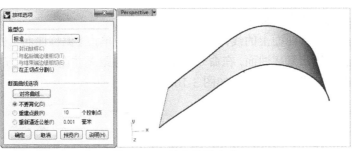

图 3-104　创建放样曲面

③ 在菜单栏中选择【曲线】|【自由造型】|【在曲面上描绘】命令，在曲面上绘制一条曲线，如图 3-105 所示。

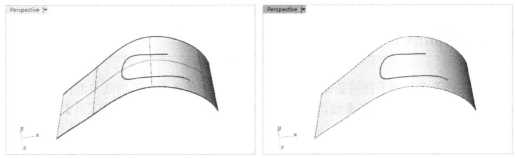

图 3-105　在曲面上绘制曲线

④ 在【曲线工具】选项卡下单击【往曲面法线方向偏移曲线】按钮，依次选取曲面上的曲线和基底曲面，根据命令行提示，在曲线上选择一个基准点，拖动光标，将会拉出一条直线，该直线为曲面在基准点处的法线，然后在所需高度位置单击。

⑤ 此时如果不希望改变曲线形状，则可按 Enter 键或单击鼠标右键，完成偏移操作，如图 3-106 所示。

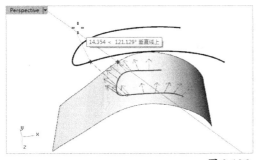
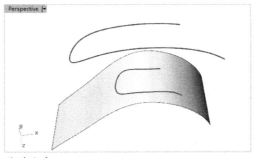

图 3-106　偏移曲线

> **工程点拨：**
>
> 如果用户希望改变曲线形状，则可在原曲线上继续选择点，确定高度，重复多次，最后按 Enter 键或单击鼠标右键，完成偏移操作，如图 3-107 所示。

3.4.3　偏移曲面上的曲线

使用【偏移曲面上的曲线】命令，曲线能够在曲面上进行偏移，值得注意的是，曲线在

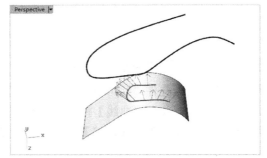

图 3-107　改变曲线形状偏移效果

曲面上延伸后得到的曲线会延伸至曲面的边缘。

　　绘制一个曲面和一条曲面上的线，方法和上例相同。单击【偏移曲面上的曲线】按钮，依次选取曲面上的曲线和基底曲线，在命令行中输入偏移距离并选择偏移方向。然后按 Enter 键或单击鼠标右键，完成偏移操作，如图 3-108 所示。

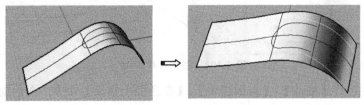

图 3-108　偏移曲面上的曲线

3.5　混接曲线

　　【混接曲线】命令用于在两条曲线之间建立平滑过渡的曲线。该曲线与混接前的两条曲线分别独立，如需结合成一条曲线，则需使用【组合】按钮。在【曲线工具】选项卡中调用【混接曲线】命令。

3.5.1　可调式混接曲线

　　【可调式混接曲线】命令用于在两条曲线或曲面边缘建立可以动态调整的混接曲线。

　　在 Top 视窗中绘制两条曲线。在【曲线工具】选项卡下单击【可调式混接曲线】按钮，依次选取要混接曲线的混接端点，会弹出【调整曲线混接】对话框，可以预览并调整混接曲线。调整完毕后，单击对话框中的【确定】按钮完成操作，如图 3-109 所示。

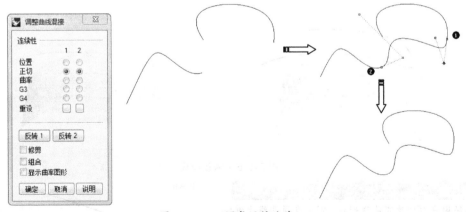

图 3-109　可调式混接曲线

上机操作——创建可调式混接曲线

① 打开本例源文件"3-3-2.3dm"，如图 3-110 所示。

② 单击【可调式混接曲线】按钮，然后选择如图 3-111 所示的曲面边缘作为要混接的边缘，并在【调整曲线混接】对话框中设置【连续性】均为【正切】。

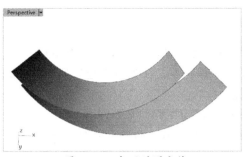

图 3-110　打开的源文件

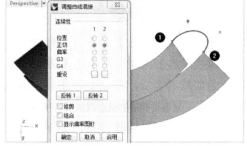

图 3-111　选择要混接的边并设置连续性

③ 在 Perspective 视窗中选取控制点，然后拖动，改变混接曲线的延伸长度，如图 3-112 所示。

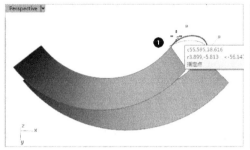
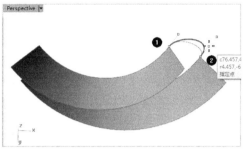

图 3-112　调整混接曲线的延伸长度

④ 单击【调整曲线混接】对话框中的【确定】按钮完成混接曲线的创建。同理，在另一侧也创建混接曲线，如图 3-113 所示。

⑤ 再选择【可调式混接曲线】命令，在命令行提示中单击【边缘】选项，然后在视窗中选取曲面边缘，如图 3-114 所示。

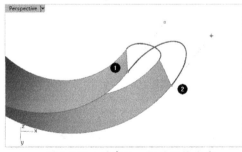

图 3-113　创建另一侧的混接曲线

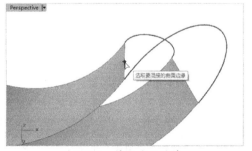

图 3-114　选取曲面边缘

⑥ 选取另一曲面上的曲面边缘后弹出【调整曲线混接】对话框，并显示预览，如图 3-115 所示。设置【连续性】为【曲率】连续，单击【确定】按钮完成混接曲线的创建。

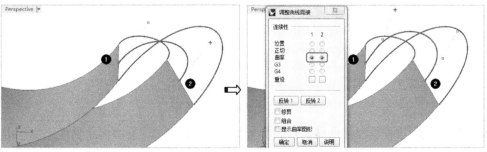

图 3-115　调整连续性完成混接曲线的创建

3.5.2 弧形混接曲线

利用【弧形混接曲线】命令可以创建由 2 个相切连续的圆弧组成的混接曲线。

在【曲线工具】选项卡下单击【弧形混接曲线】按钮，在视窗中选取第一条曲线的端点和第二条曲线的端点，在命令行中显示如下提示：

选取要调整的弧形混接点，按 Enter 完成（半径差异值(R) 修剪(T)=否）:

同时生成弧形混接曲线预览，如图 3-116 所示。（两条参考曲线为异向相对）

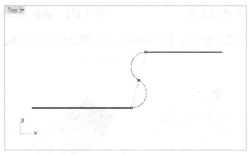

图 3-116　弧形混接曲线预览

- 【半径差异值】：建立 S 形混接圆弧时可以设定两个圆弧半径的差异值。半径差异值为正数时，先点选的曲线端（❶）的圆弧会大于另一个圆弧（❷）；半径差异值为负数时，后点选的曲线端的圆弧会较大，如图 3-117 所示。

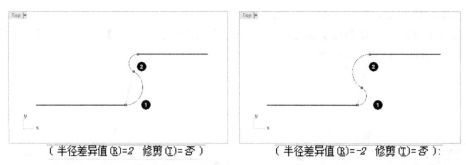

（半径差异值(R)=2 修剪(T)=否）　　　　（半径差异值(R)=-2 修剪(T)=否）:

图 3-117　半径差异值为正/负数的对比

工程点拨：

除了输入差异值来更改圆弧大小外，还可以将光标放置在控制点上拖动进行改变，如图 3-118 所示。

图 3-118　手动控制半径差异

- 【修剪】：当拖动混接曲线端点到参考曲线任意位置时，会有多余曲线产生，此时可以设置修剪为"是"或者"否"，"是"表示要修剪，"否"表示不修剪，如图 3-119

所示。此外，在命令行中还增加了【组合=否】选项。同理，若设置为"否"，即混接曲线与参考曲线不组合。反之则组合成整体。

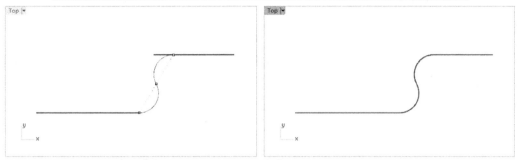

图 3-119　设置"修剪=是"的结果

当两条参考曲线的位置状态产生如图 3-120 所示的同向变化时，弧形混接曲线也发生变化。在命令行中增加了与先前不同的选项——【其他解法】选项。

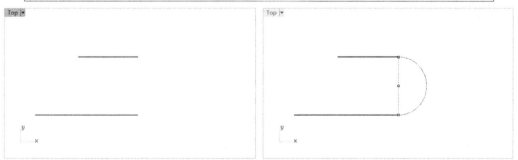

图 3-120　同向曲线间的弧形混接曲线

单击【其他解法】选项，可以创建反转一个或两个圆弧的方向，建立不同的弧形混接曲线，如图 3-121 所示。

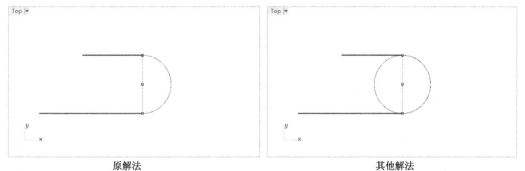

原解法　　　　　　　　　　　　　　　　其他解法

图 3-121　其他解法与原解法的对比

3.5.3　衔接曲线

【衔接曲线】工具是非常重要的一项功能，在 NURBS 建模过程中起着举足轻重的作用。它的作用是改变一条曲线或者同时改变两条曲线末端的控制点的位置，以达到让这两条曲线保持 G0、G1、G2 的连续性。

在【曲线工具】选项卡中可找到【衔接曲线】按钮～。下面通过一个操作练习进行详细讲解。

上机操作——曲线匹配

① 新建 Rhino 文件。

② 在 Top 视窗中绘制两条曲线，如图 3-122 所示。

③ 在【曲线工具】选项卡下单击【衔接曲线】按钮～，依次选择要衔接的两条曲线，如图 3-123 所示。

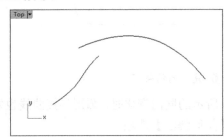
图 3-122 绘制 2 条曲线

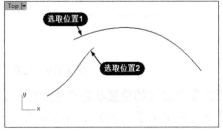
图 3-123 选择要衔接的两条曲线

④ 弹出【衔接曲线】对话框，如图 3-124 所示。

在对话框中选择曲线的连续性和匹配方式。各选项功能如下：

- 【连续性】选项区：①【位置】：G0 连续，即曲线保持原有形状和位置；②【相切】：G1 连续，即两条曲线的连接处呈相切状态，从而产生平滑的过渡；③【曲率】：G2 连续，即让曲线更加平滑地连接起来，对曲线形状影响最大。

- 【维持另一端】选项区：如果改变的曲线少于 6 个控制点，则衔接后该曲线另一端的位置/切线方向/曲率可能会改变，勾选该选项可以避免曲线另一端因为衔接而被改变。

图 3-124 【衔接曲线】对话框

- 【与边缘垂直】：使曲线衔接后与曲面边缘垂直。

- 【互相衔接】：衔接的两条曲线都会被调整。

- 【组合】：衔接完成后组合曲线。

- 【合并】：此选项仅在使用【曲率】连续性选项时才可以使用。两条曲线在衔接后会合并成单一曲线。如果移动合并后的曲线的控制点，则原来的两条曲线衔接处可以平滑地变形，而且这条曲线无法再炸开成为两条曲线。

⑤ 在【连续性】选项区设置【曲率】连续，在【维持另一端】选项区设置【曲率】连续，最后单击【确定】按钮完成曲线匹配，如图 3-125 所示。

工程点拨：

在点选曲线端点时，注意单击位置分别为两条曲线的起点。该命令会认为第一条曲线终点连接第二条曲线起点，因此一定要注意位置。选择曲线的先后顺序也会对匹配曲线产生影响。

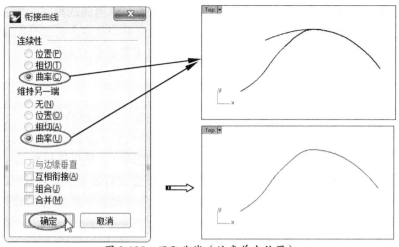

图 3-125 匹配曲线（注意单击位置）

利用【衔接曲线】命令不但可以匹配两条曲线，而且可以把曲线匹配到曲面上，使曲线和曲面保持 G1 或 G2 连续性。

单击【衔接曲线】按钮 ～，选择将要进行匹配的曲线，命令行会出现如下提示：

选取要衔接的开放曲线 - 点选于靠近端点处 (曲面边缘 ⑤)：

括号中的【曲面边缘】选项就是曲线匹配到曲面的选项。输入【S】激活该选项，选择曲面边界线，这时会出现一个可以移动的点，这个点就代表曲线衔接到曲面边缘的位置。单击确定位置后弹出【曲线衔接】对话框，勾选所需选项，曲线即可按照设置的连续性匹配到曲面上。

3.6 曲线修剪

利用【曲线修剪】命令可以去掉两条相交曲线的多余部分，修剪后的曲线还可以通过【结合曲线】功能结合成一条完整的曲线。

3.6.1 修剪与切割曲线

两条相交曲线，以其中一条曲线为剪切边界，对另一条曲线进行剪切操作。

在 Top 视窗中绘制一个矩形和一个圆作为要操作的对象，如图 3-126 所示。

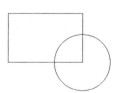

图 3-126 修剪前的原始曲线

单击左边栏中的【修剪】按钮 ，首先选择作为修剪工具的对象，按 Enter 键确认后再选择待修剪对象，按 Enter 键完成曲线修剪，如图 3-127 所示。这里顺序和单击位置很重要，可调换曲线选择顺序，改变单击位置，多练习几次，对比效果。

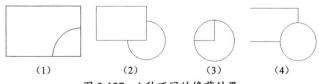

（1）　　　　　（2）　　　　　（3）　　　　　（4）

图 3-127 4 种不同的修剪结果

切割命令同样可以达到修剪曲线的效果，操作方法也与修剪曲线相同，在这里不重复图示。区别仅在于切割命令只能将曲线分割成若干段，需要手动将多余的部分删除掉，而修剪曲线是自动完成的。切割曲线、给予使用者更大的自由度和更多的选择。

3.6.2 曲线的布尔运算

利用【曲线布尔运算】命令能够修剪、分割、组合有重叠区域的曲线。

在视窗中绘制两条以上的曲线，在【曲线工具】选项卡下单击【曲线布尔运算】按钮，选择要进行布尔运算的曲线，按 Enter 键或单击鼠标右键确认。然后选择想要保留的区域内部（再一次选择已选区域可以取消选取），被选取的区域会醒目提示。按 Enter 键或单击鼠标右键确认操作，该命令会沿着被选取的区域外围建立一条平面的多重曲线，如图 3-128 所示。

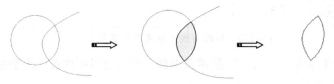

图 3-128 曲线布尔运算

工程点拨：

布尔运算形成的曲线独立存在，不会改变或删除原曲线，适用于根据特定环境建立新曲线。

3.7 曲线倒角

两条端点处相交的曲线，通过【曲线倒角】工具可以在交会处进行倒角。【曲线倒角】工具有两种方式选择：曲线圆角和曲线斜角。不过【曲线倒角】命令只能针对两条曲线之间进行编辑，不能在一条曲线上使用。

3.7.1 曲线圆角

【曲线圆角】命令用于两条曲线之间产生与两条线都相切的一段圆弧。

在 Top 视窗中绘制两条端点处对齐的直线，单击【曲线工具】选项卡下的【曲线圆角】按钮，在命令行中输入需要倒角的半径值（若此处未输入，则软件默认值为"1"），依次选择要倒圆角的两条曲线，按 Enter 键或单击鼠标右键，完成操作，如图 3-129 所示。

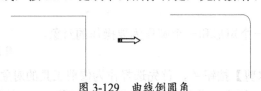

图 3-129 曲线倒圆角

单击【曲线圆角】命令按钮后，在命令行中会有如下提示：

选取要建立圆角的第一条曲线（半径(R)=10 组合(J)=否 修剪(T)=否 圆弧延伸方式(E)=圆弧）：

各选项功能如下。

- 【半径】：控制倒圆角的圆弧半径。如果需要更改则只需输入【R】，根据提示输入即可。
- 【组合】：倒圆角后，新建立的圆角曲线与原被倒角的两条曲线组合成一条曲线。在选择曲线前，输入【J】，组合选项即变为"是"，再选择曲线即可。当半径值设置为"0"时，功能等同于左边栏中的【组合】工具🧩。

- 【修剪】：默认选项为"是"，即倒角后自动将曲线多余部分修剪掉。如果不需修剪，则输入【T】，修剪选项即变为"否"，倒角后保留原曲线部分，如图 3-130 所示。

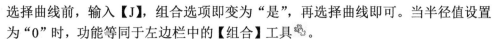

图 3-130　倒圆角不修剪的效果

- 【圆弧延伸方式】：Rhino 可以对曲线进行自动延伸以适应倒角，因此这里提供了两种延伸方式：圆弧和直线。输入【E】即可切换。

工程点拨：

倒圆角产生的圆弧和两侧的线是相切状态，因此，对于不在同一平面的两条曲线，一般来说无法倒圆角。

3.7.2　曲线斜角

【曲线斜角】命令与【曲线圆角】命令不同的是，利用【曲线圆角】命令倒出的角是圆滑的曲线，而利用【曲线斜角】命令倒出的角是直线。

在 Top 视窗中绘制两条端点处对齐的直线，单击【曲线工具】选项卡下的【曲线斜角】按钮🖉，在命令行中先后输入斜角距离（如此处未输入，则软件默认值为"1"），依次选择要倒斜角的两条曲线，按 Enter 键或单击鼠标右键，完成操作，如图 3-131 所示。

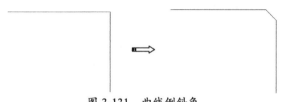

图 3-131　曲线倒斜角

单击圆角命令按钮后，在命令行中会有如下提示：

选取要建立斜角的第一条曲线（ 距离 (D)=5,5　组合 (J)=否　修剪 (T)=是　圆弧延伸方式 (E)=圆弧 ）:

下面分别介绍各选项的意义。

- 【距离】：倒斜角的点距离曲线端点的距离，软件默认为"1"。如果需要更改则只需输入【D】，根据提示输入即可。当输入的两个距离一样时，倒出来的斜角为 45°。
- 【组合】：倒斜角后，新建立的圆角曲线与原被倒角的两条曲线组合成一条曲线。在选择曲线前，输入【J】，组合选项即变为"是"，再选择曲线即可。当半径值设置为"0"时，功能等同于左边栏中的【组合】工具🧩。
- 【修剪】：默认选项为"是"，即倒角后自动将曲线多余部分修剪掉。如果不需修剪，则输入【T】，修剪选项即变为"否"，倒角后保留原曲线部分。功能同【曲线圆角】中的修剪命令。
- 【圆弧延伸方式】：同样曲线斜角也提供了两种延伸方式：圆弧和直线。输入【E】即可切换。

3.7.3　全部圆角🖉

以单一半径在多重曲线或多重直线的每一个夹角处进行倒圆角。

在 Top 视窗中，利用【多段线】绘制一条多重直线。单击【全部圆角】按钮，选择多重直线。在命令行中输入倒圆角的半径值，按 Enter 键或单击鼠标右键完成操作，如图 3-132 所示。

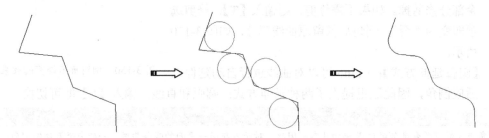

图 3-132　对多重直线进行【全部圆角】操作

3.8　曲线优化工具

在【曲线工具】选项卡中还包括优化曲线和编辑曲线工具，本节详细介绍各曲线优化工具的用法。

3.8.1　调整封闭曲线的接缝

简言之，利用【调整封闭曲线的接缝】命令可以调整多个封闭曲线之间的接缝位置（起点/终点）。在建立放样曲面时此功能特别有用。可以使建立的曲面更加顺滑而不至于扭曲。

下面用案例来说明这个工具的用法。

上机操作——调整封闭曲线的接缝

① 新建 Rhino 文件。
② 利用【内插点曲线】命令在 Front 视窗中绘制如图 3-133 所示的曲线。
③ 利用【偏移曲线】命令，绘制向外偏移的 1 条偏移曲线，如图 3-134 所示。

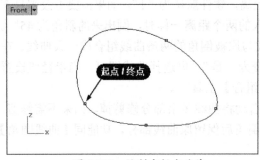

图 3-133　绘制内插点曲线

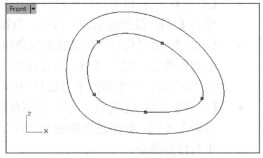

图 3-134　绘制 1 条偏移曲线

④ 利用【移动】命令，将偏移曲线进行平行移动（移动距离可以自行确定），如图 3-135 所示。
⑤ 同理，在 Front 视窗中绘制曲线，然后将其平行移动，如图 3-136 所示。

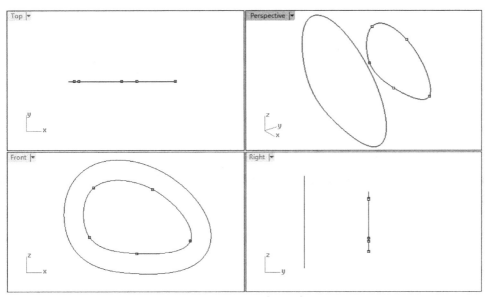

图 3-135   平行移动曲线

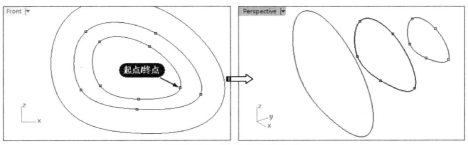

图 3-136   绘制并平移曲线

⑥ 为了能清晰表达接缝在建立放样曲面时的重要性，下面以建立放样曲面为例进行封闭曲
　 线接缝的调整。在菜单栏中选择【曲面】|【放样】命令，然后依次选取 3 条封闭的要
　 放样的曲线，如图 3-137 所示。

⑦ 单击鼠标右键或按 Enter 键确认，显示曲线的接缝线和接缝点，如图 3-138 所示。

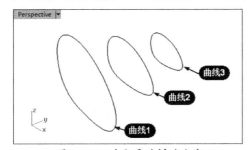

图 3-137   选取要放样的曲线

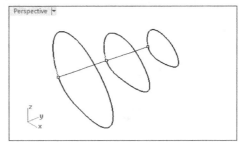

图 3-138   显示接缝线和接缝点

⑧ 先看看默认的接缝建立的曲面情形，直接单击鼠标右键或按 Enter 键打开【放样选项】
　 对话框，单击【确定】按钮，完成放样曲面的创建，如图 3-139 所示。

⑨ 按 Ctrl+Z 键返回放样曲面建立之前的状态。重新选择【曲面】|【放样】命令，选取要
　 放样的曲线，然后选取封闭曲线 3 的接缝标记点，沿着曲线移动接缝，如图 3-140 所示。

⑩ 单击以放置接缝。同理，再调整封闭曲线 1 的接缝，如图 3-141 所示。

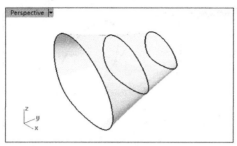

图 3-139　按默认的接缝建立放样曲面

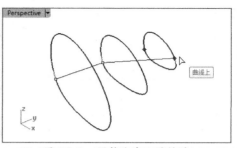

图 3-140　调整曲线 3 的接缝

⑪　单击鼠标右键，弹出【放样选项】对话框，同时查看放样曲面的生成预览，如图 3-142 所示。

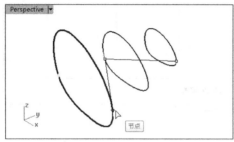

图 3-141　调整封闭曲线 1 的接缝

图 3-142　生成放样曲面预览

工程点拨：

可以看出，由于调整了曲线 1 和曲线 3 的接缝，曲面产生扭曲。所以当多条封闭曲线的接缝不在同一位置区域时，需要调整接缝使其曲面变得光顺。

⑫　单击【放样选项】对话框中的【确定】按钮完成放样曲面的创建。

3.8.2　从两个视图的曲线建立组合空间曲线

利用【从两个视图的曲线】命令可以建立起由 2 个视图中的曲线参考而组成的复杂空间曲线。下面通过实例来说明如何建立起复杂空间曲线。

上机操作——从两个视图的曲线建立组合空间曲线

①　新建 Rhino 文件。

②　利用【内插点曲线】命令在 Top 视窗中绘制曲线 1，如图 3-143 所示。

③　利用【内插点曲线】命令在 Front 视窗中绘制曲线 2，如图 3-144 所示。

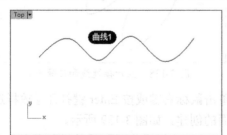

图 3-143　绘制曲线 1

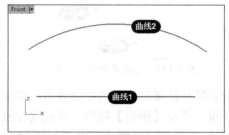

图 3-144　绘制曲线 2

④　在【曲线工具】选项卡下单击【从两个视图的曲线】按钮，按信息提示先选取第一条曲线，再选取第二条曲线，随后自动创建出复杂的组合曲线，如图 3-145 所示。

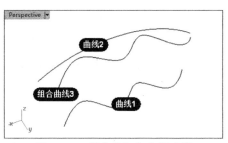

图 3-145　创建的组合空间曲线

　　所谓"组合曲线"，是指既要符合参考曲线 1 的形状，也要符合参考曲线 2 的形状。

3.8.3　从断面轮廓线建立曲线

　　利用【从断面轮廓线建立曲线】命令可以建立通过数条轮廓线的断面线。可以帮助用户快速地建立起空间的曲线网格，以便创建出网格曲面。

　　下面通过一个案例来说明其操作步骤。

上机操作——从断面轮廓线建立曲线

① 新建 Rhino 文件。

② 在 Top 视窗中利用【内插点曲线】命令绘制如图 3-146 所示的曲线。

③ 利用【变动】选项卡下的【3D 旋转】命令，将曲线绕 X 轴进行旋转复制，复制数量为 4（第二参考点的位置依次为 90、180、270、360），如图 3-147 所示。

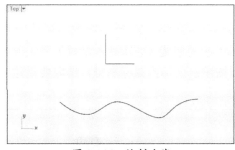

图 3-146　绘制曲线

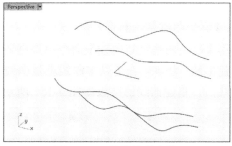

图 3-147　旋转复制曲线

④ 在【曲线工具】选项卡下单击【从断面轮廓线建立曲线】按钮，然后依次选取 4 条曲线，按 Enter 键完成。

⑤ 选取断面线的起点和终点，随后自动创建断面线，如图 3-148 所示。

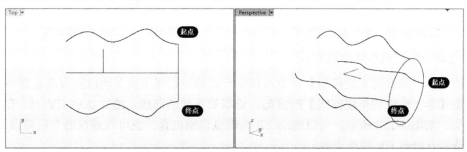

图 3-148　选取起点和终点确定断面线

工程点拨：

断面线的起点和终点不一定非要在轮廓曲线上，但必须完全通过轮廓曲线，否则不能建立断面线。

⑥ 同理，在其他位置上创建出其余断面线，如图 3-149 所示。

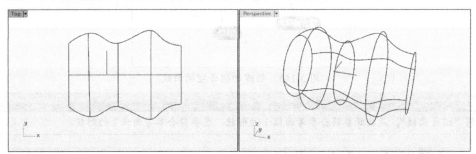

图 3-149　创建其余断面线

3.8.4　重建曲线

重建曲线可以使建立的曲线更加顺滑，使建立的曲面质量得以提升。

重建曲线包括【重建曲线】【以主曲线重建曲线】【非一致性的重建曲线】【重新逼近曲线】【更改阶数】【整平曲线】【参数均匀化】和【简化直线与圆弧】等工具指令。

1.【重建曲线】

利用【重建曲线】命令可用设定的控制点数和阶数重建曲线，挤出物件或曲面。单击【重建曲线】按钮，选取要重建的曲线并按 Enter 键后，会弹出【重建】对话框，同时显示重建曲线预览，如图 3-150 所示。

2.【以主曲线重建曲线】

利用【以主曲线重建曲线】命令可根据所选的参考曲线（要重建的曲线）和主要参考曲线来重建曲线。例如，在【以主曲线重建曲线】按钮上单击鼠标右键，选取要重建的曲线及主曲线后，重建曲线的结果如图 3-151 所示。

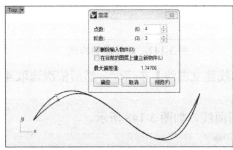

图 3-150　【重建】对话框

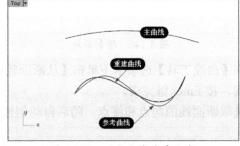

图 3-151　以主曲线重建曲线

3.【非一致性的重建曲线】

利用【非一致性的重建曲线】命令可以非一致的参数间距及互动性的方式重建曲线。

单击【非一致性的重建曲线】按钮，选取要重建的曲线，随后显示 CV 点、EP 点和方向箭头，如图 3-152 所示。可以拖动 EP 编辑点调整位置，也可以通过命令行修改【最大点数】选项（修改 CV 控制点数）。

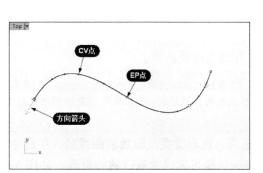

图 3-152 显示分段点和方向箭头

4.【重新逼近曲线】

利用【重新逼近曲线】命令可以设定公差、阶数，或者参考曲线来重建曲线。下面以案例来说明操作过程。

上机操作——重新逼近曲线

① 新建 Rhino 文件。

② 在 Top 视窗中利用【内插点曲线】命令绘制曲线，如图 3-153 所示。

③ 在【曲线工具】选项卡下单击【重新逼近曲线】按钮，选取要重新逼近的曲线并按 Enter 键后，在命令行中输入逼近公差，或者在 Top 视窗中绘制要逼近的参考曲线，如图 3-154 所示。

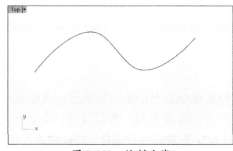

图 3-153 绘制曲线

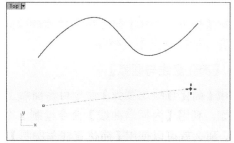

图 3-154 绘制要逼近的参考曲线

④ 随后重新建立逼近曲线，如图 3-155 所示。

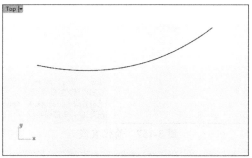

图 3-155 重新建立逼近曲线

工程点拨:

逼近公差越大，越逼近于直线，但不等于直线。

5. 【更改阶数】

【更改阶数】命令用于更改曲线的阶数。

> **工程点拨：**
>
> 　　曲线的阶数是指曲线的方程式组的最高指数。阶数越高，EP 控制点就越多，曲线也就会调整得更光顺，曲面也更平滑。

　　单击【更改阶数】按钮，选取要更改阶数的曲线后，在命令行中输入新的阶数，最后按 Enter 键或单击鼠标右键确认即可完成曲线阶数的更改，如图 3-156 所示。

```
指令：_ChangeDegree
新阶数 <3>（可塑形的(D)=否）：5
```

图 3-156　在命令行中输入阶数

6. 【整平曲线】

　　利用【整平曲线】命令可以使曲线曲率变化较大的部分变得较平滑，但曲线形状的改变会限制在公差内。

　　利用【整平曲线】命令重建曲线的效果与【重新逼近曲线】命令相同，其操作步骤也是相同的。

7. 【参数均匀化】

　　利用【参数均匀化】命令可以修改曲线或曲面的参数化，使每个控制点对曲线或曲面有相同的影响力。

　　利用【参数均匀化】命令可以使曲线或曲面的节点向量一致化，曲线或曲面的形状会有一些改变，但控制点不会被移动。

8. 【简化直线与圆弧】

　　利用【简化直线与圆弧】命令可将曲线上近似直线或圆弧的部分以真正的直线或圆弧取代。例如，利用【内插点曲线】命令绘制 2 个控制点的样条曲线，看似直线，实际上无限逼近直线，那么就可以使用【简化直线与圆弧】工具对样条曲线进行简化，转换成真正的直线，如图 3-157 所示。

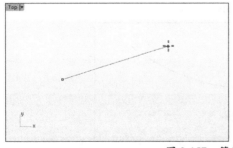

```
指令：_SimplifyCrv
选取要简化的曲线：
选取要简化的曲线，按 Enter 完成：
已简化 1 条曲线。
```

图 3-157　简化直线

3.9　实战案例——绘制零件图形

　　下面绘制零件图形，综合利用【多重直线】【曲线圆角】及【曲线倒角】命令进行操作。要绘制的图形如图 3-158 所示。

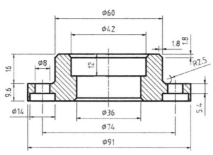

图 3-158 要绘制的图形

① 新建 Rhino 文件。

② 利用【多重直线】命令在 Top 视窗中绘制整个轮廓，如图 3-159 所示。

③ 利用【直线】命令，绘制 3 条中心线，如图 3-160 所示。

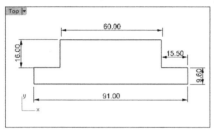

图 3-159 绘制轮廓

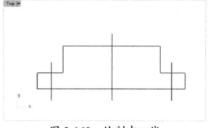

图 3-160 绘制中心线

④ 添加【尺寸标注】选项卡，如图 3-161 所示。将中心线的实线设定为 Center（中心线）
线型。

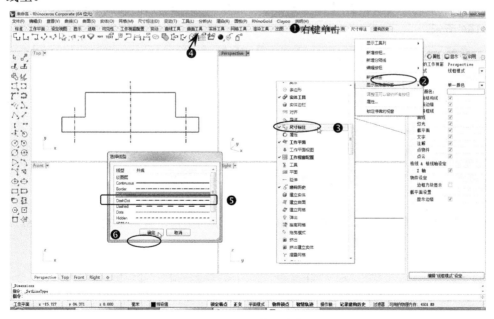

图 3-161 设定中心线线型

⑤ 先选择【编辑】|【炸开】命令，将多重直线炸开（分解成独立的线段）。再利用【偏移
曲线】命令，参照图 3-158 中的尺寸，对轮廓线与中心线进行偏移，偏移曲线的结果
如图 3-162 所示。

⑥ 利用左边栏的【修剪】命令，修剪偏移的曲线，得到如图 3-163 所示的结果。

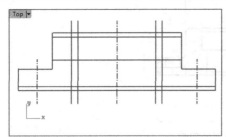

图 3-162 偏移曲线（1）

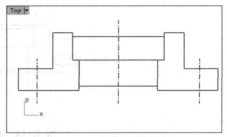

图 3-163 修剪曲线（1）

工程点拨：

利用【偏移曲线】和【修剪】命令，可以绘制出复杂的图形，也是提高绘图效率的一种好方法。

⑦ 同理，利用【偏移曲线】命令，在左侧偏移曲线，如图 3-164 所示。

⑧ 将偏移的曲线进行修剪，结果如图 3-165 所示。

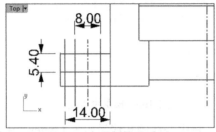

图 3-164 偏移曲线（2）

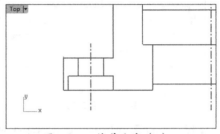

图 3-165 修剪曲线（2）

⑨ 在菜单栏中选择【编辑】|【镜像】命令，将步骤⑧修剪后的曲线进行镜像，结果如图 3-166 所示。

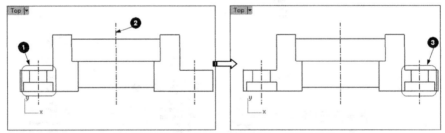

①-要镜像的曲线；②-镜像平面参考线；③-镜像结果

图 3-166 镜像曲线

⑩ 利用【曲线斜角】命令，绘制出如图 3-167 所示的斜角，且斜角的距离均为 1.8。

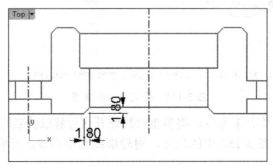

图 3-167 绘制斜角

⑪ 利用【直线】命令，重新绘制 2 条直线，完成整个图形轮廓的绘制，如图 3-168 所示。

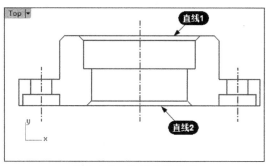

图 3-168 绘制 2 条直线

⑫ 在【出图】选项卡下单击【剖面线】按钮，然后选取填充剖面线的边界（必须形成一个封闭的区域），如图 3-169 所示。

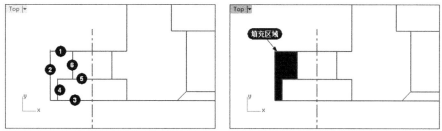

图 3-169 选取填充边界

⑬ 单击鼠标右键确认边界后，再点选要保留的区域，按 Enter 键后弹出【剖面线】对话框，设置剖面线线型与缩放比例后单击【确定】按钮，完成该区域的剖面线填充，如图 3-170 所示。

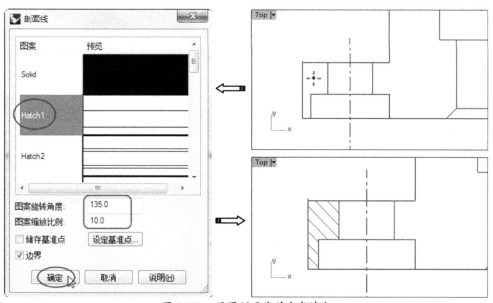

图 3-170 设置剖面线并完成填充

⑭ 同理，完成其余区域的填充。最终本例图形绘制完成的结果如图 3-171 所示。

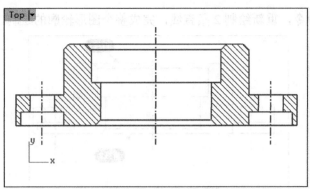

图 3-171　绘制完成的图形

CHAPTER 4

构建基本曲面

本章导读

曲面就像一张有弹性的矩形薄橡皮，NURBS 曲面可以呈现简单的造型（平面及圆柱体），也可以呈现自由造型或雕塑曲面。本章主要介绍 Rhino 6.0 最基础的曲面功能指令的基本用法及造型设计应用。

项目分解

- ☑ 平面曲面
- ☑ 挤出曲面
- ☑ 旋转曲面

扫码看视频

Rhino 中曲面的绘制工具主要集中在【曲面工具】选项卡和左边栏的【曲面边栏】面板中，如图 4-1 所示。

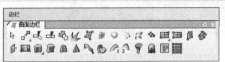

图 4-1　曲面工具和曲面边栏

4.1　平面曲面

在 Rhino 中绘制平面的工具主要包括【指定三或四个角建立曲面】工具和【矩形平面】组工具。而【矩形平面】命令又包括【矩形平面：角对角】【矩形平面：三点】【垂直平面】【逼近数个点的平面】【切割用平面】【帧平面】6 个主要命令。用户只有充分掌握这些功能，在建模过程当中才能做到游刃有余。

4.1.1　指定三或四个角建立曲面

形成方式：以空间上的三或四个点之间的连线形成闭合区域，如图 4-2 所示。

图 4-2　由三或四个点建立的曲面

下面通过一个简单的操作步骤加以理解。

上机操作——指定三或四个角建立曲面

① 新建 Rhino 文件。

② 单击【实体工具】选项卡下左边栏中【立方体】命令按钮，在视窗中绘制出两个立方体，如图 4-3 所示。

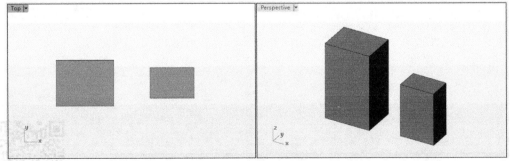

图 4-3　创建 2 个正方体

③ 在【曲面工具】选项卡下左边栏中单击【指定三或四个角建立曲面】按钮，在软件窗

口底边栏打开"物件锁点"捕捉，选择需要连接的 4 个边缘端点，随后自动建立平面曲面，如图 4-4 所示。

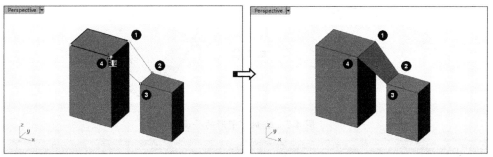

图 4-4　建立平面曲面

4.1.2　矩形平面

【矩形平面】命令主要用于在二维空间中用各种方法绘制平面矩形，在【曲面工具】选项卡下左边栏中长按【矩形平面：角对角】命令按钮 ，弹出【平面】工具面板，如图 4-5 所示。

图 4-5　【平面】工具面板

1．【矩形平面：角对角】

形成方式：以空间上的两点来连线形成闭合区域。

激活 Top 视窗，单击【矩形平面：角对角】按钮 ，然后确定对角点位置，或者在命令行中输入具体数据，如"10"和"18"，按 Enter 键或单击鼠标右键完成操作，如图 4-6 所示。

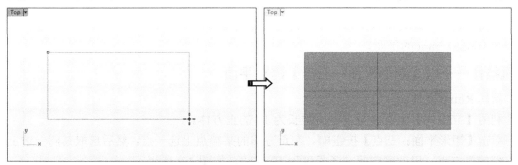

图 4-6　角对角建立平面

该命令执行过程中，在命令行中会有如下提示：

平面的第一角（三点(P)　垂直(V)　中心点(C)　可塑形的(D)）：

各选项功能如下。

- 【三点】：以两个相邻的角和对边上的一点绘制矩形。此功能主要作用在于，建模时可沿物体边缘延伸曲面。
- 【垂直】：绘制一个与工作平面垂直的矩形。
- 【中心点】：从中心点绘制矩形。
- 【可塑形的】：建立曲面后，单击【开启控制点】按钮 ，即可通过控制点重塑曲面，使之达到所需要的弧度，如图 4-7 所示。

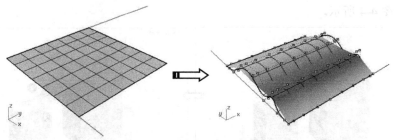

图 4-7　绘制可塑形的平面

工程点拨：

在命令行中输入数据后，软件会以颜色区分出数据段和非数据段。数据段即为所指定数据的部分，非数据段即为原有的已知部分，如图 4-8 所示。

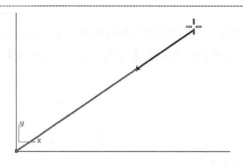

图 4-8　红色为非数据段，蓝色为数据段

2.【矩形平面：三点】

形成方式：先以两点确立矩形平面的一条边，拖动第三点来确定矩形平面的其余 3 条边。此功能主要作用是延伸物体的边缘。

下面通过一个练习来理解该命令的使用。如需要在边长为 10 的正方体的任一边上延伸出一个 10mm×5mm 的平面。

上机操作——以【矩形平面：三点】建立平面

① 新建 Rhino 文件。

② 利用【立方体】工具 建立一个边长为 10 的正方体。

③ 单击【矩形平面：三点】按钮 ，在正方体的某端点上选一点，然后选取其同一边上相邻的第二点，以此确定第一条长度为 10 的边，如图 4-9 所示。

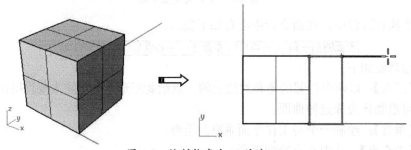

图 4-9　绘制长度为 10 的边

④   在命令行中输入"5",按 Enter 键结束,如图 4-10 所示。

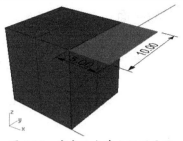

图 4-10   完成三点建立矩形平面

3. 【垂直平面】

形成方式:此工具同样是利用三点定面的方式操作,即以两点确立一处边缘,再以一点确定另三边,建立的平面与前面两点所在工作平面垂直。

上机操作——建立垂直平面

①   新建 Rhino 文件。

②   先用【矩形平面:角对角】工具建立一个边长为 50、宽为 25 的矩形平面,如图 4-11 所示。

③   单击【垂直平面】按钮 ,在矩形平面的某一条边上指定边缘起点与终点,如图 4-12 所示。

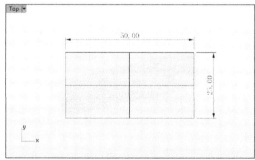

图 4-11   建立矩形平面

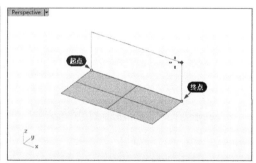

图 4-12   指定边缘起点与终点

④   在命令行中输入高度为"20",按 Enter 键完成垂直平面的建立,如图 4-13 所示。

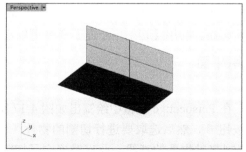

图 4-13   建立垂直平面

4.【逼近数个点的平面】

形成方式：由空间已知的数个点，建立一个逼近一群点或是一个点云的平面。

此功能至少需要 3 个及其以上的点，才能确立一个平面。

上机操作——建立逼近数个点的平面

① 新建 Rhino 文件。

② 先选择菜单栏中的【曲线】|【点物件】|【多点】命令，在 Top 视窗中绘制出如图 4-14 所示的多点。

③ 单击【逼近数个点的平面】按钮，然后在 Top 视窗中用框选的方法选取所有点，如图 4-15 所示。

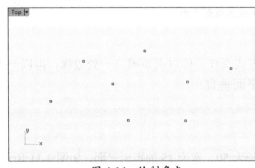

图 4-14 绘制多点　　　　　　　　　　　图 4-15 框选所有点

④ 按 Enter 键或单击鼠标右键完成逼近点平面的建立，如图 4-16 所示。

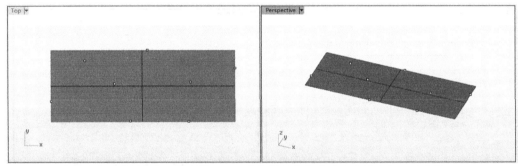

图 4-16 建立逼近点平面

5.【切割用平面】

形成方式：建立通过物件某一个点的平面，建立的切割用平面会与已知的平面垂直，且大于选取的物件，并可将其切断。利用【切割用平面】命令可以连续建立多个切割用平面。

上机操作——建立切割用平面

① 新建 Rhino 文件。

② 利用【立方体】命令，在 Perspective 视窗中绘制出如图 4-17 所示的长方体。

③ 单击【切割用平面】按钮，然后选取要进行切割的物件（长方体），按 Enter 键确认后再在 Top 视窗中绘制穿过物件的直线，此直线确定了切割平面的位置，如图 4-18 所示。

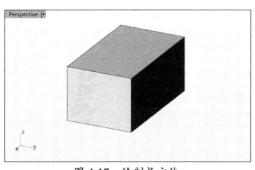

图 4-17　绘制长方体

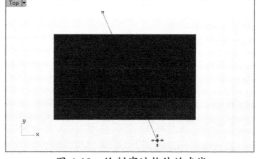

图 4-18　绘制穿过物件的直线

④　随后自动建立切割用平面，如图 4-19 所示。

⑤　还可以继续建立其他切割平面，如图 4-20 所示。

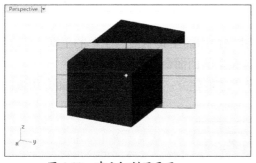

图 4-19　建立切割用平面

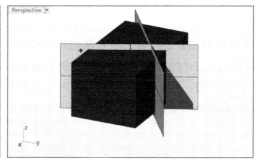

图 4-20　继续建立其他切割平面

　　【切割用平面】命令是一个基础命令，主要用于后期提取随机边界线。如图 4-21 所示的圆台，当绘制出切割平面后，可以单击【投影至曲面】📦 |【物件交集】按钮⬚，在切割平面和圆台侧面的相交处生成截交线，用于后期模型制作的需要。

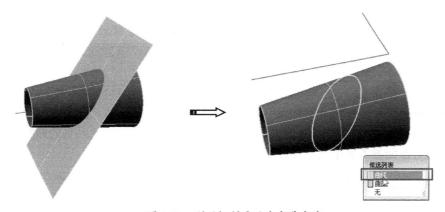

图 4-21　利用切割平面生成截交线

6.【帧平面】🖼

　　【帧平面】命令主要用于建立一个附有该图片文件的矩形平面。单击该命令按钮，在浏览器中选择需要插入作为参考的图片路径，找到该图片，然后在 front 视窗窗口中根据需要放置该位图，如图 4-22 所示。这种放置图片文件的方式灵活性很强，而且可以根据需要随时改变图片的大小和比例，十分方便。

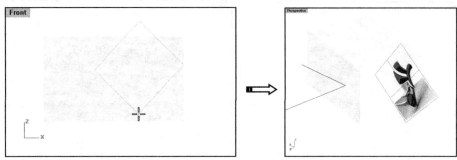

图 4-22　帧平面效果

4.2　挤出曲面

【挤出曲面】工具属于沿着轨迹扫掠截面而建立曲面的工具中最为简单的工具。可以说，本章除了前面介绍的平面外，其余命令都是扫掠类型的曲面命令。

也就是说，扫掠类型的曲面至少具备 2 个条件才能建立：截面和轨迹。下面介绍最简单的 6 个【挤出曲面】命令，如图 4-23 所示。

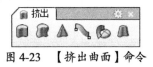

图 4-23　【挤出曲面】命令

4.2.1　直线挤出

形成方式：将曲线往与工作平面垂直的方向笔直地挤出建立曲面或实体。要建立直线挤出曲面，必须先绘制截面曲线。此截面曲线就是"要挤出的曲线"。

单击【直线挤出】按钮 ，选取要挤出的曲线后，命令行中显示如下提示：

挤出长度 ‹ 0 › （方向(D) 两侧(B)=否 实体(S)=否 删除输入物件(L)=否 至边界(T) 分割正切点(P)=否 设定基准点(A)）：
命令行中各选项含义如下。

* 【方向】：挤出方向，默认的方向是垂直于工作平面的正/负法线方向，如图 4-24 所示。若需要定义其他方向，则单击【方向】选项后，可以通过定义方向起点坐标与方向终点坐标来完成指定，如图 4-25 所示。还可以通过指定已有的曲线端点、实体边等作为参考来定义方向，如图 4-26 所示。

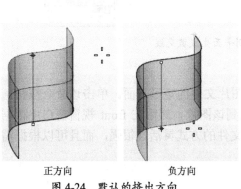

正方向　　　　　　　　负方向

图 4-24　默认的挤出方向

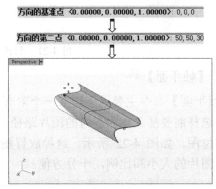

图 4-25　定义方向点坐标

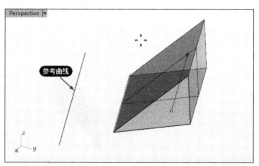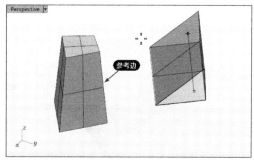

图 4-26　参考曲线或实体边定义方向

- 【两侧】：设置在截面曲线的两侧是同时挤出还是单侧挤出。设置为"是"，同时挤出；设置为"否"，单侧挤出，如图 4-27 所示。

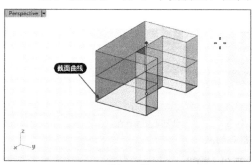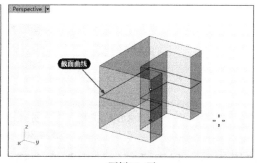

图 4-27　设置两侧是同时挤出还是单侧挤出

- 【实体】：设置此选项使挤出的几何类型为实体还是曲面。设置为"否"时为曲面；设置为"是"时为实体，如图 4-28 所示。

工程点拨：

Rhino 中的"实体"并非是实体模型，而是封闭的曲面模型，内部是空心体积。

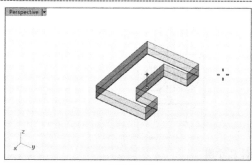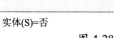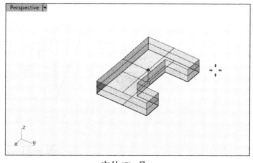

图 4-28　设置挤出几何类型

- 【删除输入物件】：是否删除截面曲线（要挤出的曲线）。

工程点拨：

删除输入物件会导致无法记录建构历史。

- 【至边界】：挤出至边界曲面，如图 4-29 所示。

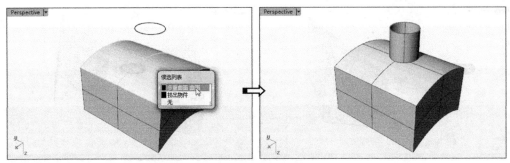

图 4-29　挤出至边界曲面

● 【分割正切点】：当截面曲线为多重曲线时，设置此选项为确认是否在线段与线段正切的顶点将建立的曲面分割成多重曲面，如图 4-30 所示。

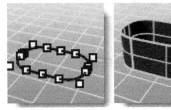　　

原来的多重曲线　　分割正切点=否　　分割正切点=是

图 4-30　分割正切点

上机操作——利用【直线挤出】命令建立零件模型

本例主要利用【直线挤出】命令来建立零件曲面模型，如图 4-31 所示为零件模型的尺寸图。

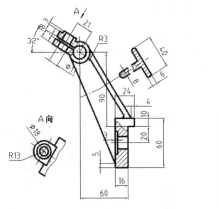

图 4-31　零件尺寸图

① 新建 Rhino 文件。打开本例源文件"零件尺寸图.dwg"，如图 4-32 所示。

> **工程点拨：**
> 先以零件尺寸图左图中的轮廓作为截面曲线进行挤出，右图是挤出长度的参考尺寸图。从右图中可以看出，零件是左右对称的，所以在挤出时会设置"两侧"同时挤出。

② 单击【直线挤出】按钮◙，在 Front 视窗中选取要挤出的截面曲线，如图 4-33 所示。

> **工程点拨：**
> 为了便于选取截面曲线，暂时将"0 图层"和"dim 图层"关闭，如图 4-34 所示。

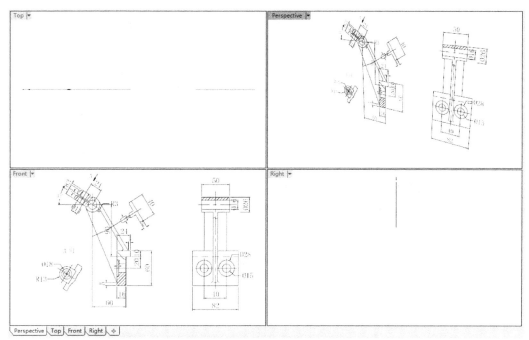

图 4-32　打开的零件尺寸图

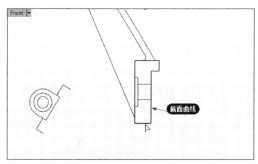

图 4-33　选取截面曲线

图 4-34　关闭部分图层

③　单击鼠标右键确认后在命令行中设置【两侧】选项为"是"，设置【实体】选项为"是"，并输入挤出长度值为"41"（参考尺寸图），再单击鼠标右键完成挤出曲面①的建立，如图 4-35 所示。

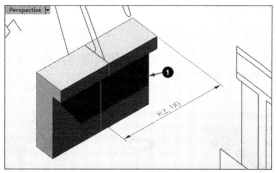

图 4-35　建立挤出曲面①

④　在挤出其他几处截面曲线时，需要做曲线封闭处理。首先利用【曲线工具】选项卡下的【延伸曲线】命令 ，延伸如图 4-36 所示的圆弧。

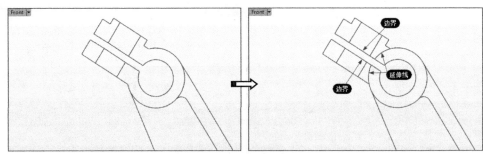

图 4-36　延伸圆弧

⑤　延伸后利用【修剪】命令进行修剪，结果如图 4-37 所示。

⑥　按 Ctrl+C 组合键和 Ctrl+V 组合键复制如图 4-38 所示的曲线。

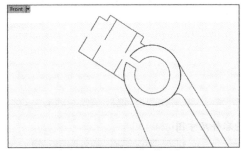

图 4-37　修剪曲线

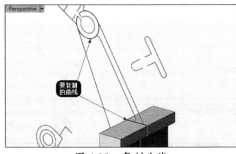

图 4-38　复制曲线

⑦　将复制的曲线利用中间的曲线进行修剪，形成封闭的曲线便于后面进行挤出操作，结果如图 4-39 所示。

⑧　利用【直线挤出】命令，将如图 4-40 所示的封闭曲线挤出，建立长度为 20、两侧挤出的封闭曲面②（实体）。

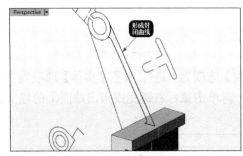

图 4-39　修剪曲线

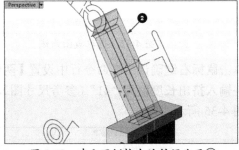

图 4-40　建立两侧挤出的封闭曲面②

⑨　同理，再挤出如图 4-41 所示的截面曲线为封闭曲面③，挤出长度为 25。

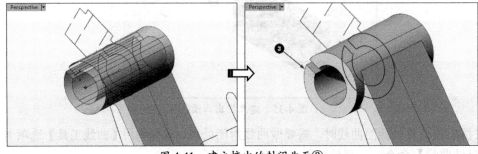

图 4-41　建立挤出的封闭曲面③

⑩　利用【隐藏物件】命令将前面 3 个挤出曲面暂时隐藏。然后在 Front 视窗中清理余下的曲线，即利用【修剪】命令修剪多余的曲线，再利用【直线】命令修补先前修剪掉的部分曲线，结果如图 4-42 所示。

⑪　再利用【直线挤出】命令，用步骤 ⑩ 整理的封闭曲线建立两侧同时挤出、实体长度为 4 的封闭曲面④，如图 4-43 所示。

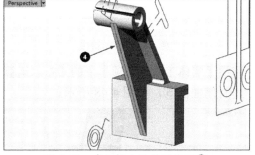

图 4-42　整理曲线　　　　　　　　　　图 4-43　建立挤出的封闭曲面④

⑫　在 Right 视窗中重新设置视图为 Left，如图 4-44 所示。

⑬　在 Front 视窗中利用【变动】选项卡下的【3D 旋转】命令（在按钮 上单击鼠标右键），将曲线旋转 90°，如图 4-45 所示。

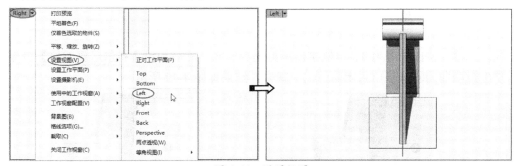

图 4-44　设置视图

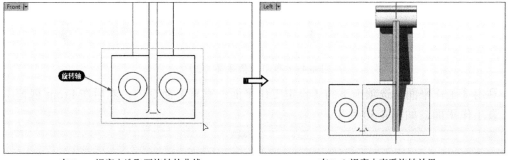

在 Front 视窗中选取要旋转的曲线　　　　　　　在 Left 视窗中查看旋转效果

图 4-45　3D 旋转曲线

⑭　在 Left 视窗中利用【移动】命令，将 3D 旋转的曲线移动到挤出曲面①上，与挤出曲面①边缘重合，如图 4-46 所示。

⑮　利用【直线挤出】命令，建立起如图 4-47 所示的封闭曲面⑤，长度超出参考用的挤出封闭曲面①。

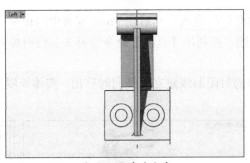

图 4-46 移动曲线

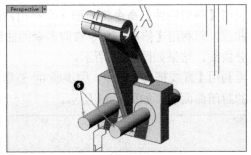

图 4-47 建立挤出曲面⑤

⑯ 利用【实体工具】选项卡下的【布尔运算差集】命令，从参考挤出封闭曲面①中减除挤出封闭曲面⑤，如图 4-48 所示。

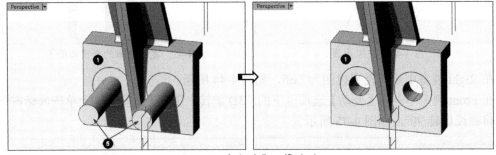

图 4-48 布尔差集运算（1）

⑰ 同理，建立挤出长度为 3、单侧挤出的封闭曲面⑥，然后利用【布尔运算差集】命令将挤出封闭曲面⑥从挤出封闭曲面①中减去，结果如图 4-49 所示。

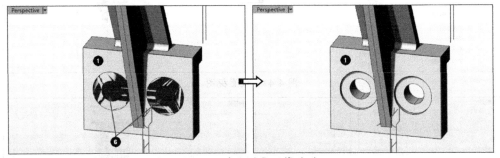

图 4-49 布尔差集运算（2）

⑱ 利用【工作平面】选项卡下的【设定工作平面：垂直】命令 ，然后在 Front 视窗中设置工作平面，如图 4-50 所示。

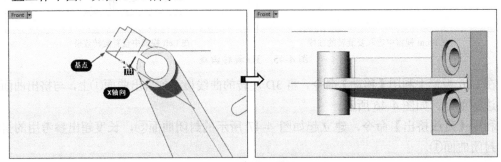

图 4-50 设置工作平面

⑲　在 Perspective 视窗中利用【3D 旋转】命令，将 A 向投影视图旋转 90°，如图 4-51 所示。

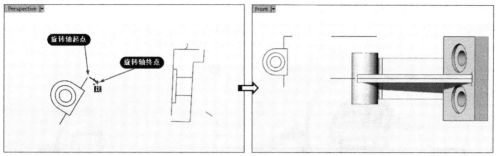

图 4-51　用【旋转】命令旋转 A 向视图

⑳　旋转后将 A 向视图的所有曲线移动到工作平面上（在 Front 视窗中操作），且与挤出封闭曲面②重合，如图 4-52 所示。

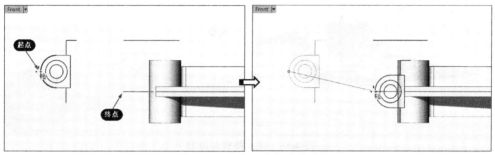

图 4-52　移动 A 向视图曲线

㉑　利用【直线挤出】命令，选取 A 向视图曲线来建立如图 4-53 所示的封闭曲面⑦。

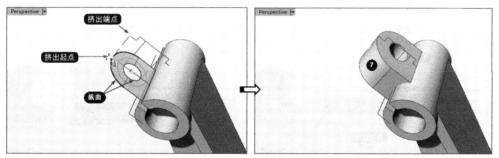

图 4-53　建立封闭曲面⑦

㉒　同理，选取 A 向视图部分曲线建立封闭的挤出曲面⑧，如图 4-54 所示。

㉓　为便于后面操作，将 object 图层关闭。

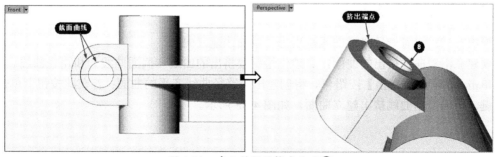

图 4-54　建立封闭的挤出曲面⑧

㉔ 利用【直线挤出】命令，选取曲面边建立有方向参考的挤出曲面⑨，如图 4-55 所示。同理，建立如图 4-56 所示的挤出曲面⑩。

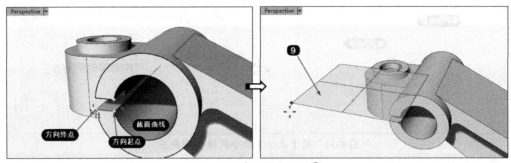

图 4-55　建立挤出曲面⑨

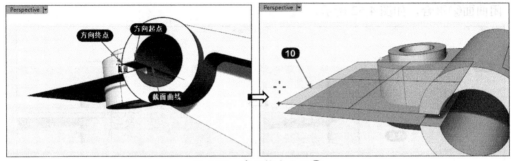

图 4-56　建立挤出曲面⑩

㉕ 利用【修剪】命令，选取挤出曲面⑨和挤出曲面⑩作为切割用物件，切割封闭挤出曲面⑦和⑧，结果如图 4-57 所示。

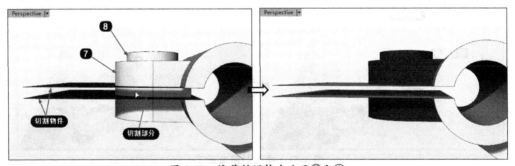

图 4-57　修剪封闭挤出曲面⑦和⑧

㉖ 至此，完成了本例零件的设计。

4.2.2　沿着曲线挤出

形成方式：沿着一条路径曲线挤出另一条曲线建立曲面。

要建立沿着曲线挤出的曲面，必须先绘制要挤出的曲线（截面曲线）和路径曲线。

单击【沿着曲线挤出】按钮 ，将创建出与路径曲线齐平的曲面；若在此按钮上单击鼠标右键，将沿着副曲线挤出建立曲面，如图 4-58 所示。

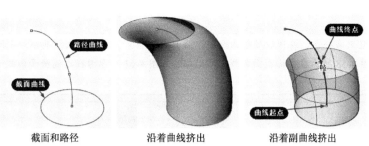

截面和路径　　　　沿着曲线挤出　　　　沿着副曲线挤出

图 4-58 沿着曲线挤出的两种模式

上机操作——利用【沿着曲线挤出】命令建立曲面

① 新建 Rhino 文件。

② 利用【多重直线】命令在 Top 视窗中绘制多边形①，再利用【内插点曲线】命令绘制一条曲线②，如图 4-59 所示。

工程点拨：

绘制内插点曲线后打开编辑点,分别在几个视窗中调节编辑点位置。

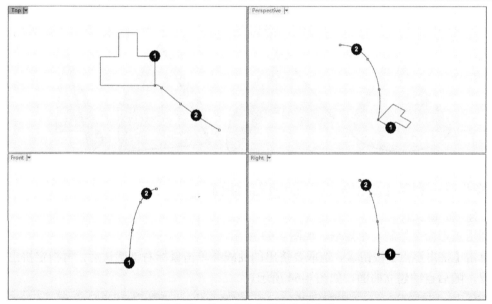

图 4-59 绘制截面曲线和路径曲线

③ 单击【沿着曲线挤出】按钮 ，选取要挤出的曲线①和路径曲线②，按 Enter 键后自动建立曲面，如图 4-60 所示。

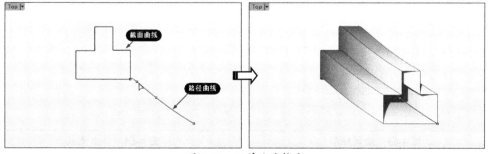

图 4-60 沿着曲线挤出

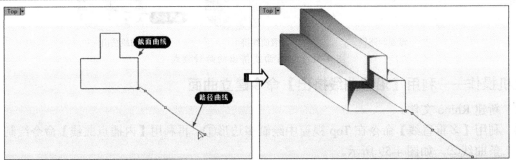

图 4-61　选取路径曲线另一端所建立的曲面

4.2.3　挤出至点

形成方式：挤出曲线至一点建立锥形的曲面、实体、多重曲面，如图 4-62 所示。

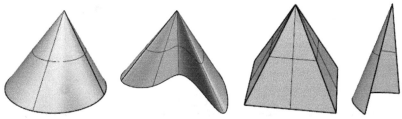

图 4-62　挤出至点

上机操作——利用【挤出至点】命令锥形曲面

① 新建 Rhino 文件。

② 利用矩形命令绘制一个矩形，如图 4-63 所示。

③ 单击【挤出至点】按钮▲，选取要挤出的曲线并单击鼠标右键确认后，再指定挤出点位置，随后自动建立曲面，如图 4-64 所示。

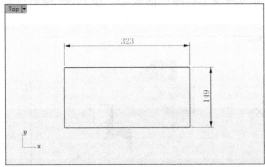

图 4-63　绘制矩形

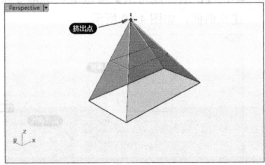

图 4-64　挤出至点

4.2.4 挤出成锥状

形成方式：将曲线往单一方向挤出，并以设定的拔模角内缩或外扩，建立锥状的曲面。

单击【挤出成锥状】按钮 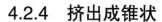，选取要挤出的曲线后，命令行显示如下提示：

挤出长度 〈 -55.028〉（方向(D) 拔模角度(R)=5 实体(S)=否 角(C)=锐角 删除输入物件(L)=否 反转角度(F) 至边界(T) 设定基准点(B)）：

此命令行提示与前面【直线挤出】的命令行提示有相似也有不同。这里介绍不同的选项。

- 【拔模角度】：物件的拔模角度是以工作平面为计算依据的，当曲面与工作平面垂直时，拔模角度为0°。当曲面与工作平面平行时，拔模角度为90°。
- 【角】：设置角如何偏移，将一条矩形多重直线往外侧偏移即可看出使用不同选项的差别。又包括【尖锐】【圆角】和【平滑】3个子选项。
  - 【尖锐】：挤出时以位置连续（G0）填补挤出时造成的裂缝。
  - 【圆角】：挤出时以正切连续（G1）的圆角曲面填补挤出时造成的裂缝。
  - 【平滑】：挤出时以曲率连续（G2）的混接曲面填补挤出时造成的裂缝。
- 【反转角度】：切换拔模角度数值的正、负。

上机操作——利用【挤出成锥状】命令建立锥形曲面

① 新建 Rhino 文件。

② 利用【矩形】命令绘制一个矩形，如图 4-65 所示。

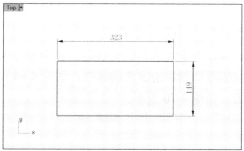

图 4-65 绘制矩形

③ 单击【挤出成锥状】按钮 ，选取要挤出的曲线并单击鼠标右键确认后，在命令行中输入拔模角度值为"15"，其余选项不变，输入挤出长度值为"50"，单击鼠标右键完成曲面的建立，如图 4-66 所示。

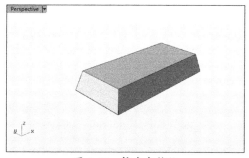

图 4-66 挤出成锥状

4.2.5 彩带

形成方式：偏移一条曲线，在原来的曲线和偏移后的曲线之间建立曲面，如图 4-67 所示。

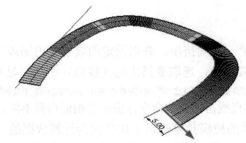

图 4-67　彩带功能的效果示意

单击【彩带】按钮，选取要挤出的曲线后，命令行显示如下提示：

选取要建立彩带的曲线 （距离(①)=1　角(C)=锐角　通过点(T)　公差(①)=0.001　两侧(B)　与工作平面平行(①)=否）:

各选项含义如下。

- 【距离】：设置偏移距离。
- 【角】：同 4.2.4 节中的【角】。
- 【通过点】：指定偏移曲线的通过点，而不使用输入数值的方式设置偏移距离。
- 【公差】：设置偏移曲线的公差。
- 【两侧】：同【直线挤出】命令行中的【两侧】选项。

上机操作——利用【彩带】命令建立锥形曲面

① 新建 Rhino 文件。

② 利用矩形命令绘制一个矩形，如图 4-68 所示。

③ 单击【彩带】按钮，选取要建立彩带的曲线后，在命令行中设定【距离】为"30"，其余选项不变，然后在矩形外侧单击确定偏移侧，如图 4-69 所示。

④ 随后自动建立彩带曲面，如图 4-70 所示。

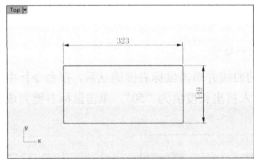

图 4-68　绘制矩形

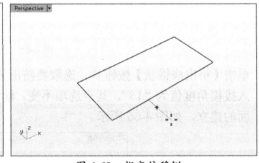

图 4-69　指定偏移侧

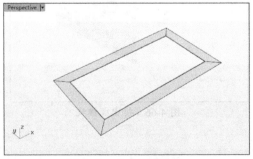

图 4-70　建立彩带曲面

4.2.6　往曲面法线方向挤出曲面

形成方式：挤出一条曲面上的曲线建立曲面，挤出的方向为曲面的法线方向。

上机操作——利用【往曲面法线方向挤出曲面】命令建立曲面

① 新建 Rhino 文件。打开如图 4-71 所示的源文件"4-2-6.3dm"。打开的文件是一个旋转曲面和曲面上的样条曲线（内插点曲线）。

② 单击【往曲面法线方向挤出曲面】按钮 ，选取曲面上的曲线及基底曲面，如图 4-72 所示。

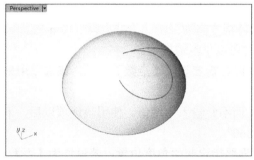
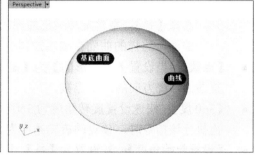

图 4-71　打开的源文件　　　　　　　　　图 4-72　选取曲线及基底曲面

③ 在命令行中设置挤出距离为"50"，单击【反转】选项使挤出方向指向曲面外侧，如图 4-73 所示。

④ 按 Enter 键或单击鼠标右键完成曲面的建立，如图 4-74 所示。

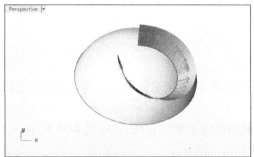
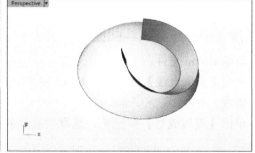

图 4-73　更改挤出方向　　　　　　　　　图 4-74　建立挤出曲面

4.3　旋转曲面

旋转曲面是将旋转截面曲线绕轴旋转一定角度所生成的曲面。旋转角度为 0°～360°。旋转曲面分为旋转成形曲面和沿着路径旋转曲面。

4.3.1　旋转成形

形成方式：以一条轮廓曲线绕着旋转轴旋转建立曲面。

要建立旋转曲面，必须先绘制旋转截面曲线。旋转轴可以参考其他曲线、曲面/实体边，也可以指定旋转轴起点和终点进行定义。截面曲线可以是封闭的，也可以是开放的。

在【曲面工具】选项卡下左边栏中单击【旋转成形】按钮，选取要旋转的曲线（截面曲线），再根据提示指定或确定旋转轴以后，命令行中显示如下提示：

起始角度 <51.4039> (删除输入物件 (D)=否 可塑形的 (F)=否 360度 (U) 设置起始角度 (A)=是 分割正切点 (S)=否):

各选项含义如下。

- 【删除输入物件】：是否删除截面曲线。
- 【可塑形的】：是否对曲面进行平滑处理。包括【否】选项和【是】选项。
  - ➢ 选择【否】：以正圆旋转建立曲面，建立的曲面为有理（Rational）曲面，这个曲面在四分点的位置是全复节点，这样的曲面在编辑控制点时可能会产生锐边。
  - ➢ 选择【是】：重建旋转成形曲面的环绕方向为三阶，为非有理（Non-Rational）曲面，这样的曲面在编辑控制点时可以平滑地变形。
- 【点数】：当设置【可塑形的】为【是】时，需要设置【点数】选项。该选项用来设置曲面环绕方向的控制点数。
- 【360 度】：快速设置旋转角度为 360°，而不必输入角度值。使用该选项以后，下次再执行该指令时，预设的旋转角度为 360°。
- 【设置起始角度】：若设置为【是】，则需要指定起始角度位置；若设置为【否】，则将以默认的从 0°（输入曲线的位置）开始旋转。

工程点拨：

> 【旋转成形】与【沿着路径旋转】的按钮是同一个。由于 Rhino 6.0 有许多功能相似的按钮是相同的，仅以单击或单击鼠标右键进行区分，所以在这里郑重地提醒一下大家：本章中仅提及单击××按钮，就是用鼠标左键单击，反之将会在"单击"后面添加"鼠标右键"四字。

上机操作——建立漏斗曲面

① 新建 Rhino 文件。

② 利用【多重直线】命令，在 Front 视窗中绘制如图 4-75 所示的多重直线（包括实线和点画线）。

③ 单击【旋转成形】按钮，选取要旋转的截面曲线（实线直线），如图 4-76 所示。

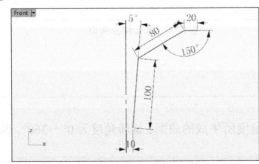

图 4-75 绘制多重直线

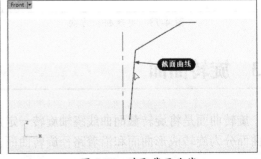

图 4-76 选取截面曲线

④ 按 Enter 键确认后再指定点画线的两个端点分别为旋转轴的起点和终点，如图 4-77 所示。

⑤ 在命令行中将【设置起始角度】设置为【否】，输入旋转角度为"360"，单击鼠标右键完成旋转曲面的建立，如图 4-78 所示。

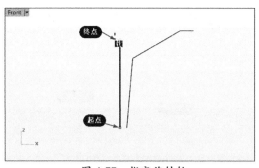

图 4-77 指定旋转轴

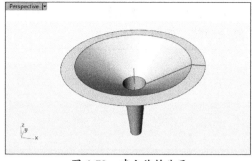

图 4-78 建立旋转曲面

4.3.2 沿着路径旋转

形成方式：以一条轮廓曲线沿着一条路径曲线，同时绕着中心轴旋转建立曲面。下面以几个案例来说明此命令的执行过程。

上机操作——建立心形曲面

① 新建 Rhino 文件。打开如图 4-79 所示的源文件 "4-3-2-1.3dm"。

② 在【沿着路径旋转】按钮 上单击鼠标右键，然后根据命令行提示依次选取轮廓曲线和路径曲线，如图 4-80 所示。

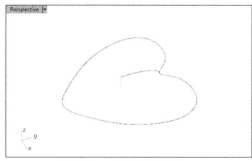

图 4-79 打开的源文件

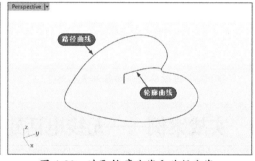

图 4-80 选取轮廓曲线和路径曲线

③ 继续按提示选取路径旋转轴起点和终点，如图 4-81 所示。

④ 随后自动建立旋转曲面，如图 4-82 所示。

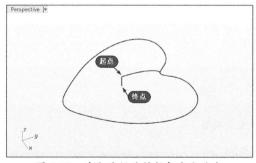

图 4-81 选取路径旋转轴起点和终点

图 4-82 建立旋转曲面

上机操作——建立伞状曲面

① 新建 Rhino 文件。打开如图 4-83 所示的源文件 "4-3-2-2.3dm"。

② 在【沿着路径旋转】按钮 💡 上单击鼠标右键，然后根据命令行提示依次选取轮廓曲线和路径曲线，如图 4-84 所示。

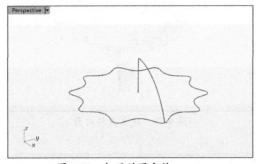

图 4-83　打开的源文件

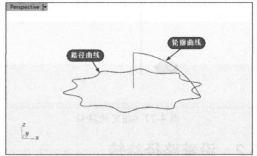

图 4-84　选取轮廓曲线和路径曲线

③ 继续按提示选取路径旋转轴起点和终点，如图 4-85 所示。

④ 随后自动建立旋转曲面，如图 4-86 所示。

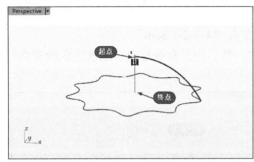

图 4-85　选取路径旋转轴起点和终点

图 4-86　建立旋转曲面

4.4　实战案例——无线电话建模

下面介绍一个无线电话的曲面建模案例。在这个案例中，将会以挤出曲面建立一个无线电话模型。为了让模型更有组织，已事先建立了曲面和曲线图层。

要建立的无线电话模型如图 4-87 所示。

图 4-87　无线电话模型

① 新建 Rhino 文件。打开本例源文件"phone.3dm"。

② 单击【直线挤出】按钮 📄，然后选取如图 4-88 所示的曲线①作为要挤出的曲线（截面曲线）。

③ 在命令行中输入挤出长度的终点值"−3.5"，按 Enter 键完成挤出曲面的建立，如图 4-89 所示。

工程点拨：

如果挤出的是平面曲线，则挤出的方向与曲线平面垂直。按 Esc 键取消选取曲线。

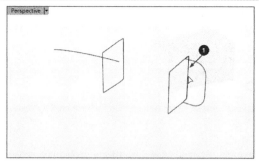

图 4-88 选取要挤出的曲线

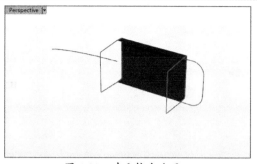

图 4-89 建立挤出曲面

④ 在【图层】面板中勾选 Bottom Surface 图层将其设置为当前工作图层，如图 4-90 所示。

图 4-90 设置工作图层

⑤ 同理，建立如图 4-91 所示的挤出曲面。

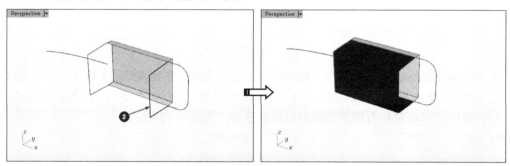

图 4-91 建立挤出曲面

⑥ 将 Top Surface 图层设置为当前层。利用【沿着曲线挤出】命令 选取曲线③作为截面，选取曲线④作为路径，建立如图 4-92 所示的挤出曲面。

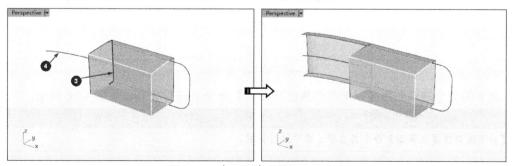

图 4-92 建立沿着路径挤出的曲面

⑦ 将 Bottom Surface 图层设置为目前的图层。利用【沿着曲线挤出】命令选取曲线⑤作为截面，选取曲线④作为路径，建立如图 4-93 所示的挤出曲面。

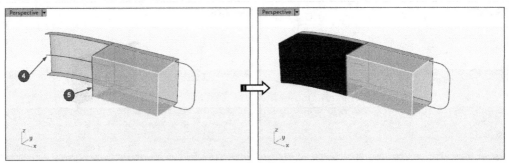

图 4-93 建立挤出曲面

⑧ 将 Top Surface 图层设置为目前的图层。利用【挤出曲线成锥状】命令 🗔，选取右边的曲线⑥作为要挤出的曲线，在命令行中设置拔模角度为"-3"，输入挤出长度为"0.375"，单击鼠标右键完成挤出曲面的建立，如图 4-94 所示。

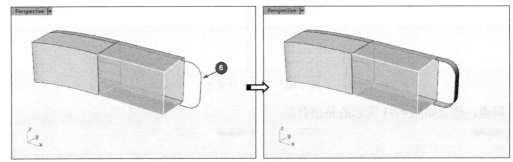

图 4-94 建立挤出曲面

⑨ 将 Bottom Surface 图层设置为目前的图层。利用【挤出曲线成锥状】命令，依然选取曲线⑥作为要挤出的曲线，在命令行中设置拔模角度为"-3"，输入挤出长度为"-1.375"，单击鼠标右键完成挤出曲面的建立，如图 4-95 所示。

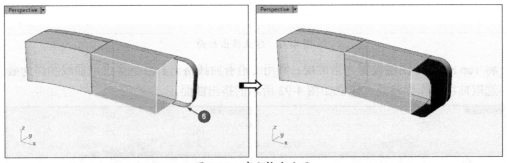

图 4-95 建立挤出曲面

⑩ 余下的 2 个缺口利用【以平面曲线建立曲面】命令 🗔 进行修补，如图 4-96 所示。

工程点拨：

【以平面曲线建立曲面】命令将在第 5 章中进行详解。

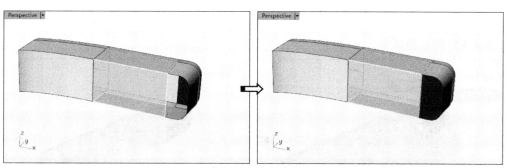

图 4-96 修补缺口

⑪ 利用【组合】命令，分别将上、下两部分的曲面进行组合，如图 4-97 所示。

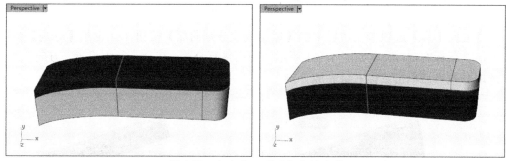

图 4-97 组合上、下两部分的曲面

⑫ 打开 Extrude Straight-bothsides 图层。利用【直线挤出】命令将打开的曲线向两侧进行挤出，得到如图 4-98 所示的挤出曲面。

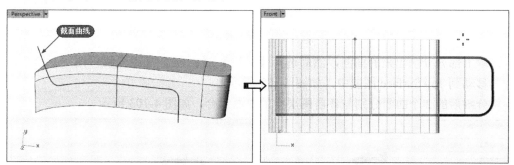

图 4-98 建立对称挤出的曲面

⑬ 利用【修剪】命令，用组合的上、下部分曲面修剪两侧挤出曲面，如图 4-99 所示。

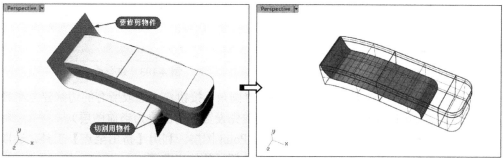

图 4-99 用组合曲面修剪两侧挤出曲面

⑭ 再次利用【修剪】命令，用步骤⑬修剪过的挤出曲面修剪上、下部分曲面，得到如图 4-100 所示的结果。

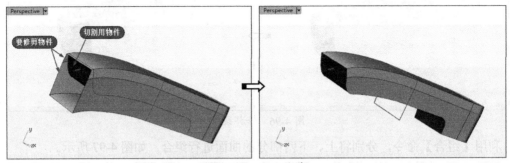

图 4-100　再次修剪

⑮ 在【曲面工具】选项卡左边栏中的【以结构线分割曲面】按钮（也是【分割】按钮）上单击鼠标右键，选取如图 4-101 所示的曲面进行分割，在命令行中设置"方向"为 V，选取分割点后单击鼠标右键完成分割。

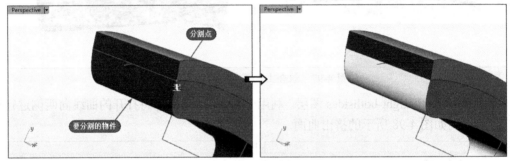

图 4-101　分割曲面

⑯ 选取上部分分割出来的曲面，然后选择【编辑】|【图层】|【改变物件图层】命令，将其移动到 Top Surface 图层中，如图 4-102 所示。

⑰ 将分割后的 2 个曲面分别与各自图层中的曲面组合，如图 4-103 所示。

图 4-102　移动曲面到图层

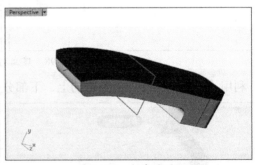

图 4-103　组合曲面

⑱ 在【实体工具】选项卡下单击【不等距边缘圆角】按钮，选取所有的边缘建立半径为 0.2 的圆角，如图 4-104 所示。（建立圆角前先设置各自图层为当前图层）

⑲ 关闭下半部分曲面图层，显示 Extrude to a Point 图层。利用【挤出至点】工具，选取要挤出的曲线和挤出目标点，建立如图 4-105 所示的挤出曲面。

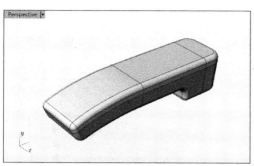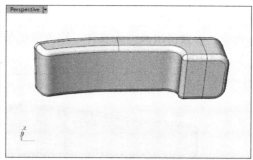

图 4-104　建立圆角

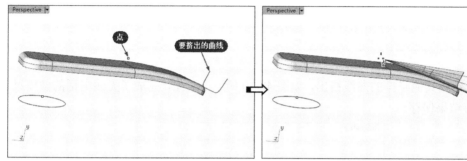

图 4-105　建立挤出曲面

⑳ 利用【修剪】命令，将挤出曲面与上半部分曲面相互进行修剪，结果如图 4-106 所示。然后利用【组合】命令将修剪后的结果进行组合。

㉑ 将上半部分曲面的图层关闭，设置下半部分曲面为当前图层，并显示图层中的曲面。然后应用同样方法建立挤出至点曲面，如图 4-107 所示。

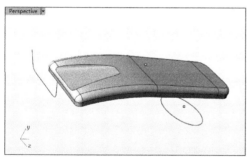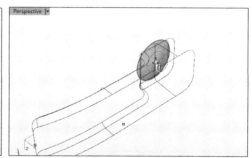

图 4-106　修剪曲面并组合　　　　图 4-107　建立挤出至点曲面

㉒ 利用【修剪】命令，将挤出曲面和下半部分曲面进行相互修剪，然后进行组合，得到如图 4-108 所示的结果。

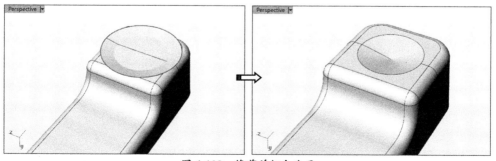

图 4-108　修剪并组合曲面

㉓ 打开 Curves for Buttons 图层的对象曲线。框选第一竖排的曲线，然后选择【直线挤出】命令，设置挤出类型为实体，输入挤出长度为"-0.2"，单击鼠标右键完成曲面的建立，如图 4-109 所示。

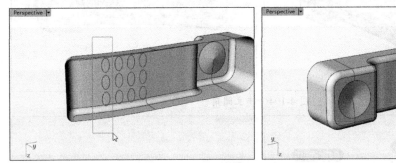

图 4-109　建立挤出曲面

㉔ 同理，完成其他竖排的曲线挤出，如图 4-110 所示。至此，完成了无线电话的建模过程，最后将结果保存。

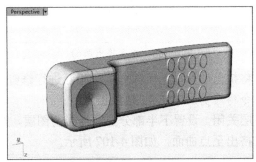

图 4-110　无线电话

CHAPTER 5

构建高级曲面

本章导读

本章更进一步，将陆续介绍用于复杂造型的曲面造型指令。曲面功能是 Rhino 6.0 最重要的功能，因此需要详细地进行讲解，希望让更多的读者更容易掌握。

项目分解

- ☑ 放样曲面
- ☑ 边界曲面
- ☑ 扫掠曲面
- ☑ 在物件表面产生布帘曲面

扫码看视频

5.1　放样曲面

利用【放样曲面】命令可从空间上、同一走向上的一系列曲线建立曲面，如图 5-1 所示。

工程点拨：

这些曲线必须同为开放曲线或闭合曲线，在位置上最好不要交错。

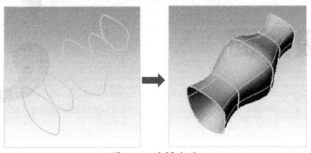

图 5-1　放样曲面

动手操作——创建放样曲面

① 新建 Rhino 文件。

② 利用【椭圆：从中心点】命令，在 Front 视窗中绘制如图 5-2 所示的椭圆。

③ 在菜单栏中选择【变动】|【缩放】|【二轴缩放】命令，选择椭圆曲线进行缩放，缩放时在命令行中设置【复制】选项为"是"，如图 5-3 所示。

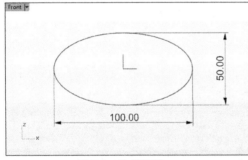

图 5-2　绘制椭圆

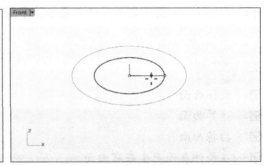

图 5-3　缩放并复制椭圆

④ 利用【复制】命令，将大椭圆在 Top 视窗中进行复制，复制起点为世界坐标系原点，第一次复制终点距离为 100，第二次复制终点距离为 200，如图 5-4 所示。

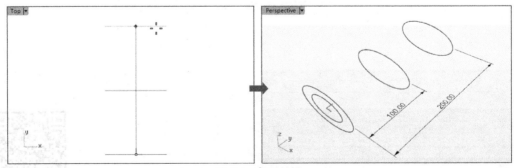

图 5-4　复制椭圆

⑤ 同理，复制小椭圆，且第一次复制终点距离为 50，第二次复制终点距离为 150，如图 5-5 所示。完成后删除原先作为复制参考的小椭圆，而大椭圆则保留。

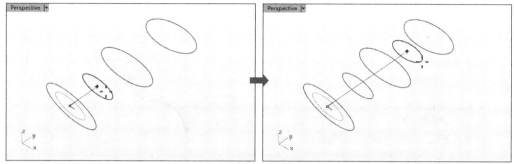

图 5-5　复制小椭圆

⑥ 在菜单栏中选择【曲面】|【放样】命令，或者在【曲面工具】选项卡下左边栏中单击 【放样】按钮，命令行中提示如下：

> 指令: _Loft
> **选取要放样的曲线**（点P）：

工程点拨：

> 数条开放的断面曲线需要点选于同一侧，数条封闭的断面曲线可以调整曲线接缝。

⑦ 依次选取要放样的曲线，然后单击鼠标右键，命令行显示如下提示，并且所选的曲线上 均显示了曲线接缝点与方向，如图 5-6 所示。

> **移动曲线接缝点，按 Enter 完成**（反转P　自动A　原本的N）：

⑧ 移动曲线接缝点，使各曲线的接缝点在椭圆象限点上，如图 5-7 所示。

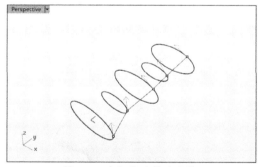

图 5-6　选取要放样的曲线

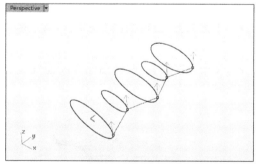

图 5-7　移动接缝点

命令行中的移动曲线接缝选项含义如下。

● 【反转】：反转曲线接缝方向。

● 【自动】：自动调整曲线接缝的位置及曲线的方向。

● 【原本的】：以原来的曲线接缝位置及曲线方向运行。

⑨ 单击鼠标右键后弹出【放样选项】对话框，在视窗中显示放样曲面预览，如图 5-8 所示。 【放样选项】对话框包含 2 个设置选项区：【造型】和【断面曲线选项】。

【造型】选项区用来设置放样曲面的节点及控制点的形状与结构。包含如下 6 种造型。

● 【标准】：断面曲线之间的曲面以"标准"量延展，当用户想建立的曲面比较平缓或 断面曲线之间距离比较大时可以使用这个选项，如图 5-9 所示。

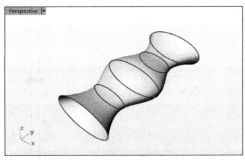

图 5-8　弹出【放样选项】对话框并在视窗中显示放样预览

● 【松弛】：放样曲面的控制点会放置于断面曲线的控制点上，这个选项可以建立比较平滑的放样曲面，但放样曲面并不会通过所有的断面曲线，如图 5-10 所示。

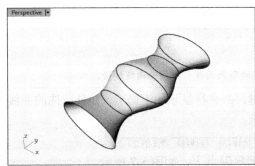

图 5-9　标准造型　　　　　　　　　　　　　图 5-10　松弛造型

● 【紧绷】：放样曲面更紧绷地通过断面曲线，适用于建立转角处的曲面，如图 5-11 所示。

● 【平直区段】：放样曲面在断面曲线之间是平直的曲面，如图 5-12 所示。

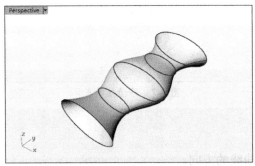

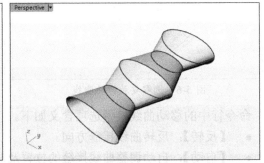

图 5-11　紧绷造型　　　　　　　　　　　　　图 5-12　平直区段造型

● 【可展开的】：从每一对断面曲线建立个别的可展开的曲面或多重曲面，如图 5-13 所示。

● 【均匀】：建立的曲面的控制点对曲面都有相同的影响力，该选项可以用来建立数个结构相同的曲面，创建对称变形，如图 5-14 所示。

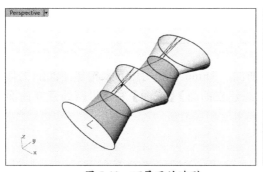

图 5-13　可展开的造型

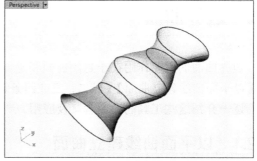

图 5-14　均匀造型

【造型】选项区其他复选选项含义如下。

- 【封闭放样】：建立封闭的曲面，曲面在通过最后一条断面曲线后会再回到第一条断面曲线，这个选项必须要有 3 条或以上的断面曲线才可以使用。
- 【与起始端边缘相切】：如果第一条断面曲线是曲面的边缘，则放样曲面可以与该边缘所属的曲面形成相切，这个选项必须要有 3 条或以上的断面曲线才可以使用。
- 【与结束端边缘相切】：如果最后一条断面曲线是曲面的边缘，则放样曲面可以与该边缘所属的曲面形成相切，这个选项必须要有 3 条或以上的断面曲线才可以使用。
- 【在正切点分割】：输入的曲线为多重曲线时，设定是否在线段与线段正切的顶点将建立的曲面分割成多重曲面。

【断面曲线选项】选项区中各选项含义如下。

- 【对齐曲线】：当放样曲面发生扭转时，点选断面曲线靠近端点处可以反转曲线的对齐方向。
- 【不要简化】：不重建断面曲线。
- 【重建点数】：在放样前以指定的控制点数重建断面曲线。
- 【重新逼近公差】：以设定的公差重新逼近断面曲线。
- 【预览】：预览放样曲面。

⑩ 保留对话框中各选项的默认设置，单击【确定】按钮完成放样曲面的创建，如图 5-15 所示。

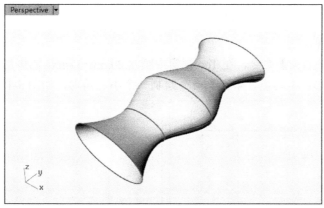

图 5-15　放样曲面

5.2 边界曲面

边界曲面的主要作用在于封闭曲面和延伸曲面。Rhino 中利用边界来构建曲面的工具包括【以平面曲线建立曲面】【以二、三或四条边缘建立曲面】【嵌面】和【以网线建立曲面】。下面逐一介绍这些工具的命令含义及应用。

5.2.1 以平面曲线建立曲面

形成方式：在同一平面上的闭合曲线，形成同一平面上的曲面。此命令其实等同于填充，也就是在曲线内填充曲面。

工程点拨：

如果某些曲面部分重叠，则会产生不期望的结果。

如果某条曲线完全包含在另一条曲线之中，则这条曲线将会被视为一个洞的边界，如图 5-16 所示。

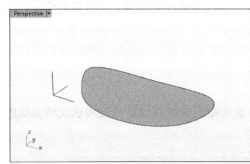 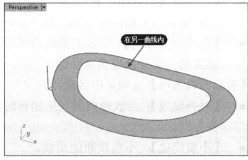

图 5-16　曲线边界

工程点拨：

需要注意的是，使用该命令的前提是必须是闭合的并且是同一平面内的曲线，当选取开放或空间曲线来操作此命令时，命令行中会提示创建曲面出错的原因。

例如，在一个矩形面上打出若干三角形的洞。

动手操作——以平面曲线建立曲面

① 新建 Rhino 文件。

② 利用【矩形：角对角】命令，在 Top 视窗中绘制 20mm×17mm 的矩形，如图 5-17 所示。

③ 再利用【多边形：中心点、半径】命令绘制一个小三角形，如图 5-18 所示。

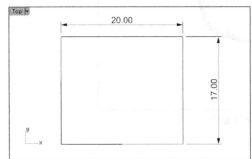 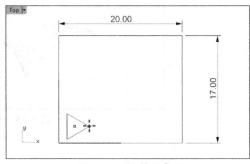

图 5-17　绘制矩形　　　　　　　　　图 5-18　绘制三角形

④　利用【复制】命令，复制出多个三角形，如图 5-19 所示。
⑤　单击【以平面曲线建立曲面】按钮 🔘，依次选择三角形和矩形边缘，按 Enter 键结束，
　　即可得到如图 5-20 所示的曲面。

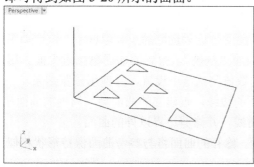
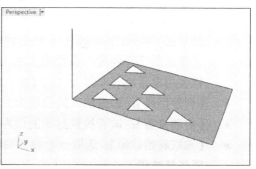

图 5-19　复制三角形　　　　　　　　图 5-20　建立曲面

5.2.2　以二、三或四条边缘建立曲面

　　形成方式：以二、三或四条曲线（必须是独立曲线非多重曲线）建立曲面。选取的曲线
不需要封闭。

工程点拨：

　　该命令常用于大块而简单的曲面创建，也用于补面。即使曲线端点不相接，也可以形成曲面，但这时
生成的曲面边缘会与原始曲线有偏差。该命令只能达到 G0 连续，形成的曲面优点是曲面结构线简洁。

　　以二、三或四条边缘为边界而建立曲面的范例如图 5-21 所示。

2 条边缘　　　　　　3 条边缘　　　　　4 条边缘

图 5-21　以二、三或四条边缘建立曲面

5.2.3　嵌面

　　形成方式：建立逼近选取的曲线和点的物件的曲面。
主要作用是修复有破孔的空间曲面。当然也可用于用来创
建逼近曲线、点云及网格的曲面。【嵌面】命令可用于修补
平面的孔，更可以修补复杂曲面上的孔，而前面介绍的【以
平面曲线建立曲面】命令只能修补平面上的孔。

　　单击【嵌面】按钮 🔷，在选取要逼近的曲线、点、点云
或网格后会弹出【嵌面曲面选项】对话框，如图 5-22 所示。

　　各选项说明如下。

图 5-22　【嵌面曲面选项】对话框

- 　【取样点间距】：放置于输入曲线间距很小的取样
　　点，最少数量为一条曲线放置 8 个取样点。
- 　【曲面的 U 方向跨距数】：设置建立的曲面 U 方向

的跨距数，当起始曲面为两个方向都是一阶的平面时，指令也会使用这个设置。

- 【曲面的 V 方向跨距数】：设置建立的曲面 V 方向的跨距数，当起始曲面为两个方向都是一阶的平面时，指令也会使用这个设置。
- 【硬度】：Rhino 在建立嵌面的第一个阶段会找出与选取的点和曲线的取样点最符合的平面（PlaneThroughPt），然后将平面变形逼近选取的点和取样点。该选项用来设置平面的变形程度，设置数值越大曲面"越硬"，得到的曲面越接近平面。用户可以使用非常小或非常大（>1 000）的数值测试这个设置，并使用预览结果。
- 【调整切线】：如果输入的曲线为曲面的边缘，则建立的曲面会与周围的曲面相切。
- 【自动修剪】：试着找到封闭的边界曲线，并修剪边界以外的曲面。
- 【选取起始曲面】：选取一个参考曲面，修补的曲面将与参考曲面保持形状相似且曲率连续性强。
- 【起始曲面拉力】：与硬度设置类似，但是作用于起始曲面，设置数值越大，起始曲面的抗拒力越大，得到的曲面形状越接近起始曲面。
- 【维持边缘】：固定起始曲面的边缘，该选项适用于以现有的曲面逼近选取的点或曲线，但不会移动起始曲面的边缘。
- 【删除输入物件】：删除作为参考的起始曲面。

动手操作——建立逼近曲面

① 新建 Rhino 文件。打开本例素材源文件"逼近曲线.3dm"，如图 5-23 所示。

② 单击【嵌面】按钮 ◆，选取视窗中的 3 条曲线，然后单击鼠标右键确认，如图 5-24 所示。

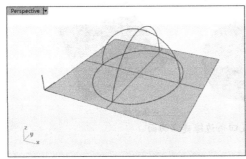

图 5-23 打开的源文件

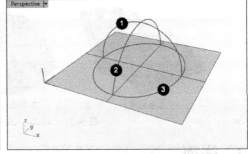

图 5-24 选取要逼近的曲线

③ 随后弹出【嵌面曲面选项】对话框并显示嵌面预览，如图 5-25 所示。

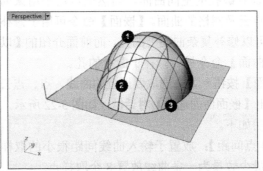

图 5-25 弹出【嵌面曲面选项】对话框并显示嵌面预览

④ 单击【选取起始曲面】按钮，然后选择平面作为起始曲面，设置硬度为"0.1"，起始曲

面拉力为"1000"，取消【维持边缘】复选框的勾选。查看设置嵌面选项后的预览如图 5-26 所示。

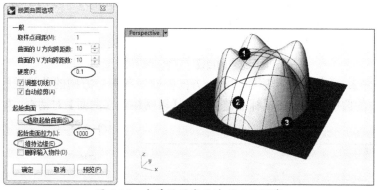

图 5-26　查看设置嵌面选项后的预览

⑤ 单击【确定】按钮完成曲面的建立。

动手操作——建立修补曲面

① 新建 Rhino 文件。打开本例源文件"修补孔.3dm"，如图 5-27 所示。

② 单击【嵌面】按钮 ，选取曲面中的椭圆形破孔边缘，然后单击鼠标右键确认，如图 5-28 所示。

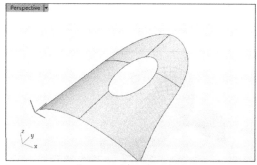

图 5-27　打开的源文件

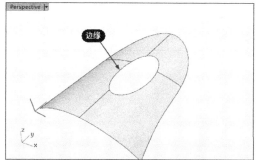

图 5-28　选取要修补的孔边缘

③ 随后弹出【嵌面曲面选项】对话框，选取曲面作为起始曲面，然后设置其他嵌面选项，修补孔预览如图 5-29 所示。

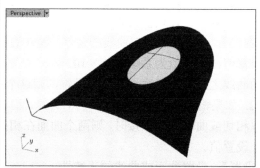

图 5-29　修补孔预览

④ 单击【嵌面曲面选项】对话框中的【确定】按钮完成修补。

5.2.4　以网线建立曲面

形成方式：以网线建立曲面。所有在同一方向的曲线必须和另一方向上所有的曲线交错，不能和同一方向的曲线交错，如图 5-30 所示。

单击【以网线建立曲面】按钮 ，命令行中显示如下提示：

选取网线中的曲线（不自动排序(N)）：

【不自动排序】：关闭自动排序，按第一方向的曲线和第二方向的曲线进行选取。

选取网线中的曲线后，单击鼠标右键会弹出【以网线建立曲面】对话框，如图 5-31 所示。

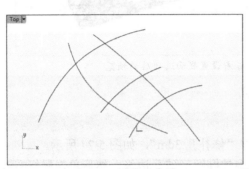

图 5-30　网线示意图　　　　图 5-31　【以网线建立曲面】对话框

工程点拨：

一个方向的曲线必须跨越另一个方向的曲线，而且同方向的曲线不可以相互跨越。如图 5-32 所示为以网线建立曲面的范例。

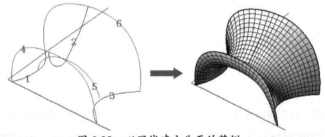

图 5-32　以网线建立曲面的范例

【以网线建立曲面】对话框中各选项含义如下。

- 【边缘曲线】：设置逼近边缘曲线的公差，建立的曲面边缘和边缘曲线之间的距离会小于这个设置值，预设值为系统公差。
- 【内部曲线】：设置逼近内部曲线的公差，建立的曲面和内部曲线之间的距离会小于这个设置值，预设值为系统公差×10。

如果输入的曲线之间的距离远大于公差设置，则这个指令会建立最适当的曲面。

- 【角度】：如果输入的边缘曲线是曲面的边缘，而且用户选择让建立的曲面和相邻的曲面以相切或曲率连续相接时，则两个曲面在相接边缘的法线方向的角度误差会小于这个设置值。
- 【边缘设置】：设置曲面或曲线的连续性。
- 【松弛】：建立的曲面的边缘以较宽松的精确度逼近输入的边缘曲线。
- 【位置|相切|曲率】：3 种曲面连续性。

动手操作——以网线建立曲面

① 新建 Rhino 文件。打开本例素材源文件"网线.3dm"文件，如图 5-33 所示。

② 单击【以网线建立曲面】按钮 ，然后框选所有曲线，并单击鼠标右键确认，如图 5-34 所示。

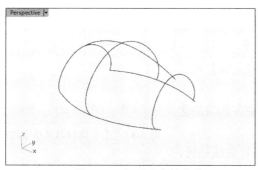

图 5-33 打开的素材文件

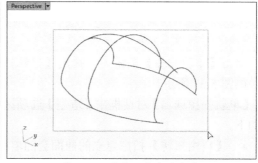

图 5-34 选取网线中的曲线

③ 在视窗中自动完成网线的排序并弹出【以网线建立曲面】对话框，如图 5-35 所示。

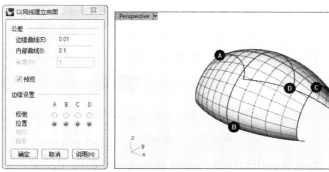

图 5-35 完成排序并弹出【以网线建立曲面】对话框

④ 通过预览确认曲面正确无误后，单击对话框中的【确定】按钮，完成曲面的建立。结果如图 5-36 所示。

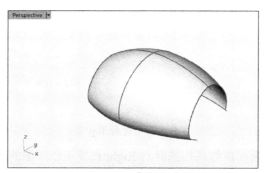

图 5-36 建立曲面

5.3 扫掠曲面

Rhino 6.0 中有 2 种扫掠曲面命令：单轨扫掠和双轨扫掠。

5.3.1 单轨扫掠

形成方式：一系列的截面曲线（Cross-Section）沿着路径曲线（Rail Curve）扫掠而成，截面曲线和路径曲线在空间位置上交错，截面曲线之间不能交错。

> **工程点拨：**
> 截面曲线的数量没有限制，路径曲线的数量只有一条。

单击【单轨扫掠】按钮 ，弹出【单轨扫掠选项】对话框，如图 5-37 所示。

【单轨扫掠选项】对话框中【造型】选项区中各选项的含义如下。

图 5-37 【单轨扫掠选项】对话框

- 【自由扭转】：扫掠建立的曲面会随着路径曲线扭转，如图 5-38 所示。

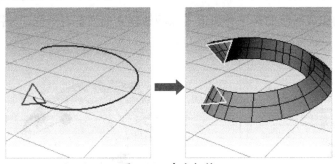

图 5-38 自由扭转

- 【走向 Top】：断面曲线在扫掠时与 Top 视窗工作平面的角度维持不变，如图 5-39 所示。

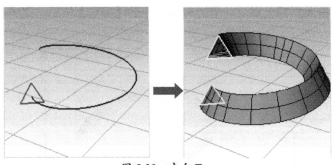

图 5-39 走向 Top

- 【走向 Right】：断面曲线在扫掠时与 Right 视窗工作平面的角度维持不变。
- 【走向 Front】：断面曲线在扫掠时与 Front 视窗工作平面的角度维持不变。
- 【封闭扫掠】：当路径为封闭曲线时，曲面扫掠过最后一条断面曲线后会再回到第一条断面曲线，用户至少需要选取两条断面曲线才能使用该选项。
- 【整体渐变】：曲面断面的形状以线性渐变的方式从起点的断面曲线扫掠至终点的断面曲线。未使用该选项时，曲面的断面形状在起点和终点处的变化较小，在路径中段的变化较大，如图 5-40 所示。

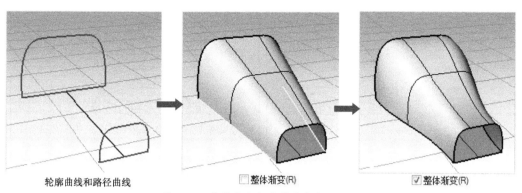

图 5-40 整体渐变与非整体渐变的区别

● 【未修剪斜接】：如果建立的曲面是多重曲面（路径是多重曲线），则多重曲面中的个别曲面都是未修剪的曲面，如图 5-41 所示。

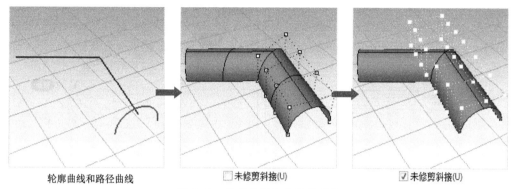

图 5-41 修剪斜接与未修剪斜接

【单轨扫掠选项】对话框中【断面曲线选项】选项区中各选项的含义如下。

● 【对齐断面】：反转曲面扫掠过断面曲线的方向。
● 【不要简化】：建立曲面之前不对断面曲线做简化。
● 【重建点数】：建立曲面之前以指定的控制点数重建所有的断面曲线。
● 【重新逼近公差】：建立曲面之前先重新逼近断面曲线，预设值为【文件属性】对话框中的【单位】页面中的绝对公差。
● 【最简扫掠】：当所有的断面曲线都放在路径曲线的编辑点上时可以使用该选项建立结构最简单的曲面，曲面在路径方向的结构会与路径曲线完全一致。
● 【正切点不分割】：将路径曲线重新逼近。
● 【预览】：在指令结束前预览曲面的形状。

动手操作——利用【单轨扫掠】创建锥形弹簧

① 新建 Rhino 文件。
② 在菜单栏中选择【曲线】|【螺旋线】命令，在命令行中输入轴的起点（0,0,0）和轴的终点（0,0,50），单击鼠标右键后再输入第一半径值"50"，指定起点在 X 轴上，如图 5-42 所示。
③ 输入第二半径值"25"，再设置圈数为"10"，其他选项默认，单击鼠标右键或按 Enter 键完成锥形螺旋线的创建，如图 5-43 所示。

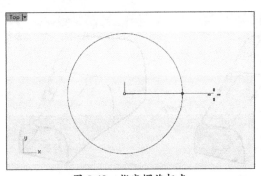

图 5-42　指定螺旋起点

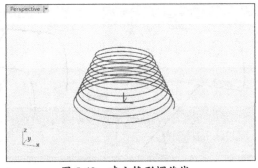

图 5-43　建立锥形螺旋线

④　利用【圆：中心点、半径】命令，在 **Front** 视窗中的螺旋线起点位置绘制半径为 3.5 的圆，如图 5-44 所示。

⑤　单击【单轨扫掠】按钮 ，选取螺旋线为路径，选取圆为断面曲线，如图 5-45 所示。

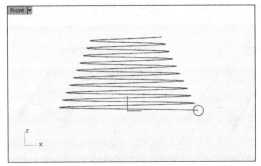

图 5-44　绘制圆

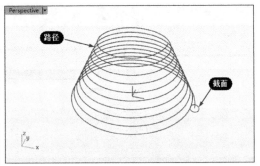

图 5-45　选取路径和断面曲线

⑥　单击鼠标右键后弹出【单轨扫掠选项】对话框，保留对话框中各选项的默认设置，单击【确定】按钮完成弹簧的创建，如图 5-46 所示。

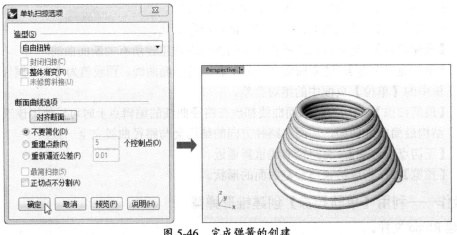

图 5-46　完成弹簧的创建

动手操作——单轨扫掠到一点

①　新建 Rhino 文件。打开本例素材源文件"扫掠到点曲线.3dm"，如图 5-47 所示。

②　单击【单轨扫掠】按钮，选取路径和断面曲线，如图 5-48 所示。

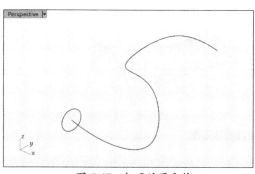

图 5-47 打开的源文件

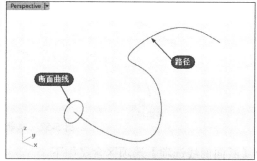

图 5-48 选取路径和断面曲线

③ 在命令行中单击【点】选项，然后指定要扫掠的终点，如图 5-49 所示。

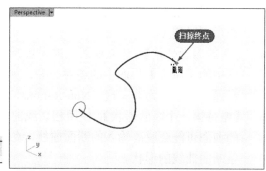

图 5-49 指定扫掠终点

④ 单击鼠标右键后弹出【单轨扫掠选项】对话框，保留对话框的默认设置，单击【确定】
按钮完成扫掠曲面的建立，如图 5-50 所示。

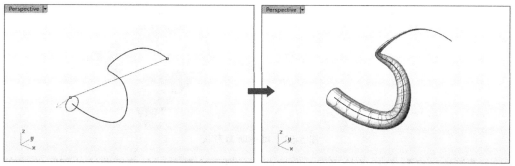

图 5-50 建立扫掠到点的曲面

5.3.2 双轨扫掠

形成方式：沿着两条路径扫掠通过数条定义曲面形状
的断面曲线建立曲面。

单击【双轨扫掠】按钮，选取第一、第二条路径及
断面曲线后弹出【双轨扫掠选项】对话框，如图 5-51 所示。

如图 5-52 所示为双轨扫掠的示意图。

图 5-51 【双轨扫掠选项】对话框

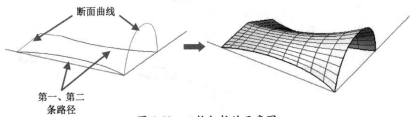

图 5-52   双轨扫掠的示意图

【断面曲线选项】选项区含义如下。

● 【不要简化】：建立曲面之前不对断面曲线做简化。

● 【重建点数】：建立曲面之前以指定的控制点数重建所有的断面曲线。如果断面曲线
  是有理（Rational）曲线，则重建后会成为非有理（Non-Rational）曲线，使连续性
  选项可以使用。

● 【重新逼近公差】：建立曲面之前先重新逼近断面曲线，预设值为【文件属性】对话
  框中的【单位】页面中的绝对公差。如果断面曲线是有理（Rational）曲线，则重
  新逼近后会成为非有理（Non-Rational）曲线，使连续性选项可以使用。

● 【维持第一个断面形状】：使用相切或曲率连续计算扫掠曲面边缘的连续性时，建立
  的曲面可能会脱离输入的断面曲线，该选项可以强迫扫掠曲面的开始边缘符合第一
  条断面曲线的形状。

● 【维持最后一个断面形状】：使用相切或曲率连续计算扫掠曲面边缘的连续性时，建
  立的曲面可能会脱离输入的断面曲线，该选项可以强迫扫掠曲面的开始边缘符合最
  后一条断面曲线的形状，如图 5-53 所示。

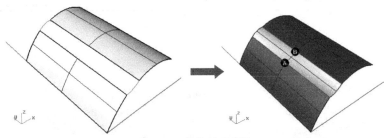

图 5-53   维持断面形状

● 【保持高度】：预设的情形下，扫掠曲面的断面会随着两条路径曲线的间距缩放宽度
  和高度，该选项可以固定扫掠曲面的断面高度，而不随着两条路径曲线的间距缩放，
  如图 5-54 所示。

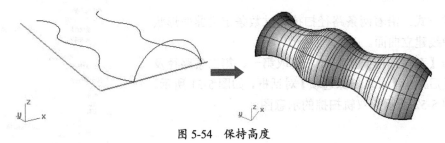

图 5-54   保持高度

【路径曲线选项】的选项与单轨扫掠中的相应选项含义相同，这里不再赘述。

动手操作——利用【双轨扫掠】命令建立曲面

① 新建 Rhino 文件。打开本例素材源文件"双轨扫掠曲线.3dm"。

② 单击【双轨扫掠】按钮，选取第一、第二路径和断面曲线，如图 5-55 所示。

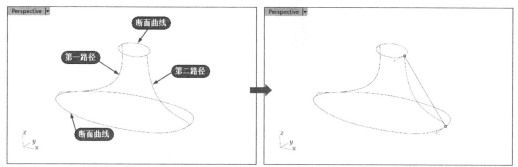

图 5-55 选取路径和断面曲线

③ 单击鼠标右键后弹出【双轨扫掠选项】对话框，保留对话框中的默认设置，单击【确定】
按钮完成扫掠曲面的建立，如图 5-56 所示。

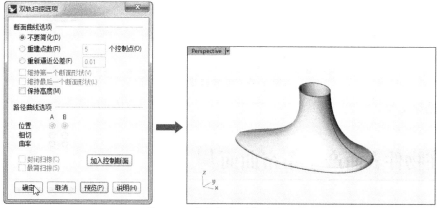

图 5-56 建立扫掠到点的曲面

④ 打开 Housing Surface、Housing Curves 与 Mirror 图层，如图 5-57 所示。

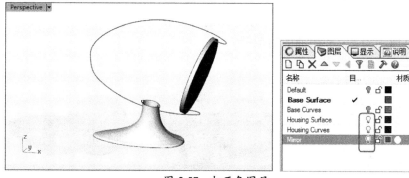

图 5-57 打开各图层

⑤ 将 Housing Surface 图层设置为目前的图层。然后单击【双轨扫掠】按钮，选取第
一、第二路径和断面曲线，单击鼠标右键后弹出【双轨扫掠选项】对话框，如图 5-58
所示。

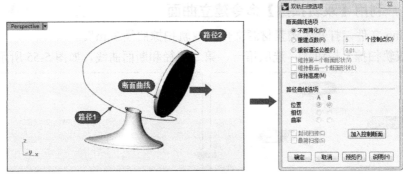

图 5-58　选取路径和断面曲线

⑥　保留对话框中的默认设置，单击【确定】按钮完成扫掠曲面的建立，如图 5-59 所示。

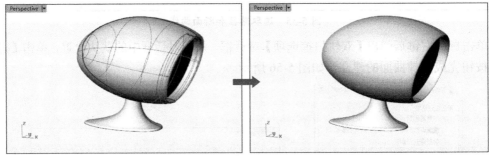

图 5-59　建立扫掠曲面

⑦　保存结果文件。

5.4　在物件表面产生布帘曲面

将矩形的点阵列以工作平面的法线方向往物件上投影，以投影到物件上的点作为曲面的控制点建立曲面。

打个比方，好比自己出行了，家里没有人，然后就用布把家具遮盖起来，遮盖起来后布就会形成一个形状，这个形状就是本节所介绍的"布帘"。

如图 5-60 所示为建立布帘曲面的范例。

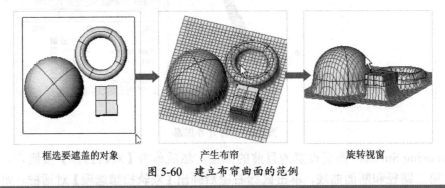

框选要遮盖的对象　　　　　产生布帘　　　　　旋转视窗

图 5-60　建立布帘曲面的范例

工程点拨：

布帘曲面的范围与框选的边框大小直接相关。

5.5　实战案例——刨皮刀曲面造型

刨皮刀模型曲面的变化比较丰富，需要首先分析曲面的划分方式以及曲面的建模流程，对于圆角处理也需要分步完成。本例刨皮刀模型如图 5-61 所示。

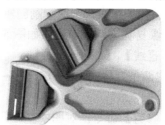

图 5-61　刨皮刀模型

在整个刨皮刀的建模过程中大致有以下基本方法和要点：

- 创建刨皮刀主体部件。
- 创建刨皮刀刀头部分。
- 圆角处理。
- 构建其他部件，完成模型的创建。

1. 创建刨皮刀主体部件

① 新建一个名称为"曲线"的图层，并设置为当前图层（该图层用来放置曲线对象）。在 Front 正交视图中，选择菜单栏中的【曲线】|【自由造型】|【控制点】命令，创建一条描述刨皮刀侧面的曲线，如图 5-62 所示。

② 将创建的曲线原地复制一份，然后垂直向上移动，开启曲线的控制点，调整复制后的曲线的控制点，调节时保证控制点在垂直方向移动，这样可以使后面以它创建的曲面的 ISO 线较为整齐，如图 5-63 所示。

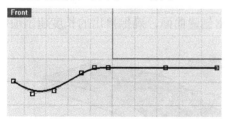

图 5-62　创建控制点曲线

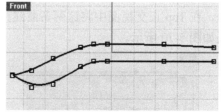

图 5-63　复制调整曲线

③ 在 Top 正交视图中，绘制出刨皮刀顶面的曲线，确保端点处的控制点水平对齐或垂直对齐（如下面右侧图中浅色显示的点），如图 5-64 所示。

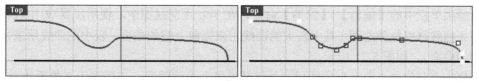

图 5-64　创建刨皮刀顶面曲线

④ 将步骤 ③ 绘制好的曲线原地复制一份，再垂直向上调节图中所示浅色显示的 3 个控制点，其他控制点保持不变，如图 5-65 所示。

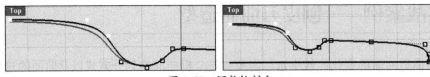

图 5-65　调整控制点

⑤　选择菜单栏中的【变动】|【镜像】命令，选取刚刚创建的两条曲线，在 Top 正交视图中以水平坐标轴为镜像轴，镜像复制这两条曲线，如图 5-66 所示。

⑥　选择菜单栏中的【曲线】|【直线】|【单一直线】命令，在 Top 正交视图中创建两条直线，如图 5-67 所示。

⑦　选择菜单栏中的【编辑】|【修剪】命令，对图中的曲线进行相互剪切，剪切为闭合的轮廓，如图 5-68 所示。

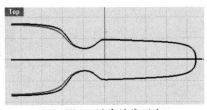

图 5-66　创建镜像副本

⑧　选择菜单栏中的【曲线】|【曲线圆角】命令，在命令行中输入圆角半径大小值为“0.8”，为曲线间的锐角处创建圆角。然后选择菜单栏中的【编辑】|【组合】命令，将这些曲线组合为两条闭合曲线，如图 5-69 所示。

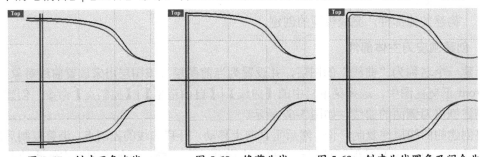

图 5-67　创建两条直线　　　　图 5-68　修剪曲线　　　　图 5-69　创建曲线圆角及闭合曲线

⑨　选取前面创建的两条侧面轮廓曲线，选择菜单栏中的【曲面】|【挤出曲线】|【直线】命令，在 Top 正交视图中将这两条曲线挤出创建曲面，确保挤出的长度超出顶面曲线，效果如图 5-70 所示。

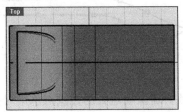
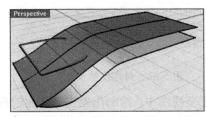

图 5-70　创建挤出曲面

⑩　选择菜单栏中的【编辑】|【修剪】命令，在 Top 正交视图中，使用步骤⑧中编辑好的两条曲线修剪拉伸曲面（其中较大的曲线用来修剪上侧的曲面，较小的曲线用来修剪下侧的曲面），如图 5-71 所示。

⑪　新建一个名称为“曲面”的图层，并将其设置为当前图层，该图层用来放置曲面对象。将修剪后的曲面移动到该图层，并隐藏“曲线”图层，如图 5-72 所示。

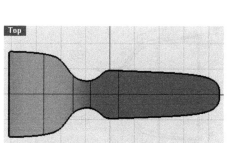

图 5-71　修剪曲面

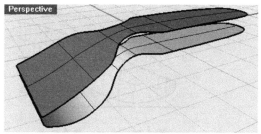

图 5-72　分配并隐藏图层

⑫ 选择菜单栏中的【曲面】|【混接曲面】命令，分别选取两个修剪后曲面的边缘。通过拖动【调整混接转折】对话框的滑块，调整混接曲面的接缝，创建一块混接曲面，效果如图 5-73 所示。

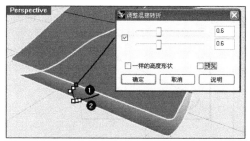

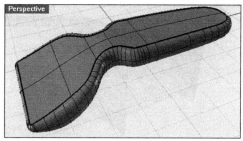

图 5-73　创建混接曲面

工程点拨：

混接曲面的接缝不在对象的中点处时，应手动将其调整到中点处。若找不到中点，可以在对称中心线处画一条直线后投影到曲面上，然后利用捕捉工具调整混接的接缝位置，这是因为混接起点在中点处时生成的混接曲面的 ISO 不会产生扭曲。

⑬ 选择菜单栏中的【曲线】|【从物件建立曲线】|【抽离结构线】命令，捕捉边缘线的终点，分别提取图中的两条结构线，并将抽离的结构线调整到"曲线"图层，如图 5-74 所示。

⑭ 选择菜单栏中的【曲线】|【自由造型】|【控制点】命令，在 Top 正交视图中创建一条新的曲线，如图 5-75 所示。

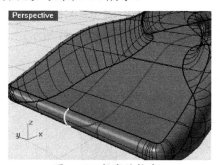

图 5-74　抽离结构线

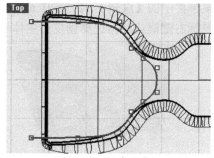

图 5-75　创建曲线

⑮ 将新创建的曲线在原位置复制一份，然后在 Front 正交视图中调整原始曲线与复制后的曲线的位置，如图 5-76 所示。

⑯ 切换到 Top 正交视图，显示复制后曲线的控制点。开启状态栏处的【正交】捕捉，将图中浅色显示的控制点水平向左移动一小段距离，如图 5-77 所示。

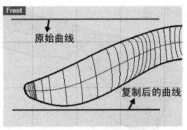

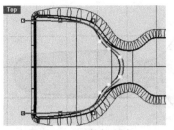

图 5-76　复制、移动曲线　　　　　图 5-77　调整控制点

⑰ 选择菜单栏中的【曲面】|【放样】命令，以创建的两条曲线创建一个放样曲面，效果如图 5-78 所示。

⑱ 在 Front 正交视图中，选择菜单栏中的【曲线】|【直线】|【线段】命令，创建一条多重直线，如图 5-79 所示。

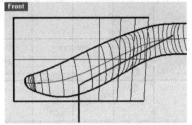

图 5-78　创建放样曲面　　　　　图 5-79　创建一条多重直线

⑲ 选择菜单栏中的【曲面】|【挤出曲线】|【直线】命令，将上述创建的多重直线沿直线创建挤出一个曲面，效果如图 5-80 所示。

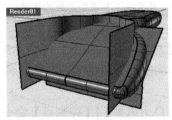

图 5-80　创建挤出曲面

⑳ 选择菜单栏中的【编辑】|【修剪】命令，选取的图 5-81 所示（左）的曲面对象，然后单击鼠标右键确认。再选择刨皮刀主体对象进行修剪处理，如图 5-81 所示。

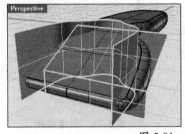
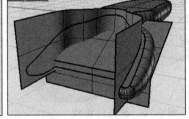

图 5-81　修剪曲面

㉑ 选择菜单栏中的【编辑】|【修剪】命令，选取另一块曲面，然后单击鼠标右键确定，对多余的曲面进行剪切。最后选择菜单栏中的【编辑】|【组合】命令，将图中的所有曲面组合到一起，如图 5-82 所示。

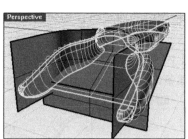
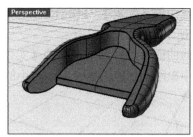

图 5-82 组合曲面

2. 创建刨皮刀刀头部分

① 单独显示上述步骤⑬中抽离的两根结构线，然后在 Front 正交视图中，以复制的方式创建 4 条曲线，具体如图 5-83 所示。

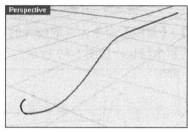
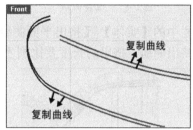

图 5-83 创建曲线

② 选择复制后的蓝色曲线，参照图 5-84 调整亮黄色显示的 3 个控制点。再绘制两条直线，并利用捕捉工具在曲线上创建两个点物件，如图 5-84 所示。

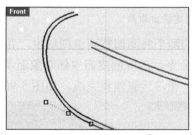
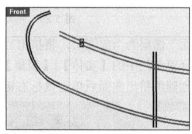

图 5-84 创建点物件

③ 选择菜单栏中的【编辑】|【修剪】命令，以点物件以及创建的两条直线修剪曲线，最终如图 5-85 所示。

④ 删除点物件，选择菜单栏中的【曲线】|【混接曲线】命令，创建如图 5-86 所示的混接曲线。

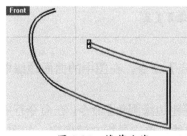

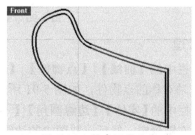

图 5-85 修剪曲线　　　　　　图 5-86 创建混接曲线

⑤ 选择菜单栏中的【编辑】|【组合】命令，将图中的曲线组合为两条闭合的多重曲线，如图 5-87 所示。

⑥ 显示其余的曲面，选择菜单栏中的【实体】|【挤出平面曲线】|【直线】命令，在 Top 正交视图中以刚刚创建的闭合曲线较小的那条，创建挤出曲面，如图 5-88 所示。

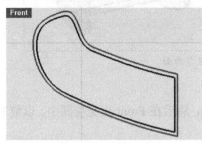

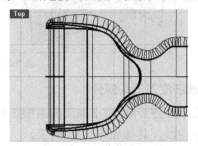

图 5-87　组合曲线　　　　　　　　　　图 5-88　创建挤出曲面

⑦ 选择菜单栏中的【实体】|【挤出平面曲线】|【直线】命令，选取较大的闭合曲线创建一个新的挤出曲面，挤出的长度要比刚才的那个稍长，如图 5-89 所示。

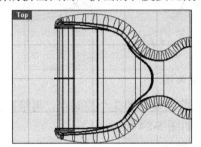

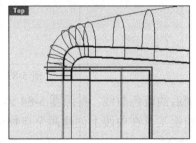

图 5-89　再次创建挤出曲面

⑧ 切换"曲面"图层为当前图层，将挤出后的两个曲面调整到该图层中，并隐藏"曲线"图层。选择菜单栏中的【实体】|【差集】命令，选取刨皮刀主体对象后单击鼠标右键，再选取新创建的挤出曲面后单击鼠标右键，布尔运算差集完成，如图 5-90 所示。

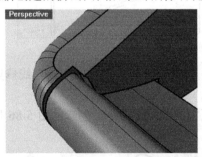

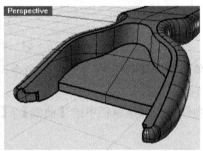

图 5-90　布尔运算差集

3. 圆角处理

① 选择菜单栏中的【曲线】|【点物件】|【单点】命令，在图中的曲面边缘曲线上创建两个关于 X 轴对称的点物件，如图 5-91 所示。

② 选择菜单栏中的【实体】|【边缘圆角】|【不等距边缘圆角】命令，在命令行中输入"0.5"，单击鼠标右键确定，然后选取图中的边缘曲线，单击鼠标右键确定，如图 5-92 所示。

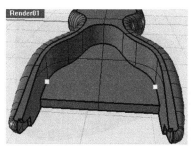

图 5-91　创建点物件

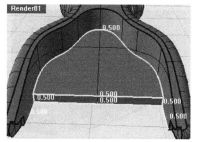

图 5-92　选取图中的边缘曲线

③ 在命令行中选择【新增控制杆】选项，然后使用捕捉工具，在图中的位置新增 3 个控制杆，单击鼠标右键确定，如图 5-93 所示。

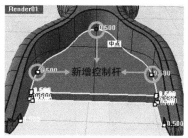

图 5-93　新增控制杆

④ 选择中点处的控制杆，然后在命令行中将圆角半径值修改为"3"，最后单击鼠标右键确定，创建圆角曲面，如图 5-94 所示。

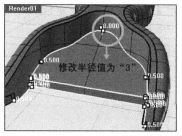

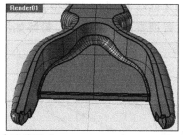

图 5-94　创建边缘圆角

⑤ 与上述类似的方法，在需要控制圆角半径大小的边缘处创建特殊的点物件，然后选择菜单栏中的【实体】|【边缘圆角】|【不等距边缘圆角】命令，添加控制杆，调整中心处圆角大小为"2"，最后单击鼠标右键确定，完成圆角曲面的创建，如图 5-95 所示。

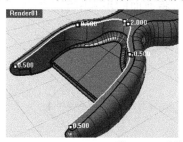

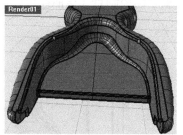

图 5-95　继续创建边缘圆角

⑥ 选择菜单栏中的【实体】|【边缘圆角】|【不等距边缘圆角】命令，将圆角大小设置为"0.2"，选取图中的边缘曲线。连续单击鼠标右键确定，圆角曲面创建完成，如图 5-96 所示。

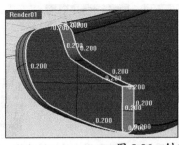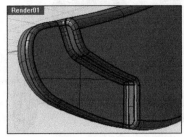

图 5-96　创建边缘圆角曲面

⑦　同样的方法，对另一侧的棱边曲面执行同样的处理，保持圆角大小不变，最终显示所有的曲面，观察圆角处理后的刨皮刀头部效果，如图 5-97 所示。

图 5-97　刨皮刀头部完成

4．构建其他部件

①　新建一个名称为"曲线 02"的图层，并将其设置为当前图层。在 Front 正交视图中选择菜单栏中的【曲线】|【自由造型】|【控制点】命令，创建一条控制点曲线，通过移动控制点的位置调整曲线的形状，最终如图 5-98 所示。

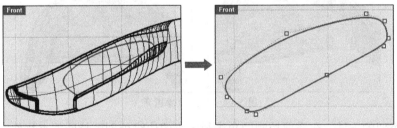

图 5-98　创建曲线

②　选择菜单栏中的【曲线】|【自由造型】|【控制点】命令，在 Top 正交视图中创建一条曲线，并调整它的控制点（该曲线可以通过将前面的步骤中创建的曲线复制得到），如图 5-99 所示。

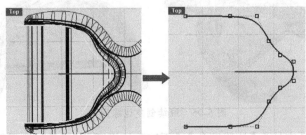

图 5-99　创建控制点曲线

③　选择菜单栏中的【曲面】|【挤出曲线】|【直线】命令，将两条曲线分别挤出创建曲面，

确保创建的两个挤出曲面要完全相交。然后选择菜单栏中的【编辑】|【修剪】命令，对两个曲面进行互相剪切，如图 5-100 所示。

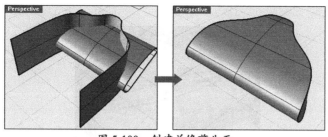

图 5-100 创建并修剪曲面

④ 选择菜单栏中的【编辑】|【组合】命令，将剪切后的两个曲面组合到一起。然后选择菜单栏中的【实体】|【边缘圆角】|【不等距边缘圆角】命令，设置圆角大小为"0.3"，再选取图中的边缘曲线，新增控制杆，并修改中点处控制杆的圆角半径值为"1"。连续单击鼠标右键确定，创建圆角曲面，如图 5-101 所示。

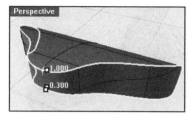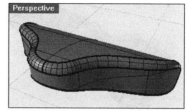

图 5-101 创建边缘圆角

⑤ 选择菜单栏中的【曲线】|【自由造型】|【控制点】命令，在 Front 正交视图中创建一条新的闭合曲线，如图 5-102 所示。

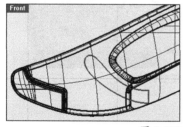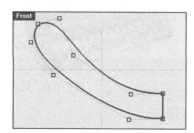

图 5-102 创建曲线

⑥ 选择菜单栏中的【实体】|【挤出平面曲线】|【直线】命令，以新创建的闭合曲线创建一个挤出曲面，如图 5-103 所示。

⑦ 选择菜单栏中的【实体】|【椭圆体】|【从中心点】命令，参考图 5-104 的位置、大小创建一个椭圆体，如图 5-104 所示。

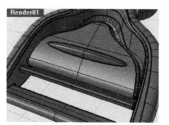

图 5-103 创建挤出曲面　　　　图 5-104 创建椭圆体

⑧ 选择菜单栏中的【编辑】|【修剪】命令，对圆球体以及与其相交的曲面进行修剪，然后选择菜单栏中的【曲面】|【曲面圆角】命令，为相交处创建圆角曲面，如图 5-105 所示。

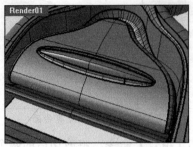

图 5-105　创建圆角曲面

⑨ 其他部件的创建较为简单，可以参考书中附带的光盘文件自行添加，整个刨皮刀完成后的模型如图 5-106 所示。

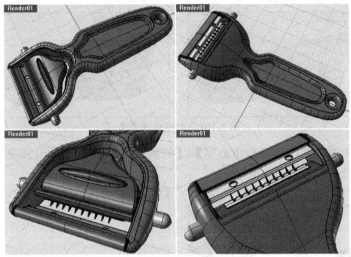

图 5-106　刨皮刀模型创建完成

⑩ 保存结果文件。

CHAPTER 6

曲面操作与编辑

本章导读

曲面操作也是构建模型过程的重要组成部分，在 Rhino 中有多种曲面操作与编辑工具，可以根据需要进行调整，建立更加精确的高质量曲面。

本章主要介绍如何在 Rhino 中进行曲面的各种操作与编辑。这部分内容比较重要，直接关系到模型构建的质量，希望读者认真学习、实践。

项目分解

- ☑ 曲面延伸
- ☑ 曲面倒角
- ☑ 曲面的连接
- ☑ 曲面的偏移
- ☑ 其他曲面编辑工具

扫码看视频

6.1 曲面延伸

在 Rhino 中，曲面并不是固定不变的，也可以像曲线一样进行延伸。

上机操作——延伸曲面

在 Rhino 中，根据输入的延伸参数，延伸未修剪曲面。

① 新建 Rhino 文件。打开本例素材源文件"曲面延伸.3dm"。

② 在【曲面工具】选项卡下单击【延伸曲面】按钮，命令行中会有如下提示：

指令：_ExtendSrf
选取要延伸的曲面边缘（型式(T)=**直线**）：

有 2 种延伸形式：直线和平滑，如图 6-1 所示。

- 【直线】：延伸时呈直线延伸，与原曲面之间位置连续。
- 【平滑】：延伸后与原曲面之间呈曲率连续。

③ 以"直线"的形式，选取要延伸的曲面边缘，如图 6-2 所示。

④ 指定延伸起点和终点，如图 6-3 所示。

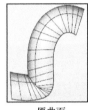
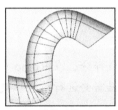
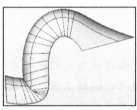

原曲面 　　　　　　　 直线延伸 　　　　　　　 平滑延伸

图 6-1 延伸形式

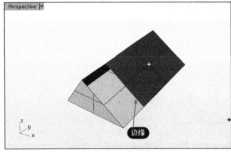
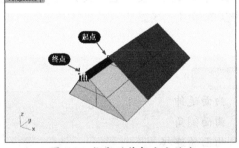

图 6-2 选取曲面边缘 　　　　　　　 图 6-3 指定延伸起点和终点

⑤ 随后自动完成延伸操作，建立的延伸曲面如图 6-4 所示。

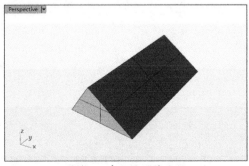

图 6-4 建立的延伸曲面

6.2　曲面倒角

在工程中，为了便于加工制造，零件或产品中的尖锐边需要进行倒角处理，包括倒圆角和倒斜角。在 Rhino 中，曲面倒角是作用在两个曲面之间的，并非是作用在实体边缘的倒角。

6.2.1　曲面圆角

曲面圆角是将两个曲面边缘相接之处或相交之处倒成一个圆角。

上机操作——曲面圆角

① 新建 Rhino 文件。

② 利用【矩形平面：角对角】命令，分别在 Top 视窗和 Front 视窗中绘制 2 个矩形平面，如图 6-5 所示。

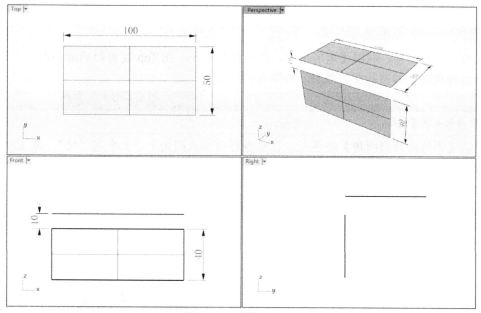

图 6-5　绘制矩形平面

③ 单击【曲面圆角】按钮 ⌒，在命令行中设定圆角半径值 "15"。

④ 选取要建立圆角的第一个曲面和第二个曲面，如图 6-6 所示。

⑤ 随后自动完成曲面圆角倒角操作，如图 6-7 所示。

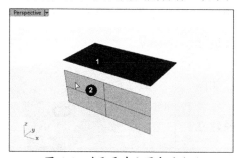

图 6-6　选取要建立圆角的曲面

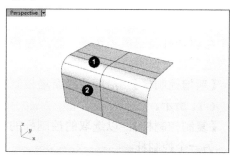

图 6-7　完成曲面圆角倒角操作

若两曲面呈相交状态，则在命令行中选择【修剪】，选择"是"，选取需要保留的部分，曲面倒角就会将不需要的部分修剪掉。选择【分割】，最后所有曲面将被分割成小曲面，如图 6-8 所示。

  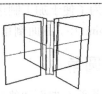

选择修剪结果　　　　　选择不修剪结果　　　　　选择分割效果

图 6-8　是否修剪或分割效果

6.2.2　不等距曲面圆角

【不等距曲面圆角】与【曲面圆角】工具都用于进行曲面间的圆角倒角，通过控制点的控制，可以改变圆角的大小，倒出不等距的圆角。

上机操作——不等距曲面圆角

① 新建 Rhino 文件。利用【矩形平面：角对角】命令，在 Top 视窗和 Front 视窗中绘制两个边缘相接或内部相交的曲面，如图 6-9 所示。

工程点拨：

两个曲面必须有交集。

② 单击【不等距曲面圆角】按钮，在命令行中输入圆角半径大小为"10"，按 Enter 键或单击鼠标右键。

③ 选取要建立不等距圆角的第一个曲面和第二个曲面。

④ 两个曲面之间出现控制杆，如图 6-10 所示。命令行中会有如下提示：

选取要做不等距圆角的第二个曲面（半径 (R)=10）：
选取要编辑的圆角控制杆，按 Enter 完成（新增控制杆 (A) 复制控制杆 (C) 设置全部 (S) 连结控制杆 (L)=否 路径造型 (R)=滚球 修剪并组合 (T)=否 预览 (P)=否）：

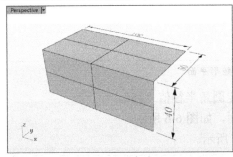 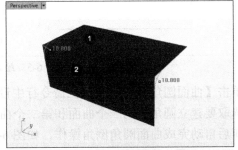

图 6-9　绘制相交曲面　　　　　图 6-10　选取曲面后显示圆角半径及控制点

用户可以选择自己所需选项，输入相应字母进行设置。各选项功能说明如下。

- 【新增控制杆】：沿着边缘新增控制杆，如图 6-11 所示。
- 【复制控制杆】：以选取的控制杆的半径建立另一个控制杆。
- 【移除控制杆】：该选项只有在新增控制杆以

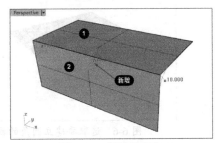

图 6-11　新增控制杆

后才会出现。

- 【设置全部】：设置全部控制杆的半径。
- 【连结控制杆】：调整控制杆时，其他控制杆会以同样的比例调整。
- 【路径造型】：有 3 种不同的路径造型可以选择，如图 6-12 所示。
  - ➢ 【与边缘距离】：以建立圆角的边缘至圆角曲面边缘的距离决定曲面修剪路径。
  - ➢ 【滚球】：以滚球的半径决定曲面修剪路径。
  - ➢ 【路径间距】：以圆角曲面两侧边缘的间距决定曲面修剪路径。

图 6-12　不同路径造型效果

- 【修剪并组合】：选择是否修剪倒角后的多余部分，如图 6-13 所示。

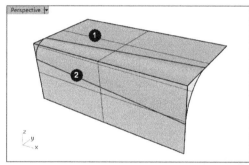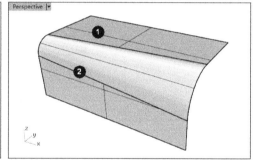

图 6-13　是否修剪与组合

- 【预览】：可以预览最终的倒角效果。

⑤ 单击右侧控制杆的控制点，然后拖动控制杆或者在命令行中输入新的半径值为 "20"，确认后按 Enter 键或单击鼠标右键，如图 6-14 所示。

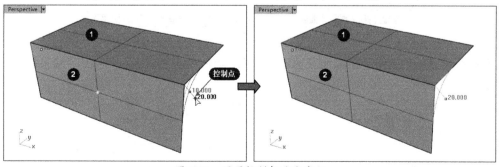

图 6-14　设置控制杆改变半径

⑥ 设置【修剪并组合】选项为 "是"，最后单击鼠标右键完成不等距曲面圆角的操作，结果如图 6-15 所示。

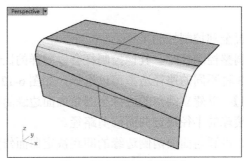

图 6-15　不等距曲面圆角

6.2.3　曲面斜角

曲面斜角与曲面圆角作用、性质一样，只是曲面斜角所倒出的角是平面切角，而非圆角。

上机操作——曲面倒斜角

① 新建 Rhino 文件。利用【矩形平面：角对角】命令，在 Top 视窗和 Front 视窗中绘制两个边缘相接或内部相交的曲面，如图 6-16 所示。

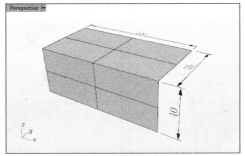

图 6-16　绘制相交曲面

② 单击【曲面斜角】按钮，在命令行中设置两个斜角距离值为"10,10"，并按 Enter 键或单击鼠标右键确认，如图 6-17 所示。

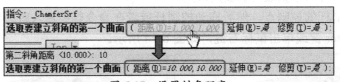

图 6-17　设置斜角距离

③ 选取要建立斜角的第一个曲面和第二个曲面，随后自动完成倒斜角操作，结果如图 6-18 所示。

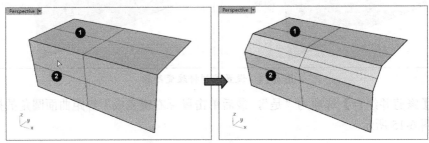

图 6-18　完成曲面倒斜角操作

工程点拨：

与曲面圆角一样，在命令行中选择【修剪】，选择"是"，选取需要保留的部分，曲面倒角就会将不需要的部分修剪掉。选择【分割】，最后所有曲面将被分割成小曲面，如图 6-19 所示。

选择修剪结果

选择不修剪结果

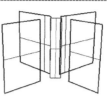
选择分割结果

图 6-19　是否修剪或分割效果

6.2.4　不等距曲面斜角

在 Rhino 中，【不等距曲面斜角】与【曲面斜角】工具都用于进行曲面间的斜角倒角，通过控制点的控制，可以改变斜角的大小，倒出不等距的斜角。

上机操作——不等距曲面倒斜角

① 新建 Rhino 文件。利用【矩形平面：角对角】命令，在 Top 视窗和 Front 视窗中绘制两个边缘相接或内部相交的曲面，如图 6-20 所示。

② 单击【不等距曲面斜角】按钮，在命令行中设置斜角距离为"10"，按 Enter 键或单击鼠标右键确认。

③ 选取要建立不等距斜角的第一个曲面与第二个曲面。两个曲面之间显示控制杆，如图 6-21 所示。

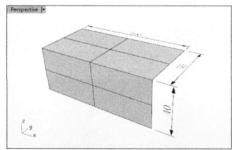
图 6-20　绘制相交曲面

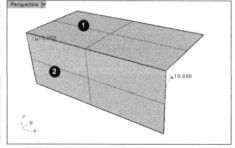
图 6-21　选取要建立斜角的曲面

④ 单击控制杆上的控制点，设置新的斜角距离值为"20"，如图 6-22 所示。

⑤ 设置【修剪并组合】选项为"是"，最后单击鼠标右键或按 Enter 键完成倒斜角操作，如图 6-23 所示。

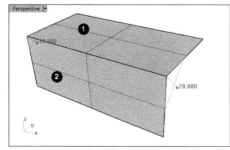
图 6-22　修改斜角距离值

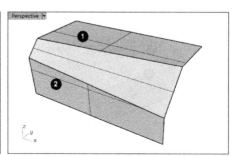
图 6-23　完成倒斜角操作

6.3　曲面的连接

简单来说，两个曲面之间可以通过一系列的操作连接起来，生成新的曲面或连接成完整曲面。前面介绍的曲面倒角工具也是曲面连接中最简单的操作工具。下面介绍其他连接曲面的工具。

6.3.1　连接曲面

在 Rhino 中，连接曲面是曲面间连接方式的一种，值得注意的是，【连接曲面】工具连接两曲面间的部分是以直线延伸，而不是有弧度的曲面。

上机操作——连接曲面

① 新建 Rhino 文件。利用【矩形平面：角对角】命令，在 Top 视窗和 Front 视窗中绘制两个边缘相接或内部相交的曲面，如图 6-24 所示。

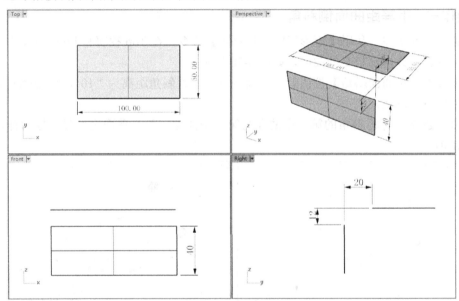

图 6-24　绘制相交曲面

② 单击【连接曲面】按钮 ，选取要连接的第一个曲面，选取要连接的第二个曲面，如图 6-25 所示。

③ 随后自动完成两曲面之间的连接，结果如图 6-26 所示。

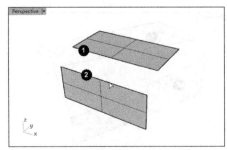 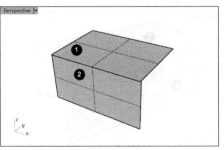

图 6-25　选取要连接的曲面边缘　　　　图 6-26　连接曲面

工程点拨：

如果某一曲面的边缘超出了另一曲面的延伸范围，那么将自动修剪超出的那部分曲面，如图 6-27 所示。

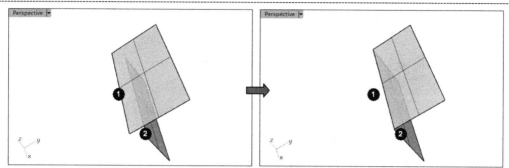

图 6-27　修剪超出延伸范围的曲面

6.3.2　混接曲面

在 Rhino 中，若想使两个曲面之间的连接更加符合用户的要求，则可通过【混接曲面】工具来进行两个曲面之间的混接，使两个曲面之间建立平滑的混接曲面。

单击【混接曲面】按钮🗘，命令行显示如下提示：

```
指令: _BlendSrf
选取第一个边缘的第一段 ( 自动连锁(A)=否  连锁连续性(C)=相切  方向(D)=两方向  接缝公差(G)=0.001  角度公差(N)=1 ):
```

各选项含义如下。

- 【自动连锁】：选取一条曲线或曲面边缘可以自动选取所有与它以【连锁连续性】选项设置的连续性相接的线段。
- 【连锁连续性】：设置【自动连锁】选项使用的连续性。
- 【方向】：延伸的正负方向和两个方向同时延伸。
- 【接缝公差】：曲面相接时的缝合公差。
- 【角度公差】：曲面相接时的角度公差。

如果第一个边缘由多段边组合，那么应继续选取，如果仅有一段，则按 Enter 键确认，再选取第二个边缘。两个要混接的边缘选取完成后，会弹出如图 6-28 所示的【调整曲面混接】对话框。

对话框中各选项含义如下。

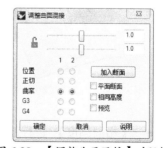

图 6-28　【调整曲面混接】对话框

- 【解开锁定】🔓：此图标为解开锁定标志，解开锁定后可以单独拖动滑杆来调节单侧曲面的转折大小。
- 【锁定】🔒：单击🔒图标，将其改变为🔒。此图标为锁定标志，锁定后拖动滑杆将同时更改两侧曲面的转折大小。
- ─────⎕─────：用来改变曲面转折大小的、可拖动的滑杆，如图 6-29 所示。
- 【位置】、【正切】、【曲率】、【G3】、【G4】：可以单选单侧的连续性选项，也可以同时选择两侧的连续性选项。

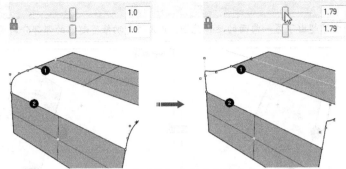

图 6-29　拖动滑杆改变曲面转折大小

- 【加入断面】：加入额外的断面控制混接曲面的形状。当混接曲面过于扭曲时，用户可以使用该功能控制混接曲面更多位置的形状。例如，在混接曲面的两侧边缘上各指定一个点加入控制断面，如图 6-30 所示。

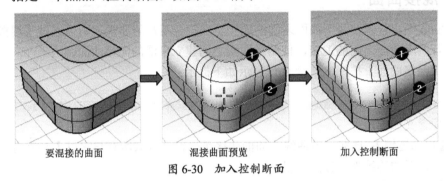

要混接的曲面　　　　　混接曲面预览　　　　　加入控制断面

图 6-30　加入控制断面

- 【平面断面】：强迫混接曲面的所有断面为平面，并与指定的方向平行，如图 6-31 所示。

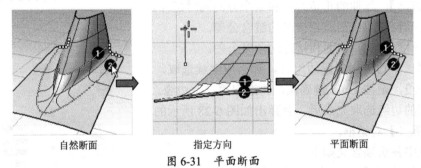

自然断面　　　　　指定方向　　　　　平面断面

图 6-31　平面断面

- 【相同高度】：进行混接的两个曲面边缘之间的距离有变化时，该选项可以让混接曲面的高度维持不变，如图 6-32 所示。

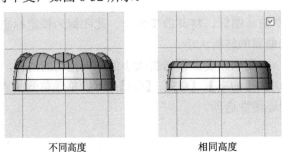

不同高度　　　　　相同高度

图 6-32　混接曲面的高度

上机操作——混接曲面

① 新建 Rhino 文件。打开本例素材源文件"混接.3dm"。

② 单击【混接曲面】按钮，选取第一个边缘的第一段，选取后要选择命令行中的【下一个】选项或者【全部】选项，才可以继续选择第一个边缘的第二段，如图 6-33 所示。按 Enter 键确认。

> **工程点拨：**
>
> 　　并不是多重曲面左侧的整个边缘都会被选取，而是只有用户选取的一小段边缘会被选取。【全部】选项可以用于选取所有与已选边缘"相同或高于连锁连续性"相连的边缘，而【下一个】选项只会选取下一个与之相连的边缘。

③ 选取第二个边缘的第一段，如图 6-34 所示。

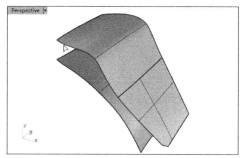

图 6-33　选取第一个边缘

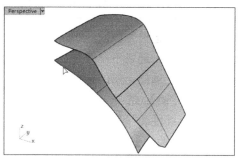

图 6-34　选取第二个边缘

④ 保留对话框中的默认设置，单击【确定】按钮完成混接曲面的建立，如图 6-35 所示。

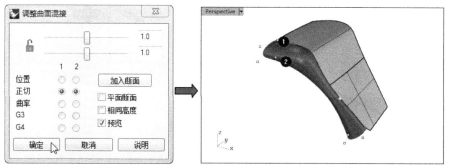

图 6-35　建立混接曲面

6.3.3　不等距曲面混接

　　【不等距曲面混接】命令用于在两个曲面之间建立不等距的混接曲面，修剪原来的曲面，并将曲面组合在一起。【不等距曲面混接】命令按钮与【不等距曲面圆角】命令按钮是同一个，两个命令产生的结果都是一样的。只是【不等距曲面混接】命令用于建立混接曲面并修剪原来的曲面，而【不等距曲面圆角】用于建立不等距的圆角曲面。

6.3.4　衔接曲面

　　【衔接曲面】命令用来调整曲面的边缘与其他曲面形成位置、正切或曲率连续。【衔接曲面】并非在两曲面之间对接，这也是其与【混接曲面】和【连接曲面】的不同之处。

　　单击【衔接曲面】按钮，命令行显示如下提示。

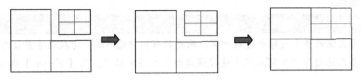

指令：_MatchSrf

选取要改变的未修剪曲面边缘（多重衔接(M)）：

- 【选取要改变的未修剪曲面边缘】：意思是作为衔接参考的曲面，此曲面不被修剪。
- 【多重衔接】：选择该选项可以同时衔接一个以上的边缘，也可以通过在【衔接曲面】按钮⬚上单击鼠标右键来执行，如图 6-36 所示。

图 6-36　多重衔接

选取要改变的未修剪曲面边缘与要进行衔接的边缘后，命令行显示如下提示：

选取要衔接至的下一段边缘，按 Enter 完成（复原(U) 下一个(N) 全部(A) 自动连锁(C)=否 连锁连续性(C)=相切 方向(D)=两方向 接缝公差(G)=0.001 角度公差(L)=1）：

- 【复原】：选择复原回至上一个步骤。
- 【下一个】：选取下一个边缘加入衔接。
- 【全部】：选择全部的衔接边缘。
- 【自动连锁】：选择一个曲面的边缘可以自动选取所有与其以【连锁连续性】选项设置的连续性相接的线段。
- 【连锁连续性】：选择曲面衔接的方式分为位置、相切、曲率 3 种，如图 6-37 所示。

按 Enter 键后，弹出【衔接曲面】对话框，如图 6-38 所示。

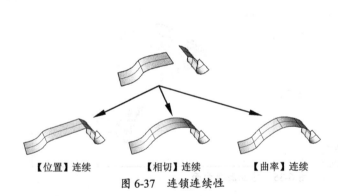

【位置】连续　　　【相切】连续　　　【曲率】连续

图 6-37　连锁连续性

图 6-38　【衔接曲面】对话框

对话框中各选项含义如下。

- 【连续性】：衔接曲面的连续性设置。
- 【维持另一端】：作为衔接参考的一端。
- 【互相衔接】：勾选此复选框，两端同时衔接，如图 6-39 所示为一端衔接和两端相互衔接。
- 【以最接近点衔接边缘】：此选项对于两曲面边缘长短不一的情况较为有用。正常的衔接是短边两个端点与长边两个端点对齐衔接，而勾选此选项后，是将短边直接拉出至长边进行投影衔接，如图 6-40 所示。

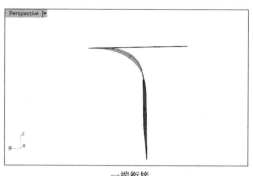

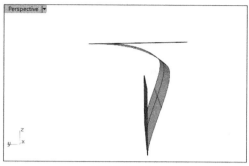

一端衔接   两端相互衔接

图 6-39   衔接示意图

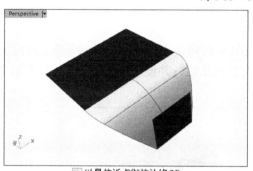

☐ 以最接近点衔接边缘(M)   ☑ 以最接近点衔接边缘(M)

图 6-40   以最接近点衔接边缘

● 【精确衔接】：检查两个曲面衔接后边缘的误差是否小于设置的公差，必要时会在变更的曲面上加入更多的结构线（节点），使两个曲面衔接边缘的误差小于设置的公差。

● 【结构线方向调整】：设置衔接时曲面结构线的方向如何变化。

上机操作——衔接曲面

① 新建 Rhino 文件。打开本例素材源文件"衔接.3dm"，如图 6-41 所示。

② 单击【衔接曲面】按钮🖵，然后选取未修剪一端的曲面边缘①和要衔接的曲面边缘②，如图 6-42 所示。

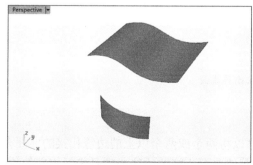

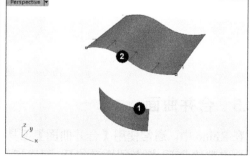

图 6-41   打开的源文件   图 6-42   选取要进行衔接的边缘

③ 单击鼠标右键后弹出【衔接曲面】对话框。同时显示衔接曲面预览，如图 6-43 所示。

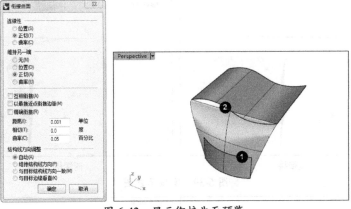

图 6-43　显示衔接曲面预览

④　从预览中可以看出，默认生成的衔接曲面无法同时满足两侧曲面的连接条件。此时需要在对话框中设置【精确衔接】选项。勾选此复选框后，并设置【距离】、【相切】和【曲率】后，得到如图 6-44 所示的预览效果。

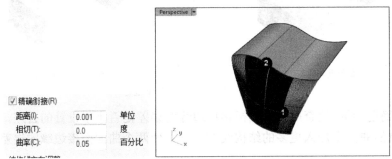

图 6-44　设置【精确衔接】后的预览效果

⑤　单击【确定】按钮完成衔接曲面的建立，如图 6-45 所示。

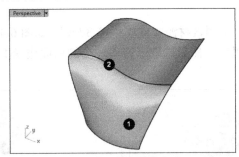

图 6-45　建立衔接曲面

6.3.5　合并曲面

在 Rhino 中，通常使用【合并曲面】工具可以将两个或两个以上的边缘相接的曲面合并成一个完整的曲面。但必须注意的是，要进行合并的曲面相接的边缘必须是未经修剪的边缘。

单击【合并曲面】按钮 ，命令行显示如下提示：

选取一对要合并的曲面（平滑(S)=是　公差(T)=0.001　圆度(R)=1）：

● 【平滑】：平滑地合并两个曲面，合并以后的曲面比较适合以控制点调整，但曲面会有较大的变形。

- 【公差】：适当调整公差可以合并看起来有缝隙的曲面。比如，两个曲面间有 0.1 的缝隙距离，如果按默认的公差进行合并，则命令行会提示"边缘距离太远无法合并"，如图 6-46 所示。如果将公差设置为 0.1，那么就成功合并了，如图 6-47 所示。

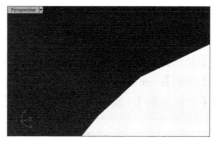

图 6-46　公差小不能合并有缝隙的曲面　　　　图 6-47　调整公差后能合并有缝隙的曲面

- 【圆度】：合并后会自动在曲面间以圆弧过渡，圆度越大越光顺。圆度值在 0.1～1.0 之间。

工程点拨：
进行合并的两个曲面不仅要曲面相接，而且边缘必须对齐。

6.4　曲面的偏移

在 Rhino 中，通过设置偏移距离以及偏移方向可以将曲面进行偏移，其中包含【偏移曲面】和【不等距偏移曲面】两种。

下面来分别介绍这两种曲面偏移工具。

6.4.1　偏移曲面

【偏移曲面】命令用于等距离进行偏移、复制曲面。偏移曲面可以得到曲面，还可以得到实体。单击【偏移曲面】按钮 ，选取要偏移的曲面或多重曲面，按 Enter 键或单击鼠标右键确认。此时命令行会有如下提示：

选取要反转方向的物件，按 Enter 完成（距离(D)=5 角(C)=圆角 实体(S)=是 松弛(L)=否 公差(T)=0.001 两侧(B)=否 删除输入物件(I)=否 全部反转(F)）：

用户可以选择自己所需选项，输入相应字母进行设置。

各选项功能说明如下。

- 【距离】：设置偏移的距离。

工程点拨：
①正数的偏移距离是往箭头的方向偏移，负数是往箭头的反方向偏移。②平面、环状体、球体、开放的圆柱曲面或开放的圆锥曲面偏移的结果不会有误差，自由造型曲面偏移后的误差会小于公差选项的设置值。

- 【角】：向外创建偏移时，转角曲面的转角处产生"圆角"（G1 相切连续）或是"锐角"（G0 相接连续）。
- 【实体】：以原来的曲面和偏移后的曲面边缘放样并组合成封闭的实体，如图 6-48 所示。

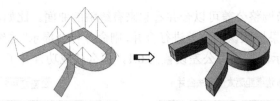

图 6-48 实体偏移曲面

- 【松弛】：偏移后的曲面的结构和原来的曲面相同。
- 【公差】：设置偏移曲面的公差，输入 0 为使用预设公差。
- 【两侧】：曲面向两侧同时偏移复制，视窗中将出现 3 个曲面。
- 【全部反转】：反转所有选取的曲面的偏移方向，如图 6-49 所示。

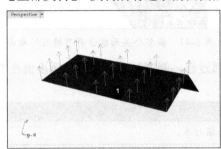 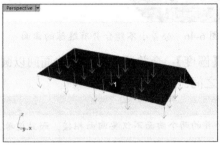

图 6-49 全部反转偏移方向

上机操作——偏移曲面

① 新建 Rhino 文件。

② 在菜单栏中选择【实体】|【文字】命令，打开【文本物件】对话框。在对话框中输入 "Rhino 6.0" 字样，然后设置文本样式，设置为 "曲面"，单击【确定】按钮，在 Front 视窗中放置文字，如图 6-50 所示。

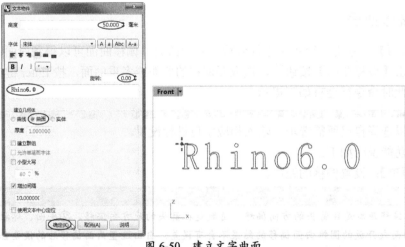

图 6-50 建立文字曲面

工程点拨：

第一次打开【文本物件】对话框时，要将对话框向下拖动变长，使文本框完全显示出来。不然无法输入文字。

③ 单击【偏移曲面】按钮，然后选择视窗中的文字曲面，并单击鼠标右键确认，可以预

览偏移方向，如图 6-51 所示。

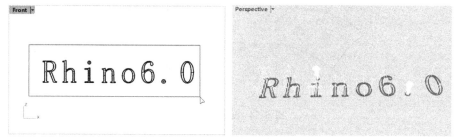

图 6-51　选择要偏移的曲面并预览

④　在命令行中设置距离为"10"，并设置【实体=是】选项，最后单击鼠标右键完成偏移曲面的建立，如图 6-52 所示。

图 6-52　建立偏移曲面

6.4.2　不等距偏移曲面

以不等的距离偏移复制一个曲面，与等距偏移的区别在于该命令能够通过控制杆调节两曲面间的距离。

单击【不等距偏移】按钮，选取要偏移的曲面，命令行中会出现如下提示：

选取要做不等距偏移的曲面（公差(T)=0.1）：
选取要移动的点，按 Enter 完成（公差(T)=0.1 反转(F) 设置全部(S)=1 连结控制杆(L) 新增控制杆(A) 边相切(T)）：

各选项功能说明如下。

- 【公差】：用于设置这个命令使用的公差。
- 【反转】：反转曲面的偏移方向，使曲面往反方向偏移。
- 【设置全部】：设置全部控制杆为相同距离，效果等同于等距离偏移曲面，如图 6-53 所示。

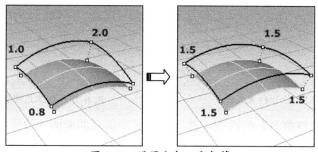

图 6-53　设置全部距离相等

- 【连结控制杆】：以同样的比例调整所有控制杆的距离，如图 6-54 所示。

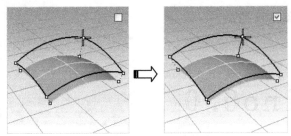

图 6-54　连结控制杆

- 【新增控制杆】：加入一个调整偏移距离的控制杆，如图 6-55 所示。

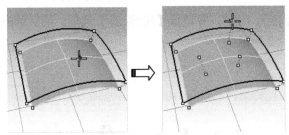

图 6-55　新增控制杆

- 【边相切】：维持偏移曲面边缘的相切方向和原来的曲面一致，如图 6-56 所示。

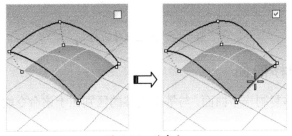

图 6-56　边相切

上机操作——不等距偏移曲面

① 新建 Rhino 文件。打开本例源文件"不等距偏移.3dm"，如图 6-57 所示。

② 利用【以二、三或四条边缘建立曲面】命令，建立边缘曲面，如图 6-58 所示。

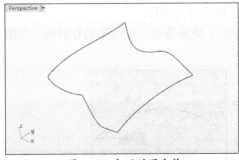

图 6-57　打开的源文件

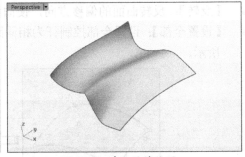

图 6-58　建立边缘曲面

③ 单击【不等距偏移曲面】按钮，选取要不等距偏移的曲面（边缘曲面），视窗中显示预览，如图 6-59 所示。

④ 选取要移动的控制点，如图 6-60 所示。

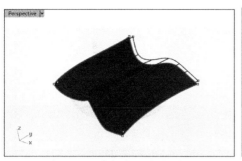
图 6-59 选取要偏移的曲面

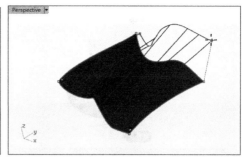
图 6-60 选取要移动的控制点

⑤ 单击鼠标右键完成不等距偏移曲面的建立，如图 6-61 所示。

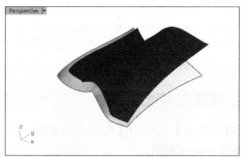
图 6-61 建立不等距偏移曲面

6.5 其他曲面编辑工具

【曲面工具】选项卡中还有几个曲面编辑工具，可以帮助用户快速建模。

6.5.1 设置曲面的正切方向

【设置曲面的正切方向】命令用来修改曲面未修剪边缘的正切方向。

上机操作——设置曲面的正切方向

① 新建 Rhino 文件。打开本例源文件"修改正切方向.3dm"，如图 6-62 所示。
② 单击【设置曲面的正切方向】按钮，然后选取未修剪的外露边缘，如图 6-63 所示。

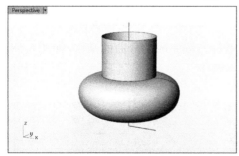
图 6-62 打开的源文件

图 6-63 选取未修剪的外露边缘

③ 选取正切方向的基准点和方向的第二点，如图 6-64 所示。
④ 完成修改，结果如图 6-65 所示。

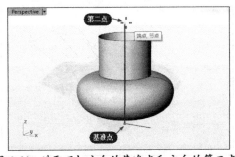

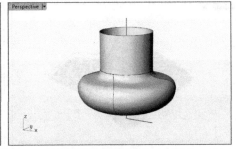

图 6-64　选取正切方向的基准点和方向的第二点　　　　图 6-65　完成曲面正切修改

6.5.2　对称

　　【对称】命令与【曲线工具】选项卡中的【对称】命令是同一命令，镜像曲线或曲面，使两侧的曲线或曲面正切，当编辑一侧的物件时，另一侧的物件会做对称性的改变。

　　执行此命令时必须在窗口底部的状态栏中开启【建构历史设定】功能。

6.5.3　在两个曲面之间建立均分曲面

　　【在两个曲面之间建立均分曲面】命令与【曲线工具】选项卡下的【在两条曲线之间建立均分曲线】命令类似，操作方法也相同。

上机操作——在两个曲面之间建立均分曲面

① 新建 Rhino 文件。

② 利用【矩形平面：角对角】命令建立两个平面曲面，如图 6-66 所示。

③ 单击【在两个曲面之间建立均分曲面】按钮，然后选取起点曲面和终点曲面，随后显示默认的曲面预览，如图 6-67 所示。

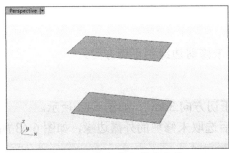

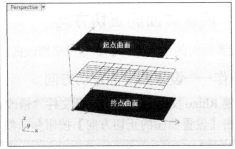

图 6-66　建立两个平面曲面　　　　　　图 6-67　选取起点曲面和终点曲面

④ 在命令行中设置曲面的数目为 3，最后单击鼠标右键完成均分曲面操作，如图 6-68 所示。

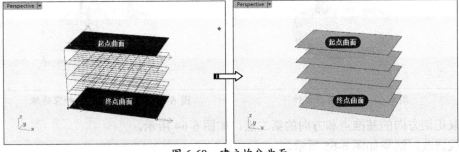

图 6-68　建立均分曲面

6.6　实战案例——太阳能手电筒造型设计

　　太阳能手电筒的结构比较简洁,但是涉及许多曲面的细节处理,需要较高的精确度,并且恰当选择建模方式也可以达到事半功倍的效果。

　　太阳能手电筒的最终效果图与平面多视窗如图 6-69 和图 6-70 所示。

图 6-69　最终效果图

图 6-70　平面多视窗

　　为方便读者理解和操作,将太阳能手电筒的建模流程大致分为 3 个步骤:构建灯头部分、构建中间壳体部分及构建尾钩部分。其建模设计流程如图 6-71 所示。

（1）构建灯头部分

（2）构建壳体部分

（3）构建尾钩部分

图 6-71　建模流程图

6.6.1　构建灯头部分

　　灯头部分的构建是该产品建模的关键,这部分的曲面变化较多。具体操作如下。

①　启动 Rhino 6.0。

②　在菜单栏中选择【查看】|【背景图】|【放置】命令,弹出【打开位图】对话框。打开本例源文件下的 "top.png" "back.png" "right.png" 图片文件,导入各相应视窗中,接下来使用【背景图】中的【移动】【对齐】【缩放】等命令将图片调整至合适大小及位置,如图 6-72 所示。

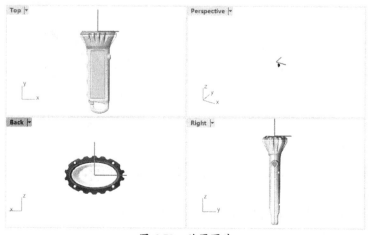

图 6-72　放置图片

③ 在窗口右边【图层】面板◎中新建 4 个图层，分别为 "line" "灯头" "中间部分" "尾钩"
图层，以便于管理各个部分的建模。

④ 参考 Back 视窗底图绘制灯头处的两个椭圆，如图 6-73 所示。调整椭圆曲线至适当位置，
注意在 Top 视窗中保证椭圆曲线的平行，如图 6-74 所示。

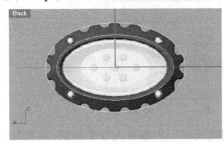 

图 6-73 绘制椭圆   图 6-74 调整位置

⑤ 激活☑四分点捕捉，在【曲面工具】选项卡下左边栏中单击【放样】按钮◙，依次选取
两条曲线，单击鼠标右键确定，效果如图 6-75 所示。

⑥ 选择外侧椭圆曲线，原地复制一份，在 Top 视窗中调整至合适位置，如图 6-76 所示。
再利用【放样】工具◙生成曲面，结果如图 6-77 所示。

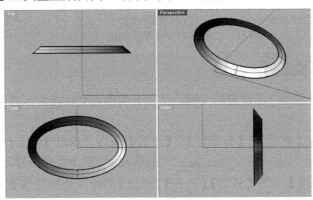

图 6-75 曲线放样

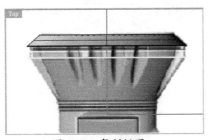 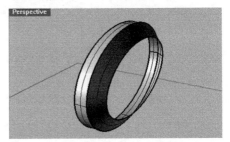

图 6-76 复制椭圆   图 6-77 曲面放样

⑦ 将 Back 视窗切换为 Front 视窗。导入源文件夹中的 "front.jpg" 图片，参照步骤①将图
调整到合适位置。

⑧ 参考 Front 视窗绘制椭圆，如图 6-78 所示，并调整到适当位置。如图 6-79 所示，利用
【放样】工具◙创建放样曲面。

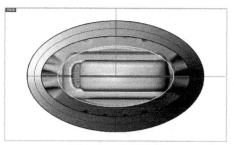

图 6-78　绘制椭圆

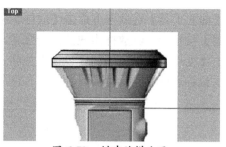

图 6-79　创建放样曲面

⑨　单击【曲面圆角】按钮🔘，选择相邻曲面，如图 6-80 所示。在命令行中输入"1.5"，按 Enter 键确定，完成倒圆角操作，如图 6-81 所示。

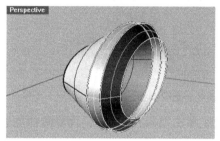

图 6-80　选取曲面

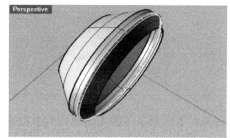

图 6-81　生成曲面圆角

⑩　单击左边栏中的【挤出封闭的平面曲线】按钮🔲，选取边界曲线，如图 6-82 所示。

⑪　单击鼠标右键确定，通过挤压生成实体，如图 6-83 所示。单击左边栏中的【组合】按钮🔳，合并前面所建的曲面。

⑫　在【实体工具】选项卡下单击【将平面洞加盖】按钮🔲，创建加盖曲面。然后利用【可见性】选项卡下的【隐藏物件】工具💡，将其隐藏。

图 6-82　选取边界曲线

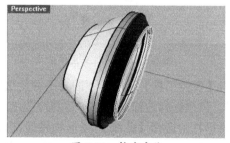

图 6-83　挤出实体

⑬　参考 Back 视窗底图绘制椭圆，如图 6-84 所示。在 Top 视窗中调整位置，大的椭圆在上，小的椭圆在下，如图 6-85 所示，作为灯头凹槽。

图 6-84　绘制椭圆

图 6-85　调整位置

⑭ 在【曲面工具】选项卡下单击【放样】按钮▢，依次放样对应的椭圆。单击【将平面洞加盖】按钮▢，给放样生成的圆管加盖，如图 6-86 所示。

⑮ 单击【变动】选项卡下的【镜像】按钮▢，在 **Top** 视窗中单击选择刚绘制的上部圆管，单击鼠标右键确定，生成对称的下部圆管。

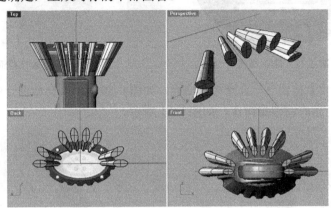

图 6-86　放样生成曲面并给圆管加盖

⑯ 在【可见性】选项卡下的【隐藏物件】按钮▢上单击鼠标右键，将前面隐藏的加盖曲面显示。

⑰ 单击【实体工具】选项卡下的【布尔运算差集】按钮▢，选择灯头主体曲面，如图 6-87 所示，单击鼠标右键确定。再分别选择圆管，单击鼠标右键确定，如图 6-88 所示。

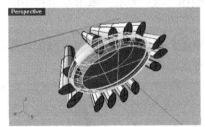 

图 6-87　选择灯头主体曲面　　　　　图 6-88　选择圆管进行布尔运算差集

⑱ 单击【实体工具】选项卡下的【不等距边缘圆角】按钮▢，在命令行中设置圆角半径为"1"，依次选择边缘，对布尔运算产生的凸槽进行圆角处理，如图 6-89 所示。

⑲ 在菜单栏中选择【曲线】|【从物件建立曲线】|【复制边框】命令▢，选取要复制其边线的曲面，单击鼠标右键确定，得到边界曲线，如图 6-90 所示。

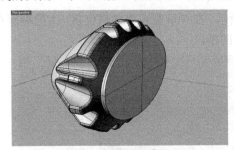 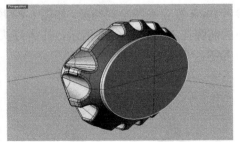

图 6-89　进行圆角处理　　　　　　图 6-90　建立边界曲线

⑳ 在【曲线工具】选项卡下单击【偏移曲线】按钮▢，选择上面的边界曲线，向里偏移 3 个单位的距离，再对偏移后的曲线向里偏移 4 个单位的距离，得到如图 6-91 所示的两

条偏移曲线。

㉑　在 Top 视窗中，将里面的曲线垂直向下移动一定的距离，如图 6-92 所示。

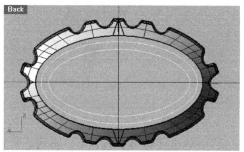

图 6-91　偏移曲线

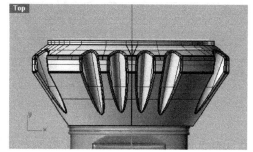

图 6-92　调整曲线位置

㉒　单击【曲面工具】选项卡下的【放样】按钮，分别单击步骤 ⑳ 中得到的两条偏移曲线，生成环状曲面，并将放样得到的曲面加盖，如图 6-93 所示。

㉓　单击【布尔运算差集】按钮，依次选取灯头主体曲面及步骤㉒中的加盖实体，单击鼠标右键确定。然后对布尔运算后的实体边缘进行圆角处理，圆角半径为"1"，如图 6-94 所示。

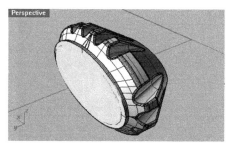

图 6-93　创建放样并进行平面洞加盖

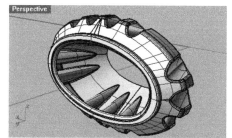

图 6-94　布尔运算及边缘圆角处理

㉔　将上述灯头外壳全部隐藏。参考 Back 视窗绘制两个椭圆，如图 6-95 所示，并调整到合适的位置，如图 6-96 所示。

图 6-95　绘制椭圆

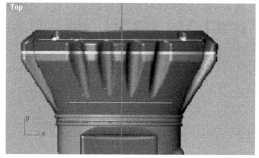

图 6-96　调整位置

㉕　单击【放样】按钮。分别选取上述得到的两条曲线，单击鼠标右键确定。将得到的曲面加盖。

㉖　选择得到的实体，原地复制加盖的曲面，在 Top 视窗中，按住 Shift 键把复制得到的实体向上移动一段距离，如图 6-97 所示。

㉗　单击【实体工具】选项卡下的【布尔运算差集】按钮，选取原来的实体，再选取复制得到的实体，完成布尔运算，结果如图 6-98 所示。

图 6-97　复制实体并移动

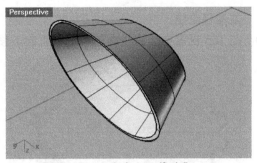

图 6-98　完成布尔运算差集

㉘ 在 Top 视窗中，在【实体工具】选项卡下左边栏中单击【球体】按钮◎。将球心位置设置在灯罩中心点处，在命令行中输入半径"2.8"，并将球体移到如图 6-99 所示位置。

㉙ 重复上一步的操作。勾选下方【中心点】物件锁点，在【曲线工具】选项卡下的左边栏中单击【圆：中心点、半径】按钮◎，捕捉新球体的球心，在 Top 视窗中绘制圆，在任务栏中输入圆心半径"2.8"，单击鼠标右键确定。

㉚ 选择曲线圆，在【实体工具】选项卡下单击【挤出封闭的平面曲线】按钮◎。在 Top 视窗中向下拉一定的距离，生成圆柱实体，如图 6-100 所示。

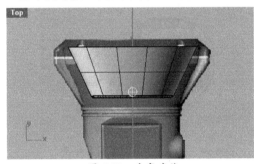

图 6-99　生成球体

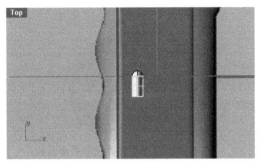

图 6-100　挤出实体

㉛ 单击【布尔运算并集】按钮◎，将球体与圆柱实体合并。将合并后的实体复制 6 份，并将复制后的实体移动到合适的位置。选择这 6 个实体，在菜单栏中选择【编辑】|【群组】|【群组】命令，创建群组，如图 6-101 所示。

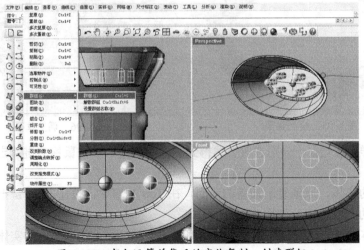

图 6-101　布尔运算并集后的实体复制，创建群组

㉜ 在【隐藏物件】按钮上单击鼠标右键，将隐藏的灯头壳体显示出来。然后在菜单栏中选择【曲线】|【从物件建立曲线】|【复制边缘】命令，选取曲面边缘，单击鼠标右键确定，将边缘曲线提取出来，如图 6-102 所示，并将该曲线向下移动一个单位，如图 6-103 所示。

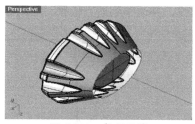
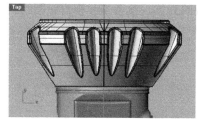

图 6-102　复制边缘　　　　图 6-103　移动边缘曲线

㉝ 在【实体工具】选项卡下选择【圆管】命令，选取曲线，在命令行中输入"1"，单击鼠标右键确定。将生成的圆管复制两份，向下移动适当的距离，完成灯头部分制作，如图 6-104 所示。

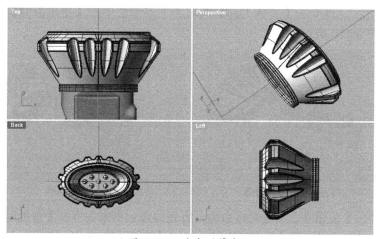

图 6-104　生成圆管实体

6.6.2　构建中间壳体部分

中间壳体部分是一个具有渐变效果的实体，接近灯头部位的一端为椭圆形态，而灯尾一端则为类似矩形形态。另外，采用【布尔运算差集】命令对手电筒一侧的起伏状曲面的构建，也比较好地体现了这一命令的优势所在。具体操作如下。

① 接上例。参考 Front 视窗底图绘制尾部曲线，并调整到适当位置，如图 6-105 所示。隐藏灯头圆管，提取灯头壳体边缘曲线。在【曲线工具】选项卡下左边栏中单击【控制点曲线】按钮，分别在椭圆曲线和尾部曲线对应位置绘制 4 条截面线，如图 6-106 所示。

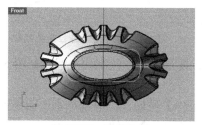
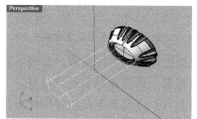

图 6-105　绘制曲线　　　　图 6-106　绘制截面线

② 在【曲面工具】选项卡下单击【双轨扫掠】按钮，依次选择两侧的曲线及4条截面线，单击鼠标右键确定，如图6-107所示。再利用【实体工具】选项卡下的【将平面洞加盖】工具将其加盖，生成实体。

③ 隐藏生成的壳体。参考Top视窗底图绘制曲线，并调整到适当位置，如图6-108所示。

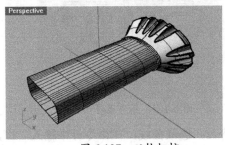
图 6-107　双轨扫掠

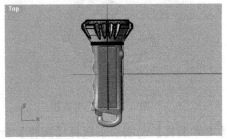
图 6-108　绘制曲线

④ 选择曲线，在【曲面工具】选项卡下左边栏中单击【直线挤出】按钮，生成曲面如图6-109所示。再单击【实体工具】选项卡下左边栏中的【挤出曲面】按钮，生成的实体如图6-110所示。

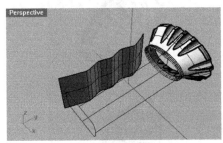
图 6-109　挤出曲面

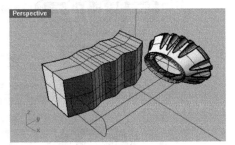
图 6-110　挤出实体

⑤ 在【隐藏物件】按钮上单击鼠标右键，将壳体显示出来。单击【布尔运算差集】按钮，选取加盖的实体，再选取挤出的实体，单击鼠标右键确定，完成布尔运算，结果如图6-111所示。

⑥ 在【实体工具】选项卡下单击【不等距边缘圆角】按钮，在命令行中设置圆角半径为"3"，选择侧边缘，单击鼠标右键确定，效果如图6-112所示。

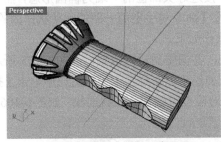
图 6-111　布尔运算差集

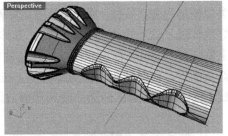
图 6-112　对边缘进行圆角处理

⑦ 将边缘圆角处理后的实体隐藏。参考Right视窗的底图绘制两个圆，如图6-113所示。参照Top视窗，将圆调整到适当位置。

⑧ 在【曲面工具】选项卡下左边栏中单击【放样】按钮，分别单击上面得到的两个圆，单击鼠标右键确定。再在左边栏中单击【直线挤出】按钮，选择内侧小的圆曲线，向

手电筒内侧挤压生成曲面，如图 6-114 所示。

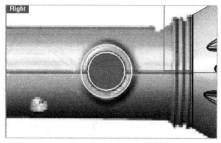

图 6-113　绘制圆

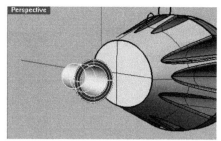

图 6-114　挤压生成曲面

⑨　在【曲面工具】选项卡下单击【曲面圆角】按钮，选择导角曲面，在命令行中输入"1"，分别单击圆环面及圆柱面，完成圆角。

⑩　选择内侧小圆，向里偏移 1 个单位。按住 Shift 键，将小圆向外垂直移动一段距离，如图 6-115 所示。

⑪　选择曲线圆，在【实体工具】选项卡下左边栏中单击【挤出封闭的平面曲线】按钮，在 Top 视窗中向左拖动一段距离，生成圆柱实体，并对其边缘进行圆角处理，如图 6-116 所示。

⑫　在【隐藏物件】按钮上单击鼠标右键，将壳体显示出来。选择外侧大圆，向外偏移两个单位。选择曲线，将修剪面删除。结果如图 6-117 所示。

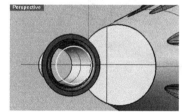

图 6-115　偏移小圆并移动

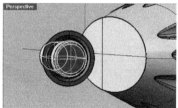

图 6-116　挤出实体

图 6-117　修剪曲面

⑬　在【曲线工具】选项卡下单击【投影曲线】｜【抽离结构线】按钮，开启【四分点】捕捉选项，在两个曲面上抽取两条与 Y 轴平行且在一条直线上的结构线，如图 6-118 所示。

⑭　在【曲线工具】选项卡下单击【可调式混接曲线】按钮，分别单击提取出的两条结构线，进行适当调整，生成如图 6-119 所示的混接曲线。

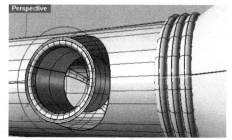

图 6-118　抽离结构线

图 6-119　生成混接曲线

⑮　在【曲面工具】选项卡下左边栏中单击【双轨扫掠】按钮，依次选择两条边界线及混接曲线。单击鼠标右键确定，在弹出的对话框中设置参数如图 6-120 所示。单击【确定】按钮，生成的效果如图 6-121 所示。

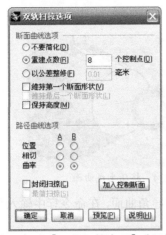
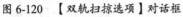

图 6-120　【双轨扫掠选项】对话框

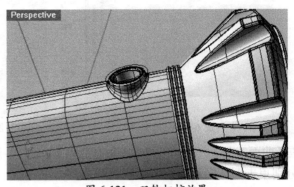

图 6-121　双轨扫掠效果

⑯　将 Right 视窗切换为 Bottom 视窗。导入 "bottom.jpg" 图片文件，参照步骤①将图调整到合适位置，如图 6-122 所示。

⑰　选择曲线，在【实体工具】选项卡下左边栏中单击【挤出封闭的平面曲线】按钮🖲，在 Front 视窗中将其向下挤出一定距离，如图 6-123 所示。

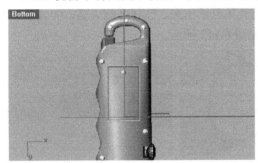

图 6-122　导入图片并调整位置

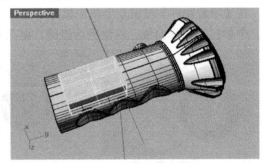

图 6-123　挤出生成实体

⑱　将壳体与挤压的实体原地复制。在【实体工具】选项卡下单击【布尔运算差集】按钮🖲，先选取挤压的实体，单击鼠标右键确定，再选取壳体，单击鼠标右键确定，完成布尔运算。

⑲　在【实体工具】选项卡下单击【布尔运算交集】按钮🖲，先选取壳体，单击鼠标右键确定，再选取挤压的实体，单击鼠标右键确定，完成布尔运算，如图 6-124 所示。

⑳　在【实体工具】选项卡下单击【不等距边缘圆角】按钮🖲，对实体边缘进行圆角处理，如图 6-125 所示。

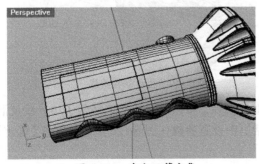

图 6-124　布尔运算交集

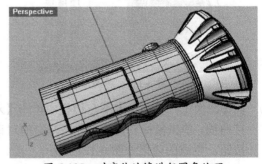

图 6-125　对实体边缘进行圆角处理

㉑　在 Bottom 视窗中绘制矩形，如图 6-126 所示，参照步骤⑰、⑱分别进行挤出和布尔运算操作。效果如图 6-127 所示。

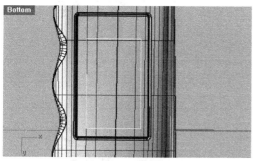
图 6-126　绘制矩形

图 6-127　挤出实体、布尔运算差集

㉒　在 Top 视窗中按电池板底图描绘曲线，用与步骤⑱～⑳相同的方法完成电池板的制作，如图 6-128 所示。

㉓　在 Right 视窗中绘制曲线，如图 6-129 所示。选择曲线，在【实体工具】选项卡下左边栏中单击【挤出封闭的平面曲线】按钮■，挤出一条横跨中间壳体的实体。

㉔　单击【布尔运算差集】按钮■，先选取壳体，单击鼠标右键确定，再选取挤压的实体，单击鼠标右键确定，完成布尔运算，效果如图 6-130 所示。

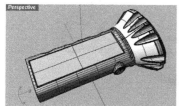
图 6-128　电池板的制作

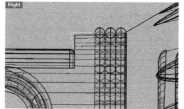
图 6-129　绘制曲线

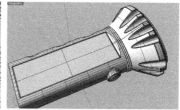
图 6-130　布尔运算差集

㉕　在 Top 视窗中绘制如图 6-131 所示的曲线，用与步骤㉓～㉔相同的方法完成对实体的布尔运算，并对边缘进行圆角处理，如图 6-132 所示。

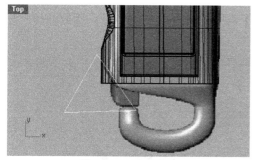
图 6-131　绘制曲线

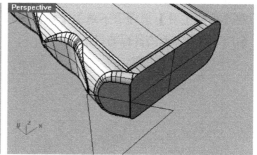
图 6-132　对边缘进行圆角处理

6.6.3　构建尾钩部分

手电筒尾钩部分是手电筒主体的延续，具有实用功能且使整体造型平衡而统一，具体构建方法如下。

①　参照 Top 视窗、Front 视窗底图绘制曲线，并参照 Front 视窗调整到合适的位置，如图 6-133 所示。

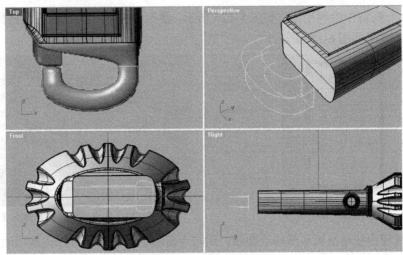

图 6-133　绘制曲线

② 在【曲面工具】选项卡下左边栏中单击【双轨扫掠】按钮，依次选择两条轮廓线及断面曲线，单击鼠标右键确定，生成曲面，如图 6-134 所示。用同样的方法生成其他曲面，如图 6-135 所示。

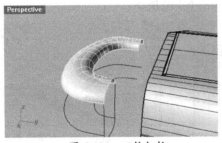

图 6-134　双轨扫掠

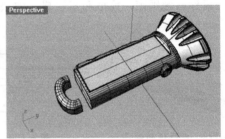

图 6-135　生成其他曲面

③ 在【实体工具】选项卡下单击【抽离曲面】按钮，选取曲面，单击鼠标右键确定，如图 6-136 所示。

④ 在【曲线工具】选项卡下单击【投影曲线】|【复制边缘】按钮，选取曲线，如图 6-137 所示，单击鼠标右键确定。

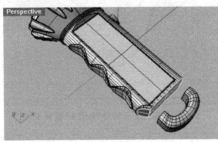

图 6-136　抽离曲面

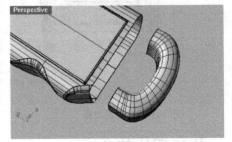

图 6-137　复制边缘

⑤ 在【曲线工具】选项卡下单击【可调式混接曲线】按钮，分别单击提取出的两条边缘线。绘制出另一条混接曲线，适当调整曲线形态，如图 6-138 所示。

⑥ 调整曲线使其在 Top 视窗中与另一条曲线重合，如图 6-139 所示。

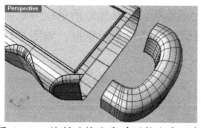

图 6-138　绘制混接曲线并调整曲线形态

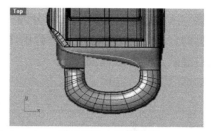

图 6-139　调整曲线

⑦　在【曲面工具】选项卡下左边栏中单击【双轨扫掠】按钮，依次选择两条轮廓线及断面曲线，单击鼠标右键确定，如图 6-140 所示。

⑧　在【曲线工具】选项卡下单击【投影曲线】|【复制边缘】按钮，选取曲线，单击鼠标右键确定，生成如图 6-141 所示的曲线。

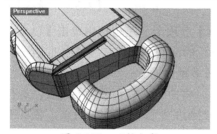

图 6-140　双轨扫掠

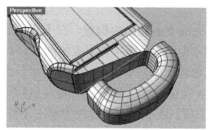

图 6-141　复制边缘

⑨　在【曲线工具】选项卡下单击【投影曲线】|【抽离结构线】按钮，在曲面上抽取一条与 y 轴平行的结构线，如图 6-142 所示。

⑩　单击左边栏中的【分割】按钮，用结构线将边缘线分割，如图 6-143 所示。

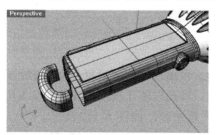

图 6-142　抽离结构线

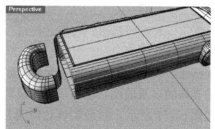

图 6-143　分割曲线

⑪　在【曲线工具】选项卡下单击【可调式混接曲线】按钮，分别选取提取出的两条边缘线并适当调整，生成如图 6-144 所示的混接曲线。

⑫　在【曲面工具】选项卡下左边栏中单击【双轨扫掠】按钮，选取曲面边缘为第一条路径，如图 6-145 所示。

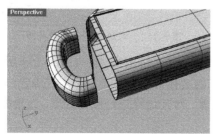

图 6-144　生成混接曲线

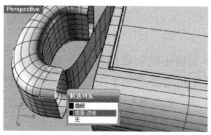

图 6-145　选取路径

⑬ 选择步骤⑩所创建的分割线的上部分为另一条路径，选取另外两条线为断面曲线，单击鼠标右键确定，如图 6-146 所示。弹出【双轨扫掠选项】对话框，如图 6-147 所示，单击鼠标右键确定，生成曲面。

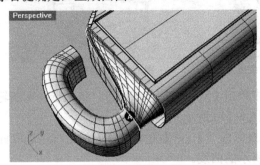 

图 6-146　双轨扫掠　　　　　　　　图 6-147　【双轨扫掠选项】对话框

⑭ 同理，完成下侧曲面的构建。在【曲面工具】选项卡下左边栏中单击【以二、三或四条边缘建立曲面】按钮，生成如图 6-148 所示的曲面。单击左边栏中的【组合】按钮，依次选取各曲面，单击鼠标右键确定，合成多重曲面。

⑮ 在 Front 视窗中绘制曲线，如图 6-149 所示。将曲线调整到适当的位置，选择曲线，在【实体工具】选项卡下左边栏中单击【挤出封闭的平面曲线】按钮，参照 Top 视窗，挤出一定距离，如图 6-150 所示。

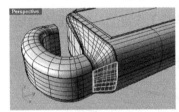 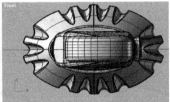 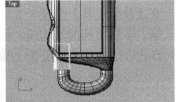

图 6-148　生成曲面　　　　　　图 6-149　绘制曲线　　　　　　图 6-150　挤出实体

⑯ 选择刚挤压的实体，原地复制，并将其隐藏。再单击【布尔运算差集】按钮，先选取手电筒壳体的多重曲面，单击鼠标右键确定，再选取刚才挤出的实体，单击鼠标右键确定，如图 6-151 所示。对两实体边缘进行圆角处理，如图 6-152 所示。

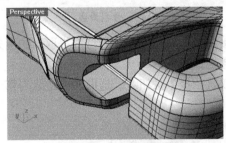 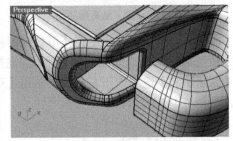

图 6-151　布尔运算差集　　　　　　图 6-152　对边缘进行圆角处理

⑰ 在 Top 视窗中绘制曲线如图 6-153 所示，选择曲线，挤出实体，如图 6-154 所示。

⑱ 单击【布尔运算差集】按钮，先选取挂钩的实体部分，单击鼠标右键确定，再选取挤出的实体，单击鼠标右键确定，完成布尔运算。对其边缘进行圆角处理，效果如图 6-155 所示。

⑲ 在 Front 视窗中创建球体。分别进行复制、粘贴及移动等，最后的效果如图 6-156 所示。

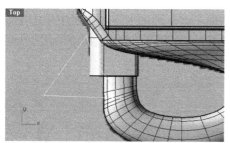

图 6-153　绘制曲线

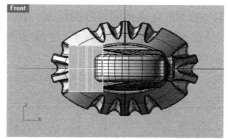

图 6-154　挤出实体

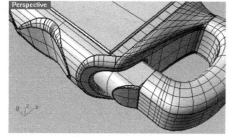

图 6-155　布尔运算差集并进行圆角处理

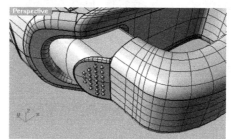

图 6-156　复制、移动球体

⑳ 在 Top 视窗中绘制直线。对多重曲面进行修剪，如图 6-157 所示。

㉑ 在【曲线工具】选项卡下单击【混接曲线】按钮 ，分别单击两条边线，生成混接曲线，如图 6-158 所示。

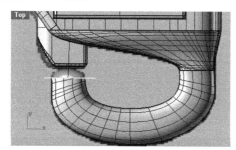

图 6-157　修剪曲面

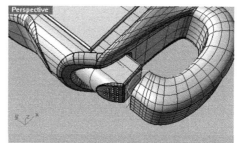

图 6-158　生成混接曲线

㉒ 勾选【物件锁点】|【中点】复选项，在【曲线工具】选项卡下左边栏中单击【控制点曲线】按钮 ，捕捉混接曲线及尾钩上边缘线的中点，绘制曲线。按 F10 键显示刚绘制曲线的 CV 点，调整曲线如图 6-159 所示。勾选【物件锁点】|【端点】复选项，在左边栏中单击【点】按钮 ，在混接曲线的两端点处创建点。

㉓ 在【曲面工具】选项卡下左边栏中单击【双轨扫掠】按钮 ，选取混接曲线和尾钩上边缘线为路径，依次选取步骤㉒中得到的创建的曲线和点，完成扫描后如图 6-160 所示。

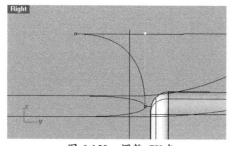

图 6-159　调整 CV 点

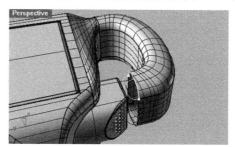

图 6-160　双轨扫掠

㉔ 同理，在下方完成相同曲线的绘制。在【曲面工具】选项卡下左边栏中单击【以二、三或四条边缘建立曲面】按钮，生成曲面如图 6-161 所示。完成尾钩的制作，如图 6-162（显示生成的面）所示。

图 6-161　以边缘曲线建立曲面

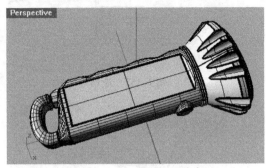

图 6-162　完成尾钩的制作

㉕ 至此，完成了太阳能手电筒的造型设计，最后保存结果文件。

CHAPTER 7

实体工具造型设计

本章导读

在 Rhino 操作过程中，读者会接触到 3D 实体这个名词，与 CAD 和 3ds Max 的 3D 部分中的实体不同，在 CAD 和 3ds Max 中，实体是由封闭的多边形表面构成的集合体，而在 Rhino 中，实体是由封闭的 NURBS 曲面构成的。本章将主要介绍在 Rhino 中绘制 NURBS 曲面构成的基本实体的建模操作方法。

项目分解

- ☑ 实体概述
- ☑ 立方体
- ☑ 球体
- ☑ 椭圆体
- ☑ 锥形体
- ☑ 柱形体
- ☑ 环形体
- ☑ 挤出实体

扫码看视频

7.1 实体概述

为了更好地认识 Rhino 中的实体都是由封闭的 NURBS 曲面构成的，用于创建实体的工具命令在【实体工具】选项卡下的视窗左侧的【实体边栏】工具面板中，如图 7-1 所示。

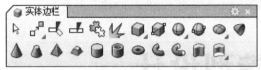

图 7-1 【实体边栏】工具面板

下面将通过一个实例练习来说明如何创建实体并编辑实体形状。

上机操作——创建并编辑实体

① 在 Rhino 中新建一个文档。

② 在左边栏中单击【球体：中心点、半径】按钮 ◎，在 Perspective 视窗中坐标系中心点创建一个半径为 50 的球体，如图 7-2 所示。

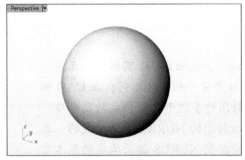

图 7-2 创建球体

③ 选中球体，然后单击【曲线工具】选项卡下的【打开点】按钮 ⌐，通过编辑物体的 *CV* 点来改变球体的形状，如图 7-3 所示。

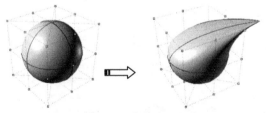

图 7-3 实体变化

④ 如果操作提示不能打开该实体的 *CV* 点，则还可通过单击【爆炸】按钮 ↯ 将实体爆炸。然后选择爆炸后的曲面，重复步骤③，曲面上的 *CV* 点就可显示出来。

⑤ 查看爆炸开的实体的物体信息也可发现，爆炸开的组成物体是 NURBS 曲面。

通过上述练习，可以发现在 Rhino 中实体是由封闭的 NURBS 曲面构成的，用户可以通过改变 NURBS 曲面来改变实体的形状或构成。

工程点拨：

并不是所有的实体都可以通过编辑物体的 *CV* 点来改变物体的形状。

7.2　立方体

基本几何体包括立方体、球体、圆柱体等，是构成物理世界当中最基础的形体。

本节介绍立方体的建模方法。长按左侧的【实体】按钮 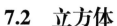，会弹出【立方体】工具面板，如图 7-4 所示，前面已经提过。下面分别介绍该工具面板中各按钮的功能。

图 7-4　【立方体】工具面板

7.2.1　立方体：角对角、高度

首先根据命令行提示确定立方体底面的大小，然后确定立方体的高度，依此来绘制立方体。

上机操作——以【立方体：角对角、高度】创建立方体

① 新建 Rhino 文件。

② 单击【立方体：角对角、高度】按钮 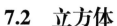，命令行中会有如下提示：

> 指令：_Box
> **底面的第一角**（对角线(D)　三点(P)　垂直(V)　中心点(C)）：|

这些选项其实就是后面即将介绍的其他 4 个立方体命令。各选项功能如下。

- 【对角线】：通过指定底面的对角线长度和方向来绘制，如图 7-5 所示。

图 7-5　以"对角线"方式绘制矩形

- 【三点】：先绘制两点确定一边长度，然后绘制第三点确定另一边长度，如图 7-6 所示。

图 7-6　以"三点"方式绘制矩形

- 【中心点】：通过先指定四边形的中心点，然后拖动确定边长来绘制，如图 7-7 所示。

图 7-7　以"中心点"方式绘制矩形

- **【垂直】：** 通过先确定一条边，根据该边绘制一个与底面垂直的面，然后指定高度及宽度来绘制立方体。此方法不再是底面的绘制，如图 7-8 和图 7-9 所示。

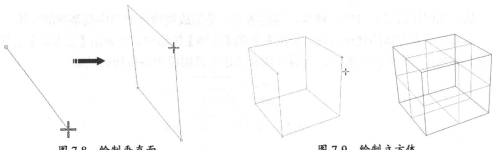

图 7-8　绘制垂直面　　　　　　　图 7-9　绘制立方体

③ 指定底面的第一角，可以输入坐标值，也可以选取其他参考点，这里输入 "0,0,0"，单击鼠标右键后要求输入底面的另一角坐标或长度，输入坐标 "100,50,0"，并单击鼠标右键，随后提示输入高度，输入值 "25"，最后单击鼠标右键完成立方体的创建，如图 7-10 所示。

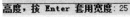

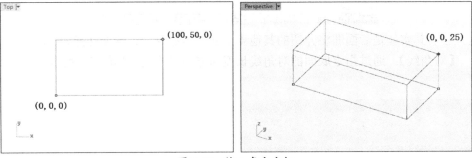

图 7-10　输入角点坐标

④ 创建的立方体如图 7-11 所示。

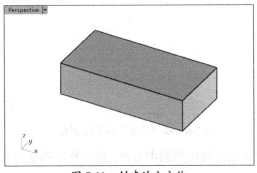

图 7-11　创建的立方体

7.2.2　立方体：对角线

单击第一点作为第一角，第二点作为第二角，通过确定立方体的对角线来确定立方体的大小。

上机操作——以【立方体：对角线】创建立方体

① 新建 Rhino 文件。

② 单击【立方体：对角线】按钮 ![icon]，命令行中会有如下提示：

第一角（正立方体(C)）：

③ 指定底面的第一角，可以输入坐标值，也可以选取其他参考点，这里输入"0,0,0"，单击鼠标右键后要求输入第二角坐标，输入坐标"100,50,25"，单击鼠标右键即可创建立方体，如图 7-12 所示。

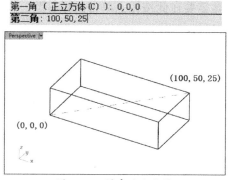

图 7-12　创建的立方体

> **工程点拨：**
> 　如果输入第二角的坐标为平面坐标，如"100,50,0"，那么就与以"角对角、高度"创建立方体的方法是相同的。

7.2.3　立方体：三点、高度

利用【立方体：三点、高度】命令可利用三点（确定矩形的 3 点）、高度绘制立方体。

上机操作——以【立方体：三点、高度】创建立方体

① 新建 Rhino 文件。

② 单击【立方体：三点、高度】按钮 ![icon]，然后按命令行中的提示设置边缘起点，这里输入值"0,0,0"，单击鼠标右键确认后按提示输入边缘终点的坐标"100,0,0"，接着按提示输入宽度值"50"。

③ 此时命令行中提示"选择矩形"，意思就是确定矩形的第三点将要放置在哪个视窗，本例选择在 Top 视窗中放置矩形，只需在 Top 视窗中单击即可，如图 7-13 所示。

④ 再按信息提示输入高度值"25"，单击鼠标右键随即自动创建立方体，如图 7-14 所示。

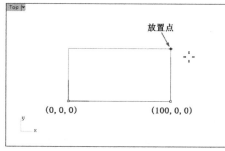

图 7-13　设置 3 点

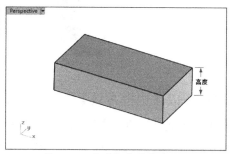

图 7-14　设置高度并创建立方体

7.2.4 立方体：底面中心点、角、高度

利用【立方体：底面中心点、角、高度】命令可利用底面中心点、角、高度来绘制立方体。中心点就是整个矩形的中心点，角就是矩形的一个角点。此命令的按钮与【立方体：三点、高度】按钮 相同，只是需要在此按钮上单击鼠标右键。

上机操作——以"底面中心点、角、高度"创建立方体

① 新建 Rhino 文件。

② 在【立方体：底面中心点、角、高度】按钮 上单击鼠标右键，然后按命令行中的提示输入底面中心点的坐标值 "0,0,0"，单击鼠标右键确认后按提示输入底面的另一角坐标 "50,25,0"，如图 7-15 所示。

③ 再按信息提示输入高度值 "25"，单击鼠标右键随即自动创建立方体，如图 7-16 所示。

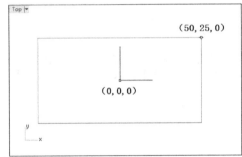
图 7-15 设置中心点和角点

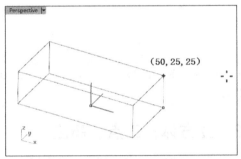
图 7-16 设置高度并创建立方体

7.2.5 边框方块

选取要用边框方块框起来的物体，按 Enter 键或者单击鼠标右键，则将会出现根据所选物体的大小刚好将物体包裹起来的立方体，如图 7-17 所示。

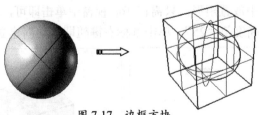
图 7-17 边框方块

上机操作——以【边框方块】创建立方体

① 打开本例源文件 "边框方块.3dm"，如图 7-18 所示。

② 单击【边框方块】按钮 ，然后按命令行中的提示选取要被边框框住的物件，如图 7-19 所示。

③ 单击鼠标右键或按 Enter 键完成边框方块的创建，如图 7-20 所示。

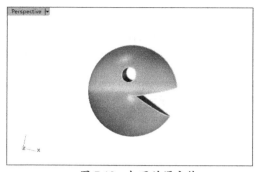

图 7-18 打开的源文件

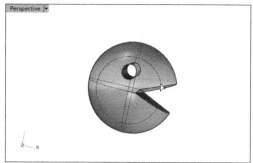

图 7-19 选取要框住的对象

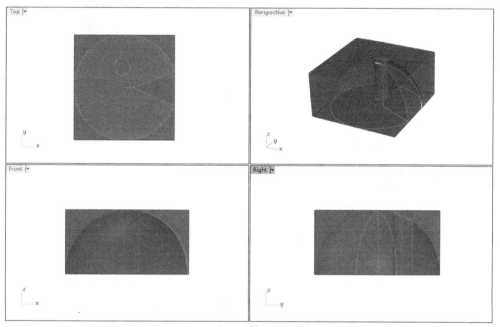

图 7-20 创建边框方块

7.3 球体

在左边栏长按【球体：中心点、半径】按钮 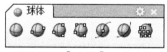，会弹出【球体】工具面板，如图 7-21 所示。

图 7-21 【球体】工具面板

7.3.1 球体：中心点、半径

根据设定球体的半径来建立球体。

上机操作——以【球体：中心点、半径】创建球体

① 新建 Rhino 文件。

② 单击【球体：中心点、半径】按钮◉，然后按命令行中的提示输入球体中心点的坐标值"0,0,0"，单击鼠标右键确认后按提示输入半径为"25"，单击鼠标右键后自动创建球体，如图 7-22 所示。

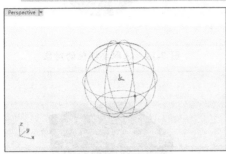
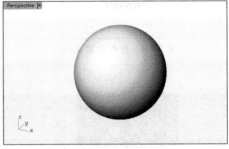

图 7-22　设置中心点和半径创建球体

工程点拨：

　　命令行中的选项也就是后面即将讲解的其他球体创建命令。

7.3.2　球体：直径

　　根据设定两点确定球体的直径来建立球体。

上机操作——以【球体：直径】创建球体

① 新建 Rhino 文件。

② 单击【球体：直径】按钮◉，然后按命令行中的提示输入直径起点的坐标值"0,0,0"，单击鼠标右键后按提示输入直径终点"50,50,0"，单击鼠标右键后自动创建球体，如图 7-23 所示。

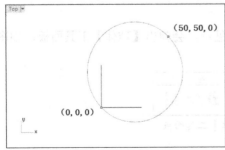
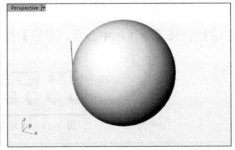

图 7-23　设置直径起点和终点创建球体

7.3.3　球体：三点

　　根据依次确定基圆上 3 个点的位置来建立球体，基圆形状决定球体的位置及大小。

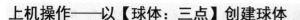

上机操作——以【球体：三点】创建球体

① 新建 Rhino 文件。

② 单击【球体：三点】按钮 ⓐ，然后按命令行提示输入第一点坐标"0,0,0"，单击鼠标右键后输入第二点坐标"50,0,0"，单击鼠标右键后再输入第三点坐标"0,50,0"，单击鼠标右键后自动创建球体，如图 7-24 所示。

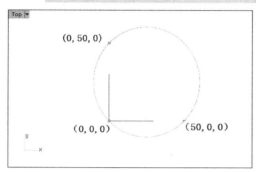

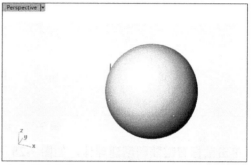

图 7-24 设置三点和创建球体

7.3.4 球体：四点

通过前 3 个点确定基圆形状，以第四个点确定球体的大小，如图 7-25 所示。

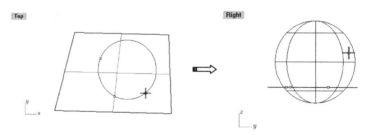

图 7-25 四点绘制球体

> **工程点拨：**
>
> 关于绘制球体的三点法与四点法的区别在于，三点法的三点确定的基圆是圆心刚好是球的中心的圆，而四点法确定的基圆是通过球的任意横截面的圆，如图 7-26 所示。注意区别。

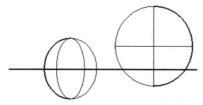

图 7-26 三点法与四点法绘制球体的区别（左边为三点法，右边为四点法）

上机操作——以【球体：四点】创建球体

① 新建 Rhino 文件。

② 单击【球体：四点】按钮 ，然后按命令行提示输入第一点坐标 "0,0,0"，单击鼠标右键后输入第二点坐标 "25,0,0"，单击鼠标右键后再输入第三点坐标 "0,25,0"，单击鼠标右键后输入第四点坐标 "0,25,0"，如图 7-27 所示。

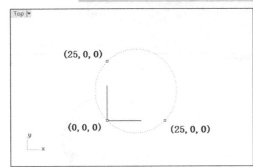
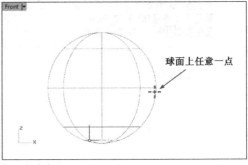

图 7-27　设置四点坐标

③ 单击鼠标右键随即创建球体，如图 7-28 所示。

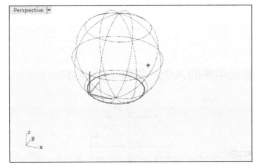
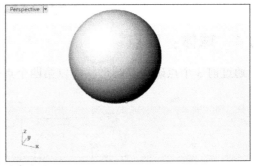

图 7-28　创建球体

7.3.5　球体：环绕曲线

选取曲线上的点，以这点为球体中心建立包裹曲线的球体，如图 7-29 所示。

图 7-29　建立包裹曲线的球体

上机操作——以【球体：环绕曲线】创建球体

① 新建 Rhino 文件。

② 单击【内插点曲线】按钮 ，任意绘制一条曲线，如图 7-30 所示。

③ 单击【球体：环绕曲线】按钮 ，然后选取曲线，并随后在曲线上指定一点作为球体的

中心点，如图 7-31 所示。

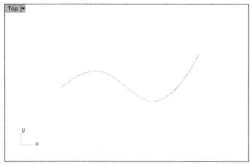

图 7-30 绘制曲线

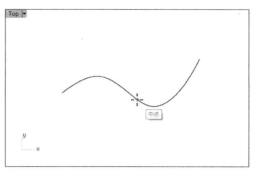

图 7-31 指定球体中心点

④ 指定一点作为半径终点，或者输入直径"50"，单击鼠标右键即可创建球体，如图 7-32
所示。

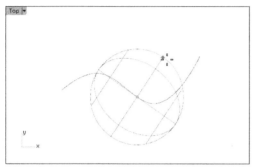

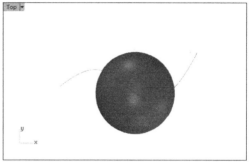

图 7-32 指定半径终点并创建球体

7.3.6 球体：从与曲线正切的圆

根据 3 个与原曲线相切的切点建立球体，如图 7-33 所示，球体表面与曲线部分相切。

图 7-33 与曲线部分相切的球体

上机操作——以【球体：从与曲线正切的圆】创建球体

① 新建 Rhino 文件。

② 单击【内插点曲线】按钮，任意绘制一条曲线，如图 7-34 所示。

③ 单击【球体：从与曲线正切的圆】按钮，然后选取相切曲线，切点也是球体直径的起
点，如图 7-35 所示。

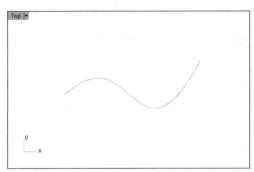

| 图 7-34　绘制曲线 | 图 7-35　选取相切曲线 |

④ 如果没有第二条相切曲线，那么就输入半径或者指定一个点（直径终点）来确定球体的基圆，如图 7-36 所示。

⑤ 如果没有第三条相切曲线，单击鼠标右键将以两点画圆的方式完成球体的创建，如图 7-37 所示。

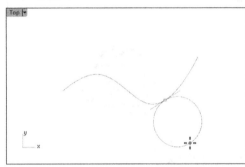
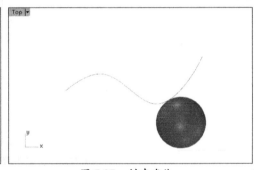

| 图 7-36　指定直径终点 | 图 7-37　创建球体 |

7.3.7　球体：逼近数个点

根据多个点绘制球体，使该球体最大限度地配合已知点，如图 7-38 所示。

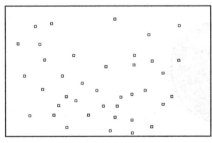
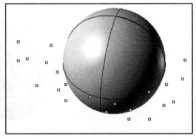

图 7-38　球体配合已知点

上机操作——以【球体：逼近数个点】创建球体

① 新建 Rhino 文件。

② 在菜单栏中选择【曲线】|【点物件】|【多点】命令，然后在 Top 视窗中绘制如图 7-39 所示的点云。

③ 单击【球体：逼近数个点】按钮，然后框选建立的点云，如图 7-40 所示。

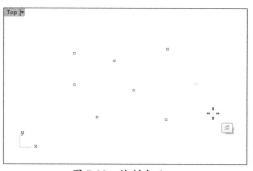

图 7-39 绘制点云

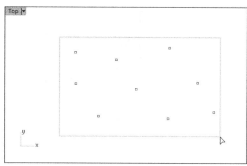

图 7-40 框选所有点云

④ 单击鼠标右键随即创建如图 7-41 所示的球体。

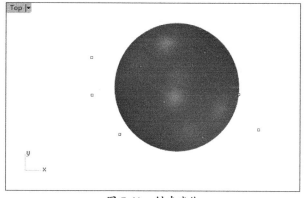

图 7-41 创建球体

7.4 椭圆体

在左边栏长按【椭圆体：从中心点】按钮，会弹出【椭圆体】工具面板，如图 7-42 所示。

图 7-42 【椭圆体】工具面板

7.4.1 椭圆体：从中心点

从中心点出发，根据轴半径建立椭圆截面，再确定椭圆体的第三轴点。

上机操作——以【椭圆体：从中心点】创建椭圆体

① 新建 Rhino 文件。

② 单击【椭圆体：从中心点】按钮，然后在命令行中输入椭圆体中心点坐标"0,0,0"，输入第一轴终点坐标"100,0,0"，输入第二轴终点坐标"0,50,0"，输入第三轴终点坐标"0,0,200"，如图 7-43 所示。

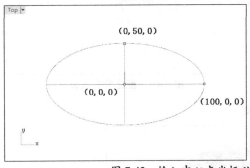
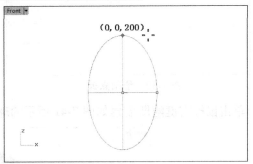

图 7-43 输入中心点坐标以及第一、二、三轴终点坐标

③ 单击鼠标右键随即创建如图 7-44 所示的椭圆体。

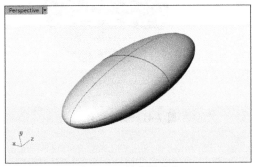

图 7-44 创建椭圆体

7.4.2 椭圆体：直径

根据确定轴向直径来建立椭圆体。

在视窗中，依次选择第一点和第二点确定第一轴向直径。然后选择第三点确定第二轴向直径长度，选择第四点确定第三轴向半径长度。

上机操作——以【椭圆体：直径】创建椭圆体

① 新建 Rhino 文件。

② 单击【椭圆体：直径】按钮 ⬤，然后在命令行中输入第一轴起点坐标"0,0,0"，第一轴终点坐标"100,0,0"，输入第二轴终点坐标"100,25,0"，输入第三轴终点坐标"100,0,25"，如图 7-45 所示。

```
指令: _Ellipsoid
椭圆体中心点 ( 角(C)  直径(D)  从焦点(F)  环绕曲线(A) ): _Diameter
第一轴起点 ( 垂直(V) ): 0,0,0
第一轴终点: 100,0,0
第二轴终点: 100,25,0
第三轴终点: 100,0,25
正在建立网格... 按 Esc 取消
```

图 7-45 输入第一轴起点和终点坐标以及第二、三轴终点坐标

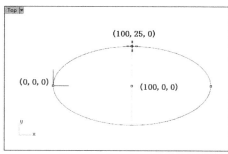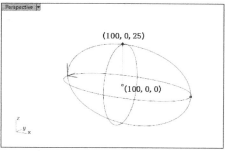

图 7-45　输入第一轴起点和终点坐标以及第二、三轴终点坐标（续）

③　单击鼠标右键随即创建如图 7-46 所示的椭圆体。

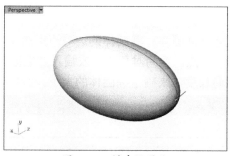

图 7-46　创建椭圆体

7.4.3　椭圆体：从焦点

根据两焦点的距离建立椭圆体。

在视窗中依次选择两点确定两焦点之间的距离，然后选择第三点为椭圆体上的点，来确定所建立椭圆体的大小。

上机操作——以"从焦点"创建椭圆体

①　新建 Rhino 文件。

②　单击【椭圆体：从焦点】按钮◉，然后在命令行中输入第一焦点坐标"0,0,0"，输入第二焦点坐标"100,0,0"，输入第三轴终点坐标"50,25,0"，如图 7-47 所示。

```
指令: _Ellipsoid
椭圆体中心点（角(C) 直径(D) 从焦点(F) 环绕曲线(A)）: _FromFoci
第一焦点（标示焦点(M)=否）: 0,0,0
第二焦点（标示焦点(M)=否）: 100,0,0
椭圆体上的点（标示焦点(M)=否）: 50,25,0
离心率 = 0.894427
正在建立网格... 按 Esc 取消
```

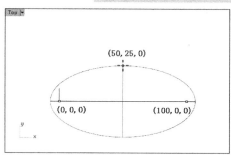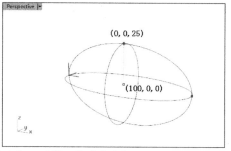

图 7-47　输入第一、二焦点坐标以及第三轴终点坐标

③ 单击鼠标右键随即创建如图 7-48 所示的椭圆体。

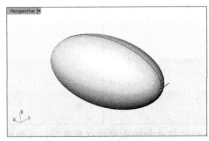

图 7-48　创建椭圆体

7.4.4　椭圆体：角

根据矩形的对角线长度建立椭圆体。椭圆体的边与矩形的 4 条边相切。

在视窗中依次选择第一、二点，互为对角点（或输入点坐标），确立第一、二轴向长度。然后选择第三点确定第三轴向长度，来确定椭圆体的大小。

工程点拨：

第一点也是矩形对角起点。

上机操作——以【椭圆体：角】创建椭圆体

① 新建 Rhino 文件。

② 单击【椭圆体：角】按钮，然后在命令行中输入第一角点坐标"0,0,0"，输入第二角点坐标"100,50,0"，输入第三轴终点坐标"50,25,25"，如图 7-49 所示。

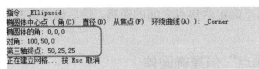

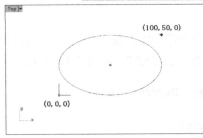
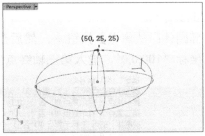

图 7-49　输入第一、二角点坐标和第三轴终点坐标

③ 单击鼠标右键随即创建如图 7-50 所示的椭圆体。

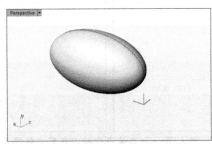

图 7-50　创建椭圆体

7.4.5 椭圆体：环绕曲线

选取曲线上的点，以该点作为椭圆体的中心建立环绕曲线的椭圆体。

在曲线上任选一点，依次选择两点确定第一轴向长度和第二轴向长度。选择确定第三轴向长度，并建立环绕曲线的椭圆体。

上机操作——以【椭圆体：环绕曲线】创建椭圆体

① 新建 Rhino 文件。

② 单击【内插点曲线】按钮 ⬚，任意绘制一条曲线，如图 7-51 所示。

③ 单击【椭圆体：环绕曲线】按钮 ●，选取曲线，然后在曲线上放置椭圆体的中心点，如图 7-52 所示。

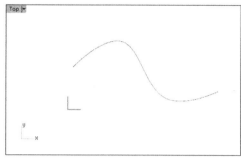
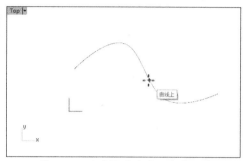

图 7-51   绘制曲线　　　　　　　　图 7-52   放置椭圆体中心点在曲线上

④ 在与该点垂直方向上指定一点作为第一轴终点，如图 7-53 所示。

⑤ 确定第一轴终点后，再指定第二轴终点，如图 7-54 所示。

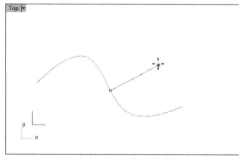
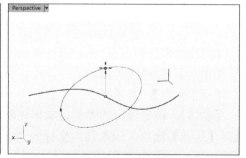

图 7-53   指定第一轴终点　　　　　　图 7-54   指定第二轴终点

⑥ 继续指定第三轴终点，如图 7-55 所示。

⑦ 单击鼠标右键随即创建如图 7-56 所示的椭圆体。

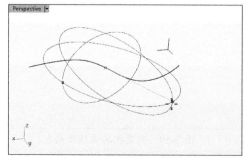
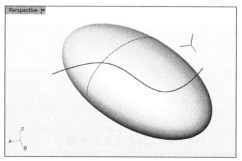

图 7-55   指定第三轴终点　　　　　　图 7-56   创建椭圆体

7.5 锥形体

锥形体就是常见的抛物面锥体、圆锥、棱锥（金字塔）、圆锥台（平顶锥体）、棱台（平顶金字塔）等形状的物体。

7.5.1 抛物面锥体

【抛物面锥体】命令用于建立纵切面边界曲线为抛物线的锥体。

在视窗中单击一点作为抛物面锥体焦点，然后单击一点确定抛物面锥体方向。最后单击一点确定抛物面锥体端点位置。完成抛物面锥体的绘制，如图 7-57 所示。

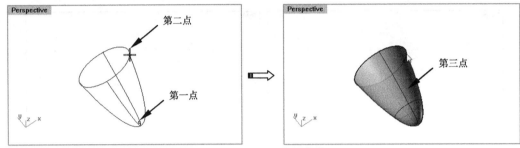

图 7-57　绘制抛物面锥体

上机操作——创建抛物面锥体

① 新建 Rhino 文件。

② 在【实体工具】选项卡下的左边栏中单击【抛物面锥体】按钮，命令行显示如下提示。

> 指令: _Paraboloid
> **抛物面锥体焦点**（顶点(V) 标示焦点(M)=是 实体(S)=否）:

- 【抛物面锥体焦点】：也是抛物体截面（抛物线）的焦点。
- 【顶点】：抛物线的顶点。
- 【标示焦点】：是否标示出焦点。
- 【实体】：确定输出的类型是实体还是曲面。

③ 选择【顶点】选项，输入顶点坐标为"0,0,0"，然后在命令行中选择【方向】选项，并指定方向，如图 7-58 所示。

④ 接着再指定抛物面锥体端点，如图 7-59 所示。

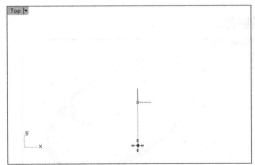

图 7-58　指定顶点和方向

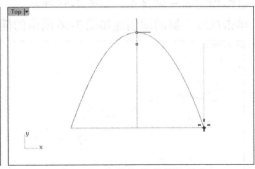

图 7-59　指定抛物面锥体端点

⑤ 随后自动创建如图 7-60 所示的抛物面锥体。

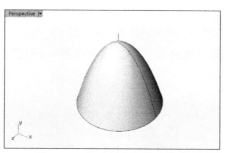

图 7-60　自动创建抛物面锥体

7.5.2　圆锥体

【圆锥体】命令用于绘制圆锥体。单击【圆锥体】按钮，命令行显示如下提示：

指令：_Cone
圆锥体底面（方向限制(D)=垂直　实体(S)=是　两点(P)　三点(O)　正切(T)　逼近数个点(F)）：

圆锥体的底面由于是圆，因此命令行中列出的几个选项与前面创建球体的选项基本相同。默认选项是以圆中心点和半径来确定底面。圆锥体的顶点在底面中心点的垂直线上。

上机操作——创建圆锥体

① 新建 Rhino 文件。

② 在【实体工具】选项卡下的左边栏中单击【圆锥体】按钮，然后输入底面中心点坐标"0,0,0"，单击鼠标右键后再输入半径值"50"，如图 7-61 所示。

③ 输入顶点坐标或者直接输入圆锥体高度，这里输入高度值"100"，如图 7-62 所示。

工程点拨：
在命令行中设置【方向限制】选项为"无"，就可以创建任意方向的圆锥体。

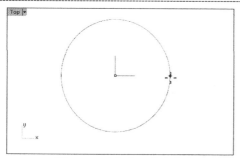

图 7-61　确定中心点和半径

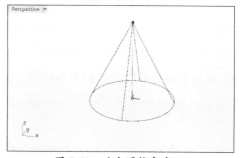

图 7-62　确定圆锥高度

④ 单击鼠标右键后自动创建如图 7-63 所示的圆锥体。

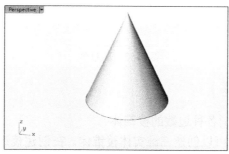

图 7-63　圆锥体

7.5.3　平顶锥体（圆台）

平顶锥体也就是圆台，即圆锥体被一平面横向截断后得到的实体，如图 7-64 所示为圆锥与圆台。

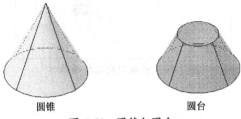

圆锥　　　　　　　　　　圆台

图 7-64　圆锥与圆台

上机操作——创建平顶锥体

① 新建 Rhino 文件。

② 在【实体工具】选项卡下的左边栏中单击【平顶锥体】按钮，然后输入底面中心点坐标"0,0,0"，单击鼠标右键后再输入半径值"50"，如图 7-65 所示。

③ 单击鼠标右键后输入顶面中心点坐标（也就确定了高度）"0,0,50"，单击鼠标右键后输入顶面半径为"25"，如图 7-66 所示。

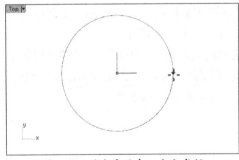
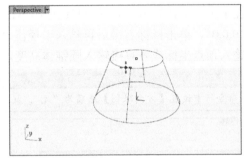

图 7-65　确定底面中心点和半径　　　　图 7-66　确定顶面中心点和半径

④ 单击鼠标右键后自动创建如图 7-67 所示的圆锥体。

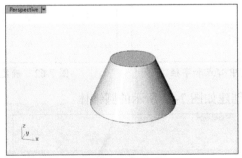

图 7-67　圆锥体

7.5.4　金字塔（棱锥）

【金字塔】命令用于绘制各种边数的棱锥体。

使用【金字塔】命令，可以创建三维实体棱锥体。在创建棱锥体过程中，可以定义棱锥体的侧面数（介于 3 到 32 之间），如图 7-68 所示。

  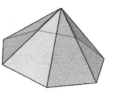

三棱锥　　　　　　四棱锥　　　　　　多棱锥

图 7-68　棱锥体

上机操作——创建五棱锥

① 新建 Rhino 文件。

② 在【实体工具】选项卡下的左边栏中单击【金字塔】按钮 ◢，然后输入内接棱锥中心点坐标 "0,0,0"，设置边数为 5，然后指定棱锥的起始角度与角点坐标 "50,0,0"，如图 7-69 所示。

工程点拨：

确定角点坐标也就确定了内接圆的半径。

③ 单击鼠标右键后输入顶点坐标 "0,0,50"，如图 7-70 所示。

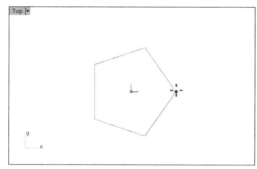 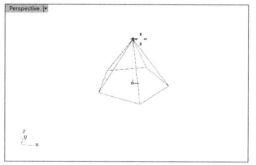

图 7-69　确定中心点和半径　　　　　　　图 7-70　确定顶点（高度）

④ 单击鼠标右键后自动创建如图 7-71 所示的棱锥体。

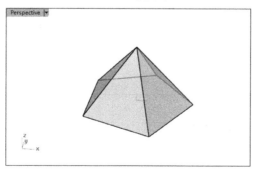

图 7-71　棱锥体

7.5.5　平顶金字塔（棱台）

【平顶金字塔】命令用于绘制平顶棱锥体，也就是常说的棱台。

上机操作——创建平顶金字塔

① 新建 Rhino 文件。

② 在【实体工具】选项卡下的左边栏中单击【平顶金字塔】按钮 ◢，然后输入内接平顶棱

锥中心点坐标"0,0,0",设置边数为"5",然后指定起始角度与角点坐标"50,0,0",如图 7-72 所示。

③ 单击鼠标右键后输入顶面内接平顶棱锥中心点坐标"0,0,50"(也就是平顶高度),如图 7-73 所示。

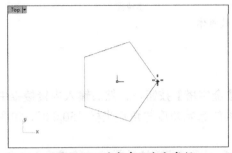

图 7-72 确定中心点和半径

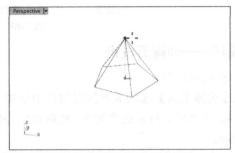

图 7-73 确定顶点(高度)

④ 单击鼠标右键后输入顶面角点坐标"25,0,50",如图 7-74 所示。

⑤ 单击鼠标右键后自动创建如图 7-75 所示的平顶金字塔。

```
指令: _TruncatedPyramid
内接平顶金字塔中心点 ( 边数 (N)=5   外切 (C)   边 (D)   星形 (S)   方向限制 (I)=垂直   实体 (O)=是 ): 0,0,0
平顶金字塔的角 ( 边数 (N)=5 ): 50,0,0
指定点: 0,0,50
指定点: 25,0,50
正在建立网格... 按 Esc 取消
```

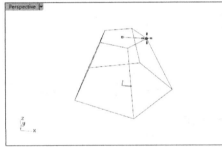

图 7-74 输入顶面角点坐标

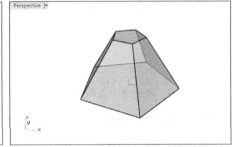

图 7-75 平顶金字塔

7.6 柱形体

柱形体就是常见的圆柱体和圆柱形管道。

7.6.1 圆柱体

【圆柱体】命令用于绘制圆柱体。

创建圆柱体的基本方法就是指定圆心、圆柱体半径和圆柱体高度,如图 7-76 所示。

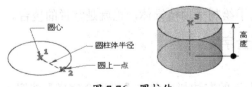

图 7-76 圆柱体

上机操作——创建圆柱体

① 新建 Rhino 文件。

② 在【实体工具】选项卡下的左边栏中单击【圆柱体】按钮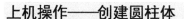，然后输入圆柱底面圆心点坐标 "0,0,0"，单击鼠标右键后输入半径或圆上一点的坐标，这里输入半径 "50"，如图 7-77 所示。

③ 单击鼠标右键后输入圆柱体端点坐标 "0,0,50"，或者直接输入高度值 "50"，如图 7-78 所示。

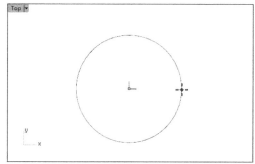

图 7-77 确定中心点和半径

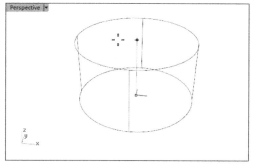

图 7-78 确定顶点（高度）

④ 单击鼠标右键后自动创建如图 7-79 所示的圆柱体。

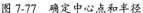

```
指令：_Cylinder
圆柱体底面（方向限制(D)=垂直 实体(S)=是 两点(P) 三点(O) 正切(T) 逼近数个点(F)）：0,0,0
半径 <5.000>（直径(D) 周长(C) 面积(A)）：50
圆柱体端点 <5.000>（方向限制(D)=垂直 两侧(A)=否 ）：50
正在建立网格... 按 Esc 取消
```

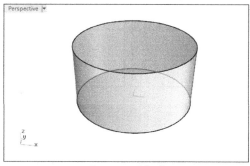

图 7-79 圆柱体

7.6.2 圆柱管

【圆柱管】命令用于绘制圆柱形管状物体。

单击一点作为圆柱底面圆圆心，然后根据底面内圆和外圆半径（可以手动输入，也可拖动鼠标）确定底面内圆和外圆的大小，最后单击一点确定圆柱管的高度。

上机操作——创建圆柱管

① 新建 Rhino 文件。

② 在【实体工具】选项卡下的左边栏中单击【圆柱管】按钮，然后输入圆柱管底面圆心点坐标 "0,0,0"，单击鼠标右键后输入半径或圆上一点的坐标，这里输入半径 "50"，如图 7-80 所示。

③ 单击鼠标右键再输入内圆半径 "40"（确定管厚度为 50-40=10），也可以设置【管壁厚度】选项的值为 "10"，如图 7-81 所示。

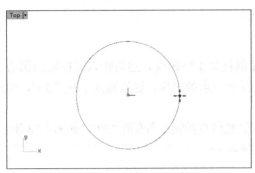
图 7-80　确定中心点和半径

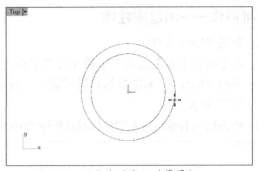
图 7-81　确定内圆半径（管厚）

④ 单击鼠标右键后输入圆柱管端点坐标"0,0,50"，或者直接输入高度值"50"，如图 7-82 所示。

⑤ 单击鼠标右键后自动创建如图 7-83 所示的圆柱管。

```
指令：_Tube
圆柱管底面（方向限制(D)=垂直　实体(S)=是　两点(P)　三点(O)　正切(T)　逼近数个点(F)）：0,0,0
半径 <50.000>（直径(D)　周长(C)　面积(A)）：50
半径 <1.000>（管壁厚度(A)=1 ）：40
圆柱管的端点 <0.000>（两侧(B)=否 ）：50
正在建立网格... 按 Esc 取消
```

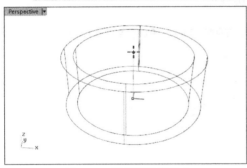
图 7-82　指定圆柱管高度

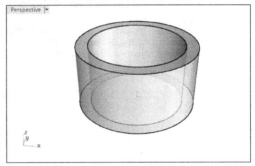
图 7-83　圆柱管

7.7　环形体

环形体就是圆环体，也叫环状体。Rhino 中的环形体包括环状体和环状圆管。

7.7.1　环状体

【环状体】命令用于绘制环形的封闭管状体。

在视窗中单击一点作为环状体的中心，然后确定环状体内径和外径（可以手动输入，也可拖动鼠标）。

上机操作——创建环状体

① 新建 Rhino 文件。

② 在【实体工具】选项卡下左边栏中单击【环状体】按钮◉，然后输入环状体中心点坐标"0,0,0"，单击鼠标右键后输入环状体中心线的半径或中心线圆上一点的坐标，这里输入半径"50"，如图 7-84 所示。

③ 单击鼠标右键确定后输入第二半径（环状体截面圆的半径）"10"，或者设置【固定内圈半径】选项的值为"40"，如图 7-85 所示。

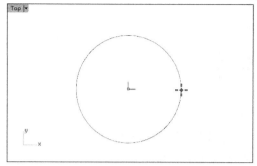

图 7-84 确定环状体中心线半径

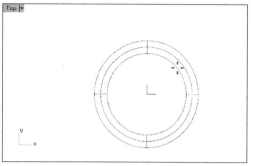

图 7-85 确定截面圆的半径

④ 单击鼠标右键后自动创建如图 7-86 所示的环状体。

```
指令: _Torus
环状体中心点（垂直(V) 两点(P) 三点(O) 正切(T) 环绕曲线(A) 逼近数个点(F)）: 0,0,0
半径 <50.000>（直径(D) 定位(O) 周长(C) 面积(A)）: 50
第二半径 <1.000>（直径(D) 固定内圈半径(F)=否）: 10
正在建立网格... 按 Esc 取消
```

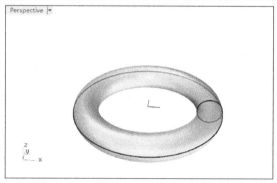

图 7-86 环状体

7.7.2 环状圆管（平头盖）

　　【环状圆管（平头盖）】命令用于绘制沿曲线方向均匀变化的圆管，该圆管两端封口为平面。

　　点选已知曲线，单击【环状圆管（平头盖）】按钮后，命令行会出现如下提示：

> **起点直径** <500.000>（半径(R) 有厚度(T)=否 加盖(C)=平头 渐变形式(S)=500

- 【半径】：输入圆管一端半径。
- 【有厚度】：是否让圆管有一定的厚度。如果选择有厚度，则在输入半径时，会要求输入两次，一次内径一次外径。
- 【加盖】：是否给圆管封口。
- 【渐变形式】：选择是整体渐变还是局部渐变。

工程点拨:

　　当改变默认选项，选择【有厚度】【不给圆管加盖】【局部渐变】选项后，绘制的圆管如图 7-87 所示。

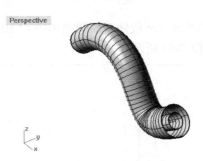

图 7-87　特殊圆管绘制

这时提示用户输入圆管一端的圆半径，可以手动输入，也可以拖动曲线圆。同理，在曲线的终点也可如此操作。单击鼠标右键或者按 Enter 键完成绘制，如图 7-88 所示。

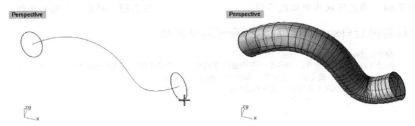

图 7-88　均匀圆管的绘制

如果两端圆管半径相等，则出现的是均匀圆管。如果前后半径不等，或者连续使用该命令在曲线任何位置设置圆管半径，那么可以绘制出不均匀的圆管，如图 7-89 所示。

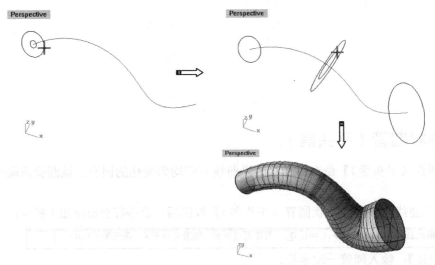

图 7-89　不均匀圆管的绘制

上机操作——创建环状圆管（平头盖）

① 新建 Rhino 文件。

② 单击【内插点曲线】按钮，任意绘制一条曲线，如图 7-90 所示。

③ 单击【环状圆管（平头盖）】按钮，选取要建立圆管的曲线，然后输入起点的半径"4"，单击鼠标右键后再输入终点的半径"6"，如图 7-91 所示。

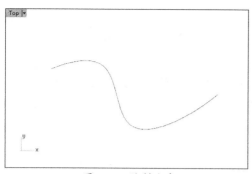

图 7-90　绘制曲线

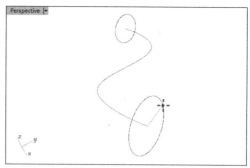

图 7-91　输入起点和终点的半径

④　在曲线的中点设置半径为 "8"，然后单击鼠标右键不再设置曲线上的点半径，如图 7-92 所示。

⑤　单击鼠标右键随即创建如图 7-93 所示的环状圆管（平头盖）。

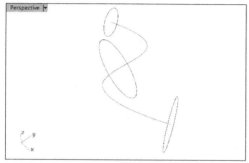

图 7-92　设置曲线中点半径

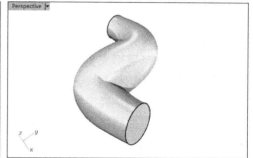

图 7-93　创建环状圆管（平头盖）

7.7.3　环状圆管（圆头盖）

【环状圆管（圆头盖）】命令用于绘制封口处为圆滑球面的圆管。

绘制方法与环状圆管（平头盖）类似，在此不多叙述。绘制的环状圆管（圆头盖），如图 7-94 所示。

图 7-94　环状圆管（圆头盖）的绘制

7.8　挤出实体

在 Rhino 中有两种挤出实体的方法：一种是通过挤压封闭曲线形成实体；另一种是通过挤出表面形成实体。表面不一定是平面，也可以是不平坦的面。

7.8.1　挤出封闭的平面曲线

【挤出封闭的平面曲线】命令用于通过沿着一条轨迹挤压封闭的曲线建立实体。

工程点拨：

此命令其实就是【曲线工具】选项卡下左边栏中的【直线挤出】命令。截面曲线是开放的将挤出为曲面，截面曲线为封闭的则挤出为实体。

选择已知曲线，单击【挤出封闭的平面曲线】按钮后，命令行会出现如下提示：

挤出长度 〈 7.4759 〉（方向(D) 两侧(B)=否 实体(S)=否 删除输入物件(L)=是 至边界(T) 分割正切点(P)=否 设定基准点(A)：

- 【挤出长度】：拉伸曲线的长度。
- 【方向】：指定挤出实体的挤出方向，如图 7-95 所示。

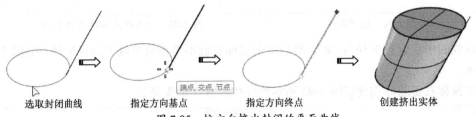

图 7-95　按方向挤出封闭的平面曲线

- 【两侧】：绘制实体时，选择【是】将会向两个方向同时延展，形成实体；选择【否】将会单方向延展形成实体。
- 【实体】：绘制实体时，选择【是】将会形成封闭式的实体；选择【否】将会形成曲面。
- 【删除输入物件】：确定绘制实体时是否保存输入的封闭曲线。
- 【至边界】：以曲线挤压出的实体延伸至已知曲面边界，形成实体。
- 【分割正切点】：输入的曲线为多重曲线时，设定是否在线段与线段正切的顶点将建立的曲面分割成多重曲面。
- 【设定基准点】：设定拉伸的起点。

1. 选择【两侧】【实体】的选项为"是"来绘制实体

单击【挤出封闭的平面曲线】按钮，选中封闭曲线。单击鼠标右键或按 Enter 键，选择命令行中的【两侧】和【实体】选项为"是"，完成实体绘制，如图 7-96 所示。

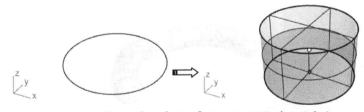

图 7-96　选择【两侧】和【实体】选项为"是"建立的实体

2. 选择【两侧】【实体】的选项为"否"来绘制曲面

用户可以在命令行中选择【两侧】【实体】的选项为"否"来绘制曲面，如图 7-97 所示。

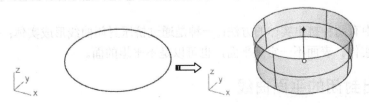

图 7-97　选择【两侧】【实体】选项为"否"绘制的曲面

3. 选择【删除输入物件】选项

选择命令行中的【删除输入物件=否】选项，表示不删除封闭曲线，如图 7-98 所示。如果将其修改为【删除输入物件=是】，则封闭曲线将被删除，如图 7-99 所示。

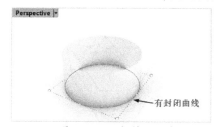
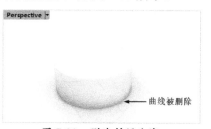

图 7-98　保留封闭曲线　　　　　　图 7-99　删除封闭曲线

4. 选择【至边界】选项

选择【至边界】选项，将封闭曲线挤出到所选曲面，曲面形状为自由形状，如图 7-100 所示。

图 7-100　选择【至边界】选项绘制实体

7.8.2　挤出建立实体

【挤出建立实体】命令主要用于通过挤出表面形成实体，在左边栏长按【挤出曲面】按钮 📄 ，将弹出【挤出建立实体】工具面板，如图 7-101 所示。

图 7-101　【挤出建立实体】工具面板

1. 挤出曲面

【挤出曲面】命令主要用于将曲面笔直地挤出实体。单击【挤出曲面】按钮 📄 并在视窗中选择曲面后，命令行将会出现如下提示：

挤出距离 ⟨12⟩（方向(D)）两侧(B)=否　加盖(C)=是　删除输入物件(E)=否　至边

绘制方法如下：单击【挤出曲面】按钮 📄 ，选取要挤出的曲面，按 Enter 键确认后创建挤出实体，如图 7-102 所示。

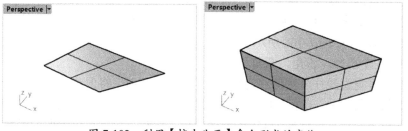

图 7-102　利用【挤出曲面】命令形成的实体

工程点拨：

> 在这里挤出的曲面不仅指平面，也可以指不平整的面。

如果是不平整表面，则同样可以创建挤出曲面，如图 7-103 所示。

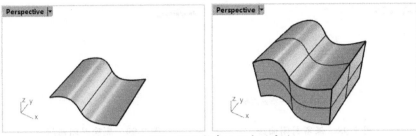

图 7-103 不平整表面形成的实体

2. 挤出曲面至点

【挤出曲面至点】命令主要用于挤出曲面至一点创建出锥形实体。

绘制方法如下：单击【挤出曲面至点】按钮 △，选取曲面，按 Enter 键确认，选取一点作为实体的挤出高度，如图 7-104 所示。

图 7-104 挤出曲面至一点形成的实体

挤出曲面至一点形成实体的输入曲面也可以是不平整的，如图 7-105 所示。

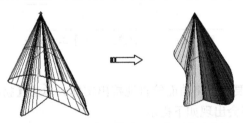

图 7-105 不平整表面挤出至一点形成的实体

3. 挤出曲面成锥状

【挤出曲面成锥状】命令主要用于挤出曲面建立锥状的多重曲面。

命令行中出现的【拔模角度】是指当曲面与工作平面垂直时，拔模角度为 0°；曲面与工作平面平行时，拔模角度为 90°，改变它可以调节锥体的坡度大小。当拔模角度设置为"10"时，建立的锥体如图 7-106 所示。

【角】中有 3 个选择：锐角、圆角和平滑。

以一条矩形多重直线往外侧偏移为例进行介绍：锐角时，将偏移线段直线延伸至与其他偏移线段的交集；圆角时，在相邻的偏移线段之间建立半径为偏移距离的圆角；平滑时，在相邻的偏移线段之间建立连续性为 G1 的混接曲线。这些将影响实体表面的平滑度。

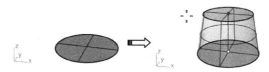

图 7-106 拔模角度设置为"10"时挤出曲面成锥体的实体

4. 沿着曲线挤出曲面

【沿着曲线挤出曲面】命令用于将曲面按照路径曲线挤出建立实体。下面详解此工具的用法。

上机操作——沿着曲线挤出曲面形成实体

① 新建 Rhino 文件。

② 利用【内插点曲线】命令在 Top 视窗中绘制封闭的曲线,如图 7-107 所示。利用【以平面曲线建立曲面】命令创建曲面,如图 7-108 所示。

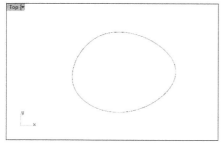

图 7-107 绘制曲线

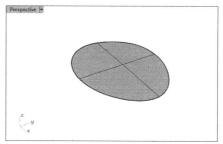

图 7-108 创建曲面

③ 利用【内插点曲线】命令在 Front 视窗中曲面边缘上绘制路径曲线,如图 7-109 所示。

④ 单击【沿着曲线挤出曲面】按钮,选取要挤出的曲面,单击鼠标右键后再选取路径曲线靠近起点处,如图 7-110 所示。

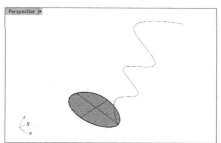

图 7-109 绘制路径曲线

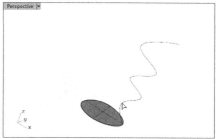

图 7-110 选取挤出曲面和路径曲线

⑤ 随后自动形成实体,如图 7-111 所示。

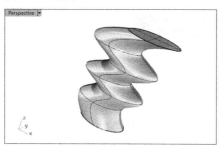

图 7-111 沿着曲线挤出曲面形成的实体

5. 挤出封闭的平面曲线

【挤出封闭的平面曲线】命令与【曲面工具】选项卡下的【直线挤出】命令的功能完全相同。

操作方式基本同上述介绍一样，所以这里不再解释，可参照前面的操作方式。效果如图7-112～图7-114所示。

> **工程点拨：**
>
> 与放样（建立一个通过数条断面曲线的曲面）和单轨扫掠、双轨扫掠（沿着一或两条路径通过数条定义曲面形状的断面曲线建立曲面）指令不同，曲线以挤出曲线类似命令挤出时方向并不会改变。

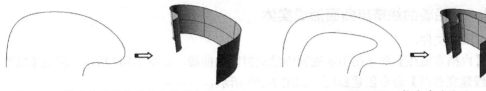

图 7-112　挤出非封闭的平面曲线形成的曲面　　　　图 7-113　挤出多重曲面

图 7-114　挤出非平面曲线形成的曲面

6. 挤出曲线至点

【挤出曲线至点】命令用于挤出曲线至一点，形成曲面、实体或多重曲面。

操作方式与【曲面工具】选项卡下的【挤出至点】命令完全相同，如果目标曲线是开放曲线，命令行中的【加盖】命令则自动生成"否"，由于不是封闭的曲线不能形成实体，所以不能进行加盖操作。相反，如果是封闭曲线，就可以进行操作。曲线可以不在同一平面。效果如图7-115～图7-118所示。

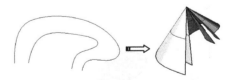

图 7-115　挤出非闭合曲线至一点形成的面　　　图 7-116　挤出多条曲线至一点形成的多重曲面

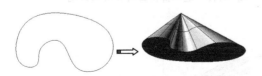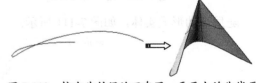

图 7-117　挤出封闭的曲线至一点形成的实体　　　图 7-118　挤出非封闭的不在同一平面上的曲线至一点形成的实体

7. 挤出曲线成锥状

【挤出曲线成锥状】命令用于挤出曲线建立锥状的曲面、实体、多重曲面。

操作方式与【曲线工具】选项卡下的【挤出曲线成锥状】命令完全相同。

8. 沿着曲线挤出曲线

【沿着曲线挤出曲线】命令用于将曲线沿着路径曲线基础建立曲面、实体、多重曲面。

操作方式与【曲线工具】选项卡下的【沿着曲线挤出】完全相同，输入的曲线可以是封闭的平面曲线，可以是非封闭的平面曲线，也可以是不在一个平面上的曲线，如图 7-119～图 7-121 所示。

图 7-119　沿着路径挤出封闭的平面曲线形成的实体　　图 7-120　沿着路径挤出非封闭的曲线形成的曲面

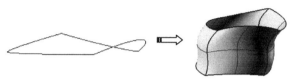

图 7-121　沿着路径挤出不在同一平面上的曲线形成的曲面

9. 以多重直线挤出成厚片

【以多重直线挤出成厚片】命令用于将曲线偏移、挤出并加盖建立实体（在挤出曲面基础上加厚）。选取多重曲线，指定偏移侧并输入挤出高度后重建厚片，如图 7-122 所示。

图 7-122　将曲线偏移、挤出成实体过程

10. 凸毂

【凸毂】命令用于挤出平面曲线与曲面边缘形成一个凸起形状体。

上机操作——创建凸毂

① 新建 Rhino 文件。

② 利用【椭圆：直径】命令在 Top 视窗中绘制椭圆曲线，如图 7-123 所示。利用【指定三或四个角建立曲面】命令创建曲面，如图 7-124 所示。然后将曲面向 Z 轴移动一定距离，如图 7-125 所示。

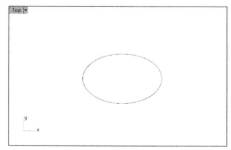

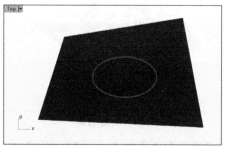

图 7-123　绘制椭圆曲线　　　　　　　　　图 7-124　创建曲面

③ 单击【凸毂】按钮 ，选取椭圆曲线作为要建立凸缘的平面封闭曲线，并设置模式为"锥状"，拔模角度为"15"，单击鼠标右键确认，再选取下面的曲面作为边界，如图 7-126 所示。

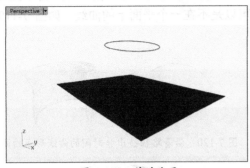
图 7-125 移动曲面

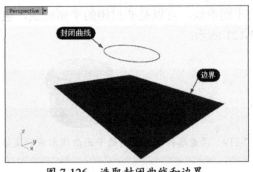
图 7-126 选取封闭曲线和边界

④ 随后自动创建带有拔模角度的凸毂实体，如图 7-127 所示。

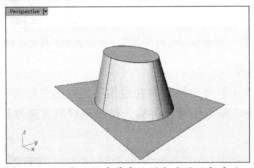
图 7-127 自动创建带有拔模角度的凸毂实体

11. 肋

【肋】命令用于偏移、挤压平面曲线作为曲面的柱状体，相当于支撑物。在机械设计中肋也称为筋，也可以称为加强筋，薄壳产品中一般要设计加强筋来增强其强度，延长使用寿命。

上机操作——创建肋

① 新建 Rhino 文件。

② 利用【指定三或四个角建立曲面】命令在 Top 视窗中创建曲面，如图 7-128 所示。然后利用【圆柱管】命令，在曲面上创建圆柱管，如图 7-129 所示。

图 7-128 创建曲面

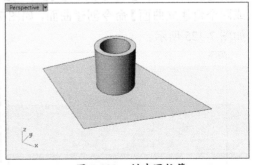
图 7-129 创建圆柱管

③ 利用【直线】命令在 Front 视窗中绘制如图 7-130 所示的斜线。

④ 单击【肋】按钮 🐾，选取要做肋的平面曲线，并设置距离为 "2" （这个值可以自己估计）单击鼠标右键确认，再选取下面的曲面作为边界，如图 7-131 所示。

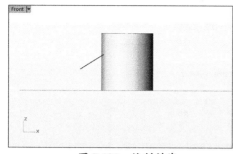

图 7-130 绘制斜线

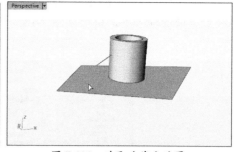

图 7-131 选取曲线和边界

⑤ 随后自动创建肋，如图 7-132 所示。

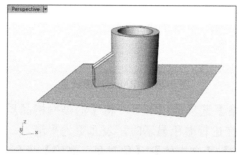

图 7-132 自动创建肋

工程点拨：

【肋】命令使用作业视窗中的工作平面为偏移平面，先将曲线偏移建立封闭的曲线，再挤出成为转角处斜接的实体。

7.9 实战案例——苹果计算机机箱造型

下面要讲解的这款苹果计算机的机箱，整个造型可由几个不同的立方体按照不同的组合剪切得来，在创建过程中，需要注意的是整个模型的连贯性、流畅性。

在建模过程中采用了以下基本方法和要点：

- 导入背景图片作为创建模型的参考。
- 创建轮廓曲线，并以这些轮廓曲线通过【挤出】工具创建实体。
- 将创建的各个实体曲面进行布尔操作，保留或剪去各部分的曲面。
- 为整个机箱的前后部分，使用【分割】命令，将一些特殊的位置分割出来，形成单独的曲面。
- 通过图层管理，最终为不同材质的曲面进行分组。

7.9.1 前期准备

在创建模型之初，需要对 Rhino 的系统进行一些相关的设置，以针对不同的建模对象满足不同的要求。

🔧 **操作步骤**

① 选择菜单栏中的【工具】|【选项】命令，打开【Rhino 选项】对话框，在【文件属性】|
【格线】选项选项卡下，进行如图 7-133 所示的设置。

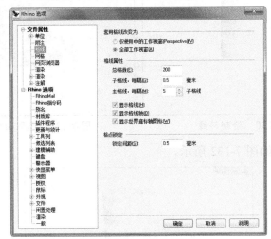

图 7-133　Rhino 选项设置

② 在【文件属性】|【网格】选项选项卡下，将【渲染网格品质】选项设置为【平滑、较
慢】，这样可以使模型在进行着色显示时，表面更为平滑。

③ 选择菜单栏中的【实体】|【立方体】|【角对角、高度】命令，在 Front 视窗中任意位置
单击，在命令行中出现"底面的另一角或长度"提示时输入"R20,50"，单击鼠标右键
确定，然后在命令行中出现"高度、按 Enter 键套用宽度"时输入"48"，再次单击鼠标
右键确定，完成立方体的创建。

工程点拨：

上述"R20,50"中的"R"表示"相对"的意思，表示相对于第一个角的位置。如果直接输入"20,50"，
则会在坐标轴绝对位置处创建一个点，作为第二个角的位置。

④ 开启【中心点】捕捉选项，在不同视图中选取立方体，将其拖动到视图中心位置，最终
使立方体的中心点落在各视图的原点处，如图 7-134 所示。

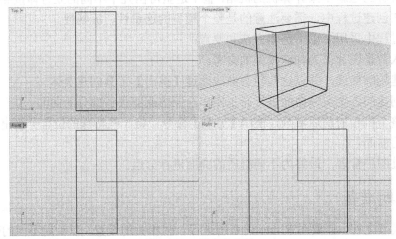

图 7-134　创建立方体

⑤ 在 Front 正交视图处于激活的状态下，选择菜单栏中的【查看】|【背景图】|【放置】命令，在打开的【文件】对话框中，找到机箱正面背景图片，单击【打开】按钮，然后开启【锁定格点】，在 Front 正交视图中依据前面创建的立方体两对角的位置，放置背景图片，如图 7-135 所示。

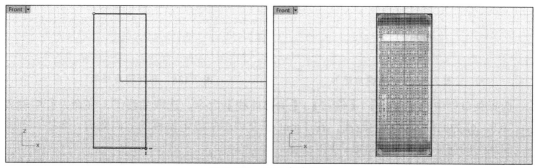

图 7-135 放置背景图片

⑥ 依照上述类似的方法，在 Right 正交视图中放置机箱侧面的背景图片，在背景图片导入完成后，删除前面创建的立方体。按 F7 键，可以隐藏当前视图的格线，如图 7-136 所示。

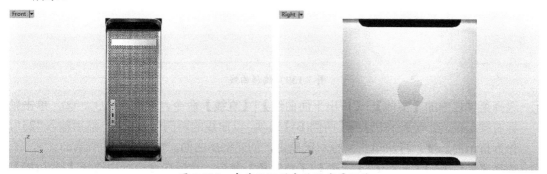

图 7-136 在其他视图中放置背景图片

7.9.2 创建机箱模型

在导入背景图片完成之后，接下来的工作就将以这两个背景图片来创建机箱的主体部分，在创建模型过程中，为了方便读者的学习，这里采用了具体的尺寸标准。

操作步骤

① 选择菜单栏中的【曲线】|【矩形】|【角对角】命令，然后在命令行中选择【圆角(R)】选项，在 Front 正交视图中，参照背景图片的左下角单击确定第一个角点，然后在命令行中输入"R20,50"，单击鼠标右键确定，紧接着在命令行中输入"2"作为圆角半径的大小，再次单击鼠标右键确定，矩形曲线创建完成，如图 7-137 所示。

② 在 Front 正交视图处于激活状态下，选择菜单栏中的【查看】|【背景图】|【隐藏】命令，背景图片将会进行隐藏，选取矩形曲线，开启【锁定格点】，稍稍移动矩形曲线，使它的中心点同样位于原点处，如图 7-138 所示。

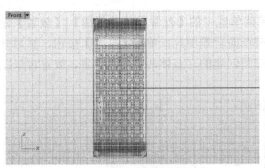

图 7-137 创建圆角矩形　　　　　　图 7-138 移动圆角矩形

③ 选择菜单栏中的【曲线】|【偏移】|【偏移曲线】命令，选取曲线①，在命令行中输入"0.3"作为曲线要偏移的距离，在 Front 正交视图中确定偏移的方向向内，单击，创建曲线①的偏移曲线②，如图 7-139 所示。

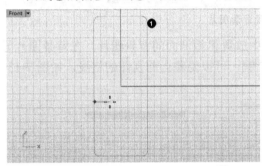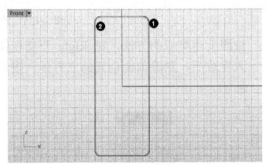

图 7-139 偏移曲线

④ 选择菜单栏中的【实体】|【挤出平面曲线】|【直线】命令，选取曲线①、②，单击鼠标右键确定，在命令行中选择【两侧(B)】选项，以曲线的两侧创建实体，然后输入"25"，作为挤出的长度，再次单击鼠标右键确定，创建挤出曲面，如图 7-140 所示。

⑤ 选择菜单栏中的【曲线】|【矩形】|【角对角】命令，然后在命令行中选择【圆角(R)】选项，在 Right 正交视图中，在任意处单击确定第一个角点，然后在命令行中输入"R48,58"，单击鼠标右键确定，紧接着在命令行中输入"2"作为圆角半径的大小，再次单击鼠标右键确定，矩形曲线创建完成，如图 7-141 所示。

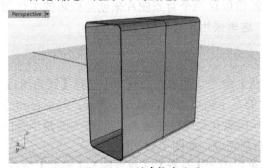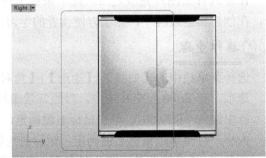

图 7-140 创建挤出曲面　　　　　　图 7-141 创建圆角矩形曲线

⑥ 在 Right 正交视图中，选取刚刚创建的矩形曲线③，将其移动到矩形曲线中心与原点重合处，如图 7-142 所示。

⑦ 在矩形曲线③处于选取的状态下，选择菜单栏中的【编辑】|【控制点】|【开启控制点】

命令，曲线③上将显示出它的控制点，移动这些控制点从而改变曲线的形状，直到最终如图 7-143 所示。

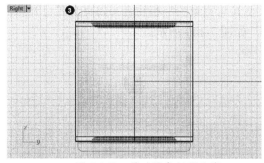

图 7-142 移动圆角矩形曲线

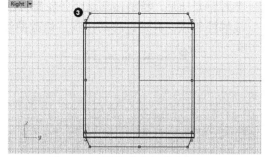

图 7-143 调整圆角矩形曲线

⑧ 选择菜单栏中的【编辑】|【控制点】|【关闭控制点】命令，曲线上的控制点将不再显示。然后选择菜单栏中的【实体】|【挤出平面曲线】|【直线】命令，选取曲线③，单击鼠标右键，在命令行中输入"12"，单击鼠标右键确定，创建挤出曲面，如图 7-144 所示。

⑨ 选择菜单栏中的【实体】|【交集】命令，选取刚刚创建的挤出曲面，单击鼠标右键确定，然后选取前面创建的挤出曲面，单击鼠标右键确定，该命令将保留两曲面相交的部分，删除其余的部分，如图 7-145 所示。

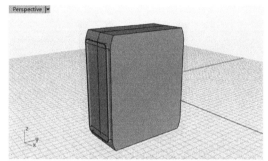

图 7-144 创建挤出平面

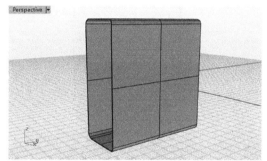

图 7-145 布尔运算交集

⑩ 选择菜单栏中的【曲线】|【矩形】|【角对角】命令，继续在 Right 正交视图中单击确定第一个角点，然后在命令行中输入"R37,6"，单击鼠标右键确定，然后将这条矩形曲线④，依据背景图片移动到机箱的上侧，如图 7-146 所示。

⑪ 选择菜单栏中的【曲线】|【曲线圆角】命令，在命令行中输入"3"，单击鼠标右键确定，在曲线④下部的两个角点处创建曲线圆角，如图 7-147 所示。

图 7-146 创建矩形曲线

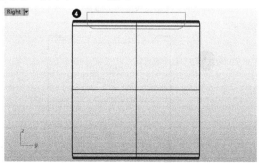

图 7-147 创建曲线圆角

⑫ 选择菜单栏中的【变动】|【镜像】命令，选取曲线④，单击鼠标右键，以水平坐标轴为镜像轴，创建曲线⑤，如图 7-148 所示。

⑬ 参照背景图片，稍稍移动这两条轮廓曲线，使其与背景图片相吻合（如有必要可开启曲线的控制点，并通过移动控制点修改曲线），如图 7-149 所示。

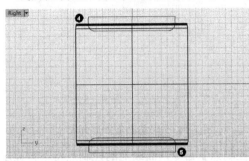
图 7-148　创建镜像副本

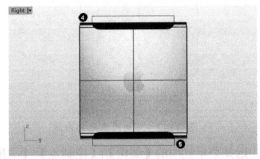
图 7-149　调整曲线位置

⑭ 选择菜单栏中的【实体】|【挤出平面曲线】|【直线】命令，选取曲线④、⑤，单击鼠标右键确定，在命令行中输入"12"，单击鼠标右键确定，如图 7-150 所示。

⑮ 选择菜单栏中的【实体】|【差集】命令，选取机箱外壳曲面Ⓐ，单击鼠标右键确定，然后选取刚刚创建的两个拉伸曲面，单击鼠标右键确定完成，如图 7-151 所示。

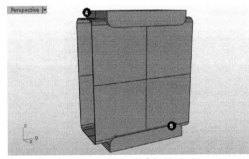
图 7-150　创建挤出曲面

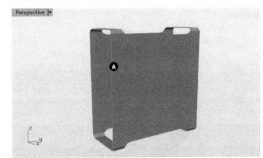
图 7-151　布尔运算差集

⑯ 选择菜单栏中的【曲线】|【矩形】|【角对角】命令，然后在命令行中选择【圆角(R)】选项，在 Right 正交视图中，单击确定第一个角点，然后在命令行中输入"R46,42"，单击鼠标右键确定，紧接着在命令行中输入"1.5"作为圆角半径的大小，再次单击鼠标右键确定，矩形曲线⑥创建完成，如图 7-152 所示。

⑰ 选择菜单栏中的【变动】|【移动】命令，开启【正交】【锁定格点】【物件锁点】等，将曲线⑥移动到其中心与原点重合处，如图 7-153 所示。

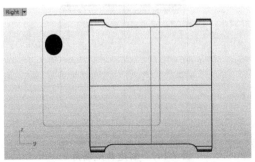
图 7-152　创建圆角矩形曲线

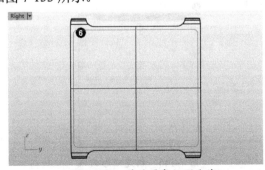
图 7-153　移动圆角矩形曲线

⑱ 选择菜单栏中的【实体】|【挤出平面曲线】|【直线】命令，选取曲线⑥，单击鼠标右键，在命令行中输入"9.7"，再次单击鼠标右键确定。创建挤出曲面（创建过程中确保【两侧(B)=是】选项的存在），如图 7-154 所示。

⑲ 至此，就已创建出机箱的整体模型，接下来的工作将是在整体模型的基础上在机箱前后面分割曲面，在侧面创建 LOGO 等操作，如图 7-155 所示。

图 7-154 创建挤出曲面

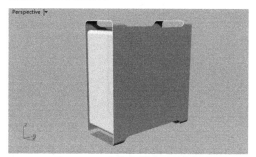

图 7-155 完成机箱大体模型

7.9.3 创建机箱细节

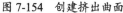 操作步骤

① 选择菜单栏中的【查看】|【工作视窗配置】|【新增工作视窗】命令，视图中将出现一个新的工作窗口，默认情况下，这个窗口为新增的 Top 正交视图窗口，如图 7-156 所示。

② 在新增的工作视窗处于激活的状态下，选择菜单栏中的【查看】|【设置视图】|【Back】命令，当前工作视图将变为 Back 正交视图窗口，如图 7-157 所示。

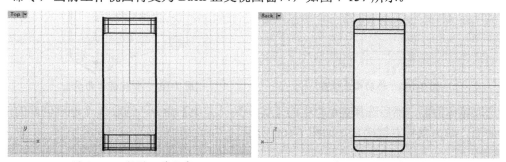

图 7-156 新增工作视窗   图 7-157 设置视图

③ 在 Back 正交视图处于激活状态下，选择菜单栏中的【查看】|【背景图】|【放置】命令，将机箱背部的背景图片导入 Back 正交视图中，如图 7-158 所示。

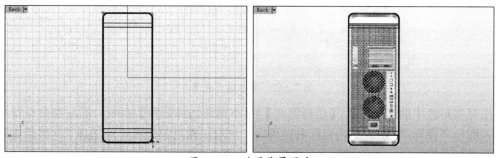

图 7-158 放置背景图片

④ 依据 Front 视窗、Back 视窗中的背景参考图片，选择菜单栏中的【曲线】|【矩形】|【角对角】命令，创建出矩形曲线①（圆角矩形）、②（一般矩形）、③（圆角矩形），如图 7-159 所示。

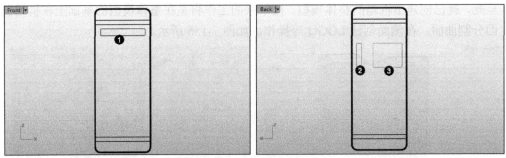

图 7-159　创建几条矩形曲线

⑤ 在 Top 视窗中将曲线①移动到机箱曲面的下侧位置，将曲线②、③移动到机箱曲面的上侧位置，如图 7-160 所示。

⑥ 选择菜单栏中的【实体】|【挤出平面曲线】|【直线】命令，选取曲线①、②、③，单击鼠标右键确定，在命令行中输入"2.5"，再次单击鼠标右键确定，以这 3 条曲线创建出 3 个挤出曲面（记得开启【两侧(B)】选项），如图 7-161 所示。

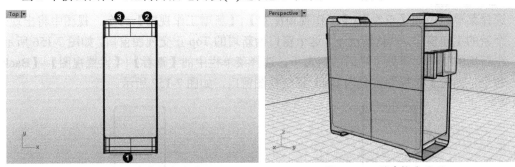

图 7-160　移动曲线位置　　　　　　　图 7-161　创建挤出曲面

⑦ 选取箱体曲面，然后选择菜单栏中的【实体】|【差集】命令，选取 3 个刚刚创建的挤出曲面，单击鼠标右键确定，如图 7-162 所示。

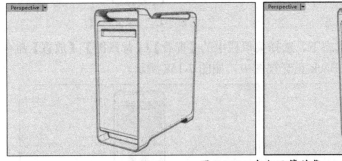

图 7-162　布尔运算差集

⑧ 选择菜单栏中的【实体】|【边缘圆角】|【不等距边缘圆角】命令，然后在命令行中输入圆角半径为"0.6"，单击鼠标右键确定，选取机箱后部边缘 1 和边缘 2，然后连续单击鼠标右键确定，完成圆角曲面的创建，如图 7-163 所示。

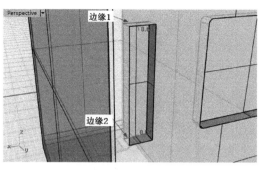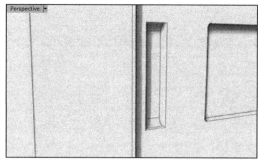

图 7-163　创建不等距边缘圆角

⑨ 选择菜单栏中的【曲线】|【从物件建立曲线】|【复制边缘】命令，选取图中的 4 条边缘线，单击鼠标右键确定。这 4 条边缘将被复制出来，如图 7-164 所示。

⑩ 选择菜单栏中的【编辑】|【组合】命令，依次选取刚刚创建的 4 条曲线，单击鼠标右键确定，4 条曲线被组合到一起。选择菜单栏中的【编辑】|【控制点】|【开启控制点】命令，将这条组合曲线的控制点显示出来，如图 7-165 所示。

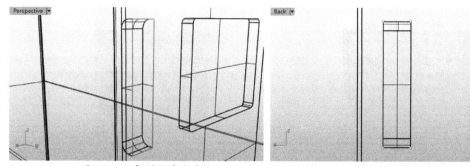

图 7-164　复制边缘曲线　　　　　　　图 7-165　开启控制点显示

⑪ 在 Back 视窗中，将这条组合曲线的下部两个控制点垂直向上平移"1.5"的距离，如图 7-166 所示。

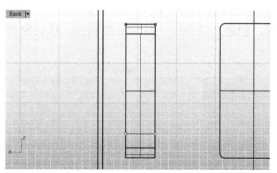

图 7-166　移动控制点

⑫ 选择菜单栏中的【编辑】|【控制点】|【关闭控制点】命令。然后选取这条多重曲线，选择菜单栏中的【实体】|【挤出平面曲线】|【直线】命令，在命令行中单击【两侧(B)=是】使其更改为【两侧(B)=否】，并输入"−0.3"，单击鼠标右键确定，创建挤出曲面，如图 7-167 所示。

⑬ 选择菜单栏中的【曲线】|【矩形】|【角对角】命令，以及【圆】|【中心点、半径】命令，在 Back 视窗中依据参考图片创建几条曲线，如图 7-168 所示。

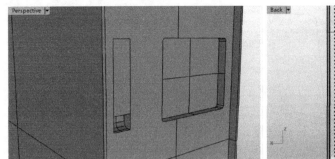

图 7-167　创建挤出曲面

图 7-168　创建几条曲线

⑭　选择菜单栏中的【曲面】|【挤出曲线】|【直线】命令，以刚刚创建的几条曲线创建挤
　　出曲面，挤出距离设置为"30"，如图 7-169 所示。

⑮　选择菜单栏中的【编辑】|【分割】命令，选取箱体曲面，单击鼠标右键确定，然后选
　　取刚刚创建的几个曲面，单击鼠标右键确定。最后删除这几个挤出曲面，如图 7-170
　　所示。

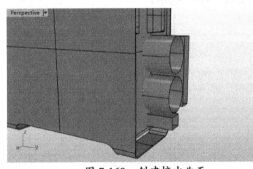

图 7-169　创建挤出曲面

图 7-170　分割曲面

⑯　同样的方法，在 Front 视窗中，依据参考图片创建一条曲线，并以它创建挤压曲面，对
　　箱体前侧曲面进行分割，如图 7-171 所示。

⑰　选择菜单栏中的【曲线】|【自由造型】|【控制点】命令，在 Right 视窗中，依据参考图
　　片中的 LOGO 图标，创建几条曲线，并开启控制点、移动控制点、修改曲线，最终如
　　图 7-172 所示。

图 7-171　继续分割曲面

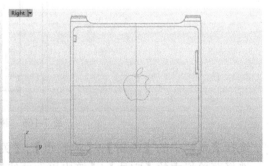

图 7-172　创建 LOGO 曲线

⑱　选择菜单栏中的【变动】|【镜像】命令，在 Right 视窗中，选取曲线①、②，以垂直坐
　　标轴为镜像轴，创建出它们的镜像副本，如图 7-173 所示。

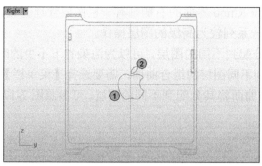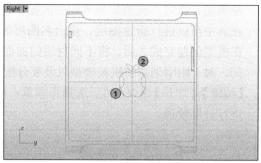

图 7-173 创建镜像副本

⑲ 选择菜单栏中的【曲面】|【挤出曲线】|【直线】命令，将这两组 LOGO 曲线，在 Top 视窗中一组向左挤出，一组向右挤出（挤出发现弄错会在后来出现错误的 LOGO 图案），创建挤出曲面，如图 7-174 所示。

⑳ 选择菜单栏中的【编辑】|【分割】命令，以刚刚创建的挤出曲面对机箱外壳曲面进行分割。分割出两侧的 LOGO 曲面，如图 7-175 所示。

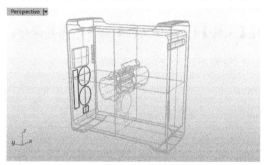

图 7-174 创建挤出曲面   图 7-175 分割曲面

7.9.4 分层管理

操作步骤

① 在前面操作步骤的很多图片中，并没有看到一些之前创建的曲线，这些曲线并没有被删除（一般情况下，对构建曲线并不直接删除，而是将其隐藏，这有利于之后对模型进行修改调整），而是在创建模型的过程中，将一些不再继续使用的曲线，分配到了一个特定的图层，然后将该图层进行了隐藏，如图 7-176 所示。

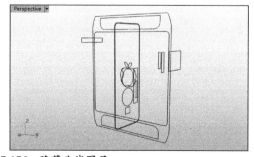

图 7-176 隐藏曲线图层

② 在 Rhino 界面状态栏中，有一个快捷的图层管理模块，通过它可以对模型进行隐藏、分

配图层、锁定、更改颜色等相关的操作。在 Rhino 界面的右侧则有一栏图层管理区域，在其中可以进行新建图层、重命名图层等一系列较为高级的图层操作。

③ 在模型创建完成之后，将不同材质的曲面分配到不同的图层，可以为渲染省下不少的时间，对于刚刚创建的机箱模型以及要分配到不同图层的组合曲面，需要选择【菜单栏】|【编辑】|【炸开】命令，然后选择那些单一的曲面将其分配到不同的图层。可参照图 7-177进行分层管理。

图 7-177　分配图层

④ 最后将分配完图层的模型，选择菜单栏中的【文件】|【保存文件】命令，将其保存。

CHAPTER 8

实体编辑与操作

本章导读

实体的编辑与操作是在基本实体上进行的。很多产品中的
构造特征必须通过编辑与操作指令来完成，希望读者牢记
并全面掌握本章的知识与应用。

项目分解

- ☑ 布尔运算工具
- ☑ 工程实体工具
- ☑ 成形实体工具
- ☑ 曲面与实体转换工具
- ☑ 操作与编辑实体工具

扫码看视频

8.1 布尔运算工具

在 Rhino 中，使用程序提供的布尔运算工具，可以从两个或两个以上实体对象创建联集对象、差集对象、交集对象和分割对象，如图 8-1 所示。

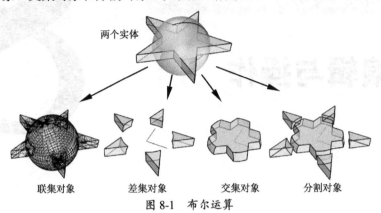

图 8-1　布尔运算

8.1.1 布尔运算联集

联集运算是通过加法操作来合并选定的曲面或曲面组合。前面已经讲过，Rhino 中的实体就是一个封闭的曲面组合，里面是没有质量的，所以很容易让人误解。重申一下：在【实体工具】选项卡下的曲面，就是完全封闭并且经过【组合】后的曲面组合（实体）。而在【曲面工具】选项卡下的曲面就是单个曲面或多个独立曲面。实体可以利用【炸开】命令拆解成独立的曲面，而封闭曲面（每个曲面是独立的）则可通过【组合】命令组合成实体。

联集运算操作很简单，在【实体工具】选项卡下单击【布尔运算联集】按钮，选取要求和的多个曲面（实体），单击鼠标右键或按 Enter 键后即可自动完成组合，如图 8-2 所示。

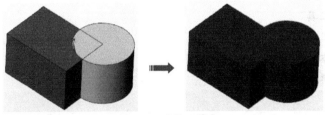

图 8-2　联集运算

> **工程点拨：**
>
> 注意，左边栏中的【组合】命令与【布尔运算联集】命令有相同之处，也有不同之处。相同的是都可以组合曲面。不同的是，【组合】命令主要用于曲线组合和曲面组合，但不能组合实体。【布尔运算联集】命令可用于组合实体和单独曲面，但不能组合曲线。

8.1.2 布尔运算差集

差集运算是通过减法操作来合并选定的曲面或曲面组合。单击【布尔运算差集】按钮，先选取要被减去的对象，单击鼠标右键后再选取要减去的其他对象，单击鼠标右键后完成布尔差集运算，如图 8-3 所示。

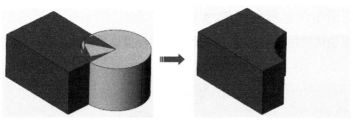

图 8-3　差集运算

　　例如，从第一个选择集中的对象减去第二个选择集中的对象，然后创建一个新的实体或曲面，如图 8-4 所示。

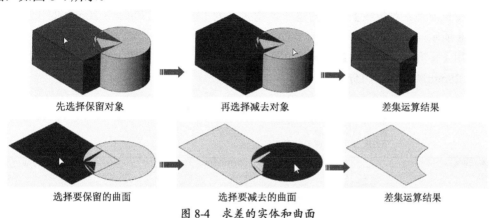

| 先选择保留对象 | 再选择减去对象 | 差集运算结果 |

| 选择要保留的曲面 | 选择要减去的曲面 | 差集运算结果 |

图 8-4　求差的实体和曲面

8.1.3　布尔运算交集

　　交集运算从重叠部分或区域创建实体或曲面。单击【布尔运算交集】按钮 ⊛，先选取第一个对象，单击鼠标右键后再选取第二个对象，最后单击鼠标右键完成交集运算，如图 8-5 所示。

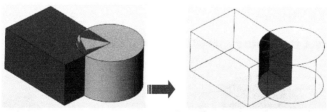

图 8-5　交集运算

　　与并集类似，交集的选择集可包含位于任意多个不同平面中的曲面或实体。通过拉伸二维轮廓然后使它们相交，可以快速创建复杂的模型，如图 8-6 所示。

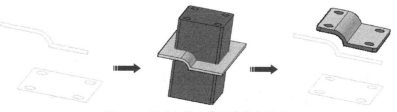

图 8-6　利用交集运算创建复杂模型

上机操作——利用布尔运算创建轴承支架

下面以实例来说明使用布尔运算工具来创建零件模型的操作过程，如图 8-7 所示。

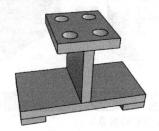

图 8-7　零件模型

① 新建 Rhino 文件。

② 利用【长方体：对角线】命令创建长×宽×高为 138mm×270mm×20mm 的长方体，如图 8-8 所示。

③ 再利用【长方体：对角线】命令在如图 8-9 所示的相同位置创建 1 个小长方体，长×宽×高为 28mm×50mm×15mm。

```
指令：_Box
底面的第一角（对角线(D) 三点(P) 垂直(V) 中心点(C)）：_Diagonal
第一角（正立方体(C)）：0,0,0
第二角：138,270,20
正在建立网格... 按 Esc 取消
```

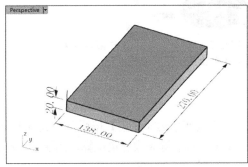

图 8-8　创建长方体

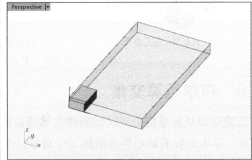

图 8-9　创建小长方体

④ 利用左边栏中的【移动】命令，移动小长方体，结果如图 8-10 所示。

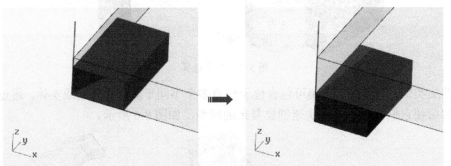

图 8-10　移动小长方体

⑤ 利用【复制】命令，复制小长方体，结果如图 8-11 所示。

⑥ 利用【长方体：对角线】命令创建长方体 A，其长×宽×高为 138mm×20mm×120mm，如图 8-12 所示。

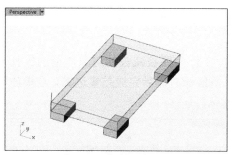

图 8-11 复制小长方体

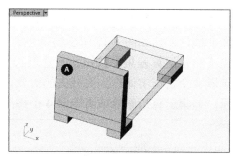

图 8-12 创建长方体 A

⑦ 移动长方体 A，结果如图 8-13 所示。

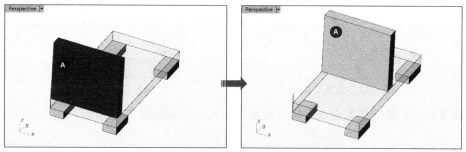

图 8-13 移动长方体 A

⑧ 同理，再创建长方体 B（138mm×120mm×20mm），并移动它，结果如图 8-14 所示。

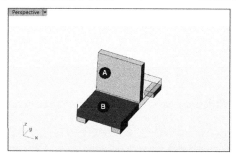

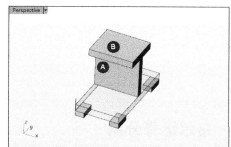

图 8-14 创建并移动长方体 B

⑨ 利用【工作平面】选项卡下的【设定工作平面原点】命令，将工作平面设定在长方体 B 之上，如图 8-15 所示。

⑩ 利用【圆：中心点、半径】命令，在长方体 B 表面绘制 4 个直径为 30 的圆，如图 8-16 所示。

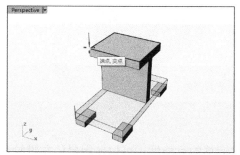

图 8-15 设定工作平面

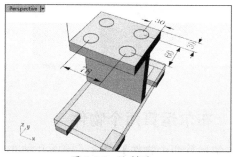

图 8-16 绘制圆

⑪ 利用【实体工具】选项卡下左边栏中的【挤出封闭的平面曲线】命令，选取 4 个圆作为截面曲线，创建如图 8-17 所示的挤出实体。

⑫ 单击【布尔运算差集】按钮，选取长方体 B 作为要被减去的对象，单击鼠标右键后再选取 4 个挤出实体作为要减去的对象，单击鼠标右键后完成差集运算，结果如图 8-18 所示。差集运算后删除或者隐藏 4 个挤出实体。

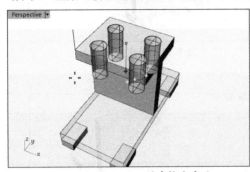
图 8-17　创建挤出实体

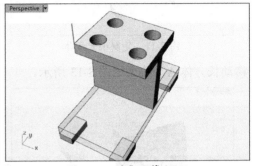
图 8-18　差集运算

⑬ 使用【布尔运算联集】命令对所有的实体求和，结果如图 8-19 所示。

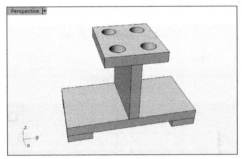
图 8-19　联集运算

8.1.4　布尔运算分割

布尔运算分割是求差运算与求交运算的综合结果，既保存差集结果，也保存交集的部分。

单击【布尔运算分割】按钮，选取要分割的对象，单击鼠标右键后再选取分割用的对象，再次单击鼠标右键后完成分割运算，如图 8-20 所示。

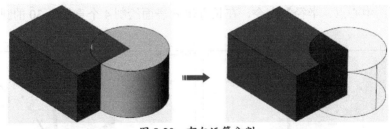
图 8-20　布尔运算分割

8.1.5　布尔运算两个物件

【布尔运算两个物件】包含了前面几种布尔运算的可能性，可以使用鼠标左键轮流切换各种布尔运算可能的结果。

在【布尔运算两个物件】按钮<img_1>上单击鼠标右键，选取两个要进行布尔运算的物件，然后单击进行切换。如图 8-21 所示为切换的各种结果。

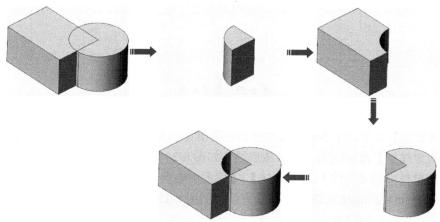

图 8-21　布尔运算两个物件的各种结果

8.2　工程实体工具

工程特征即不能单独创建的特征，必须依附于基础实体。只有基础实体存在时，才可以创建。

8.2.1　不等距边缘圆角

利用【不等距边缘圆角】命令可以在多重曲面或实体边缘上创建不等距的圆角曲面，修剪原来的曲面并与圆角曲面组合在一起。

【不等距边缘圆角】命令与【曲面工具】选项卡下的【不等距曲面圆角】有共同点也有不同点。共同点就是都能对多重曲面和实体进行圆角处理。不同的是，【不等距边缘圆角】不能对独立曲面进行圆角操作，而利用【不等距曲面圆角】对实体进行圆角操作，仅是倒圆实体上的两个面，并非整个实体，如图 8-22 所示。

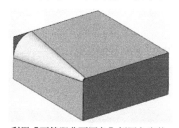
利用【不等距曲面圆角】倒圆角实体

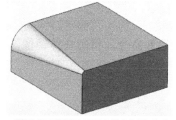
利用【不等距边缘圆角】倒圆角实体

图 8-22　两种圆角命令对于实体倒圆角的对比

上机操作——利用【不等距边缘圆角】创建轴承支架

轴承支架零件二维图形及实体模型如图 8-23 所示。

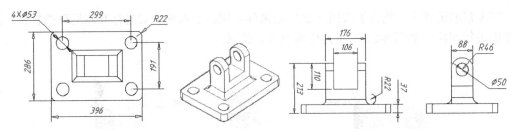

图 8-23 支架零件

① 新建 Rhino 文件。

② 利用【直线】命令，在 Top 视窗中绘制两条相互垂直的直线，并利用【出图】选项卡下的【设定线型】命令🖥将其转换成虚线，如图 8-24 所示。

③ 选择菜单栏中的【实体】|【立方体】|【底面中心点、角、高度】命令，创建长×宽×高为 396mm×286mm×237mm 的长方体，如图 8-25 所示。

```
指令：_Box
底面的第一角（对角线(D) 三点(P) 垂直(V) 中心点(C)）：_Center
底面中心点：
底面的另一角或长度（三点(P)）：198,143,0
高度，按 Enter 套用宽度：37
正在建立网格... 按 Esc 取消
```

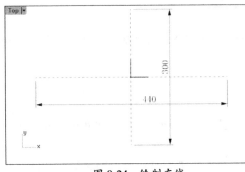

图 8-24 绘制直线

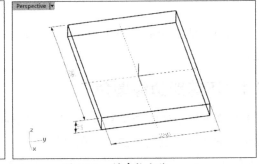

图 8-25 创建长方体

④ 利用【圆柱体】命令，创建直径为 53 的圆柱体，如图 8-26 所示。

```
指令：_Cylinder
圆柱体底面（方向限制(D)=垂直 实体(S)=是 两点(P) 三点(O) 正切(T) 逼近数个点(F)）：149.5,95.5,0
半径〈18.446〉（直径(D) 周长(C) 面积(A)）：直径
直径〈36.891〉（半径(R) 周长(C) 面积(A)）：53
圆柱体端点〈12.588〉（方向限制(D)=垂直 两侧(A)=否）：40
```

⑤ 利用【镜像】命令，将圆柱体镜像，得到如图 8-27 所示的结果。

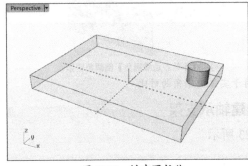

图 8-26 创建圆柱体

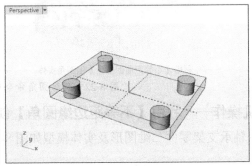

图 8-27 镜像圆柱体

⑥ 利用【布尔运算差集】命令，从长方体中减去 4 个圆柱体，如图 8-28 所示。

⑦ 单击【不等距边缘圆角】按钮📦，选取长方体的 4 条竖直棱边进行圆角处理，且半径为 22，建立的圆角如图 8-29 所示。

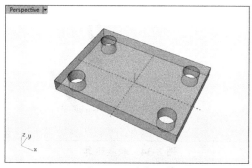

图 8-28　差集运算

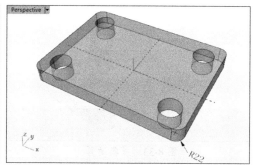

图 8-29　创建边缘圆角

⑧ 选择菜单栏中的【实体】|【立方体】|【底面中心点、角、高度】命令，创建长×宽×高为 176mm×88mm×213mm 的长方体，如图 8-30 所示。

```
指令: _Box
底面的第一角 ( 对角线(D) 三点(P) 垂直(V) 中心点(C) ): _Center
底面中心点:
底面的另一角或长度 ( 三点(P) ): 176
宽度, 按 Enter 套用长度 ( 三点(P) ): 88
高度, 按 Enter 套用宽度: 213
正在建立网格... 按 Esc 取消
```

⑨ 利用【圆：中心点、半径】命令、【多重直线】命令和【修剪】命令，在 Right 视窗中绘制如图 8-31 所示的曲线。

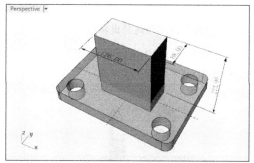

图 8-30　创建长方体

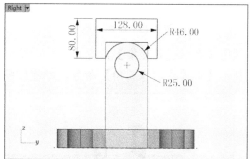

图 8-31　绘制曲线

⑩ 利用【挤出封闭的平面曲线】命令，选取步骤⑨绘制的曲线创建挤出实体，如图 8-32 所示。

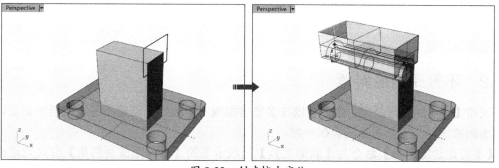

图 8-32　创建挤出实体

⑪ 利用【布尔运算差集】命令，进行差集运算，得到如图 8-33 所示的结果。

⑫ 利用【布尔运算联集】命令，对两个实体求和，得到如图 8-34 所示的结果。

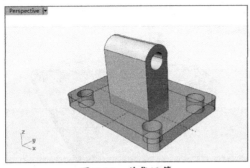
图 8-33 差集运算

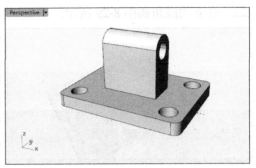
图 8-34 联集运算

⑬ 利用【多重直线】命令，在 Front 视窗中绘制如图 8-35 所示的曲线。

⑭ 利用【挤出封闭的平面曲线】命令，选取步骤⑬绘制的曲线创建挤出实体，如图 8-36 所示。

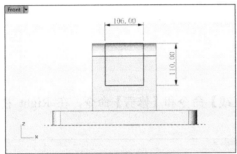
图 8-35 绘制曲线

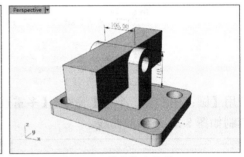
图 8-36 创建挤出实体

⑮ 利用【布尔运算差集】命令，进行差集运算，得到如图 8-37 所示的结果。

⑯ 利用【不等距边缘圆角】命令，创建如图 8-38 所示的半径为 22 的圆角。

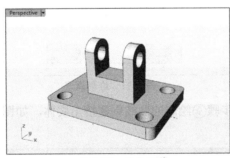
图 8-37 差集运算

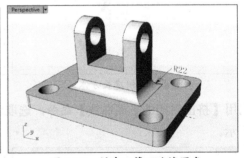
图 8-38 创建不等距边缘圆角

⑰ 最后将结果保存。

8.2.2 不等距边缘斜角

利用【不等距边缘斜角】命令可以在多重曲面或实体边缘上创建不等距的斜角曲面，修剪原来的曲面并与斜角曲面组合在一起。

【不等距边缘斜角】命令与【曲面工具】选项卡下的【不等距曲面斜角】有共同点也有

不同点。共同点就是都能对多重曲面和实体进行斜角处理。不同的是，【不等距边缘斜角】不能对独立曲面进行斜角操作，而利用【不等距曲面斜角】对实体进行斜角操作，仅是倒斜实体上的两个面，并非整个实体，如图 8-39 所示。

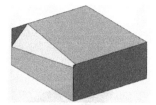
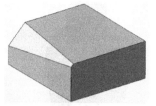

利用【不等距曲面斜角】倒斜实体　　　　　利用【不等距边缘斜角】倒斜实体

图 8-39　两种斜角命令对于实体倒斜角的对比

同理，两个斜角命令的操作方法相同，这里不做重复叙述。

8.2.3　封闭的多重曲面薄壳

利用【封闭的多重曲面薄壳】命令可以对实体进行抽壳，也就是删除所选的面，对余下的部分进行偏移可建立有一定厚度的壳体。

下面通过一个挤压瓶的设计，全面掌握【封闭的多重曲面薄壳】命令的应用。

上机操作——建立挤压瓶

① 新建 Rhino 文件。

② 在 Top 视窗中绘制一个椭圆和一个圆，如图 8-40 所示。

③ 利用【移动】命令将圆向 Z 轴正方向移动 200，如图 8-41 所示。

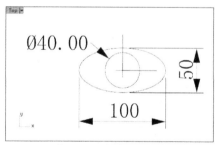
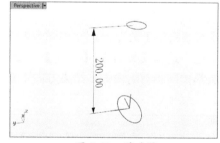

图 8-40　绘制椭圆和圆　　　　　　　图 8-41　移动圆

④ 利用【内插点曲线】命令在 Front 视窗中绘制样条曲线，如图 8-42 所示。

⑤ 利用【双轨扫掠】命令，选取椭圆和圆作为路径，以样条曲线为截面曲线，创建如图 8-43 所示的曲面。

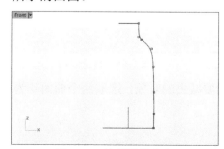
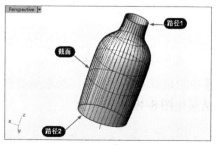

图 8-42　绘制样条曲线　　　　　　　图 8-43　创建扫掠曲面

⑥ 单击【实体工具】选项卡下的【将平面洞加盖】按钮⑩，选取瓶身来创建瓶口和瓶底的曲面。加盖后的封闭曲面自动生成实体，如图 8-44 所示。

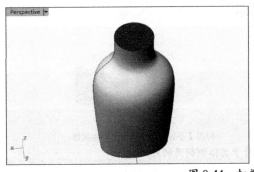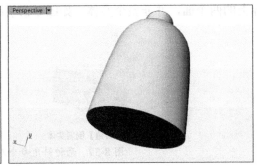

图 8-44 加盖并生成实体

⑦ 在 Right 视窗中利用【圆弧：起点、终点、通过点】命令，绘制圆弧，如图 8-45 所示。

⑧ 将此曲线镜像至对称的另一侧，如图 8-46 所示。

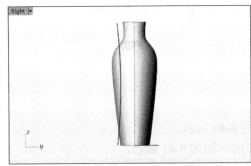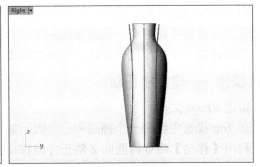

图 8-45 绘制圆弧　　　　　　　　　　图 8-46 镜像曲线

⑨ 利用【直线挤出】命令，创建如图 8-47 所示的与瓶身产生交集的挤出曲面。

⑩ 在菜单栏中选择【分析】|【方向】命令，选取两个曲面检查其方向，必须使紫色的方向箭头都指向相对的内侧，如果方向不正确，则可以选取曲面来改变其方向，如图 8-48 所示。

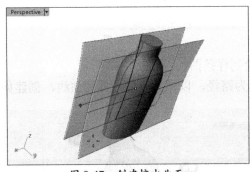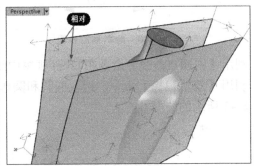

图 8-47 创建挤出曲面　　　　　　　　图 8-48 检查方向

⑪ 利用【布尔运算差集】命令，选取瓶身作为要减去的对象，选取两个曲面作为减除的对象，结果如图 8-49 所示。

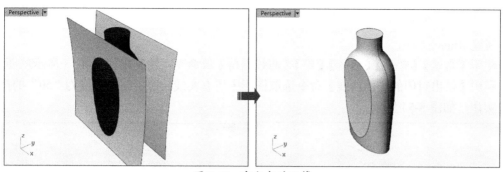

图 8-49　布尔求差运算

⑫　利用【不等距边缘圆角】命令，创建圆角，如图 8-50 所示。

⑬　单击【封闭的多重曲面薄壳】按钮 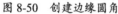，选取瓶口曲面作为要移除的面，设定厚度为"2.5"，单击鼠标右键完成抽壳操作，也完成了挤压瓶的建模操作，如图 8-51 所示。

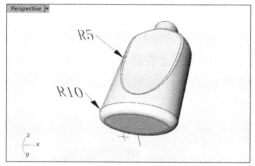

图 8-50　创建边缘圆角

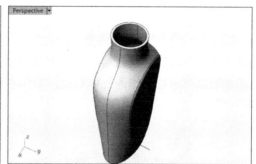

图 8-51　抽壳

8.2.4　洞

Rhino 中的"洞"就是工程中常见的孔。孔工具在【实体工具】选项卡中，如图 8-52 所示。

图 8-52　孔工具

1. 建立圆洞

利用【建立圆洞】命令可以建立自定义的孔。单击【建立圆洞】按钮 ⏣，选取要放置孔的目标曲面后，命令行显示如下提示：

选取目标曲面：
中心点（深度（D）=1　半径（R）=10　钻头尖端角度（T）=180　贯穿（T）=否　方向（L）=工作平面法线）

提示中的选项含义如下。

- 【中心点】：孔的中心点。
- 【深度】：孔深度。
- 【半径】：孔的半径。单击可以设置为直径值。
- 【钻头尖端角度】：设置孔的钻尖角度，如果是钻头孔则为 118°。如果是平底孔，则应设置为 180°。
- 【贯穿】：设置孔是否贯穿整个实体。
- 【方向】：孔的生成方向。包括【曲面法线】、【工作平面法线】和【指定】三个方向确定选项。

上机操作——创建零件上的孔

① 新建 Rhino 文件。

② 使用【直线】【圆弧】【修剪】【圆】【曲线圆角】等命令，绘制出如图 8-53 所示的图形。

③ 利用【挤出封闭的平面曲线】命令选取图形中所有实线轮廓，创建厚度为 "50" 的挤出实体，如图 8-54 所示。

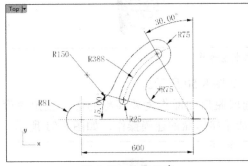

图 8-53　绘制轮廓

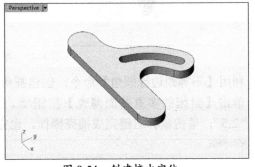

图 8-54　创建挤出实体

④ 单击【建立圆洞】按钮，选取要放置孔的目标曲面（上表面），利用【物件锁点】功能选取圆弧中心点作为孔中心点，如图 8-55 所示。

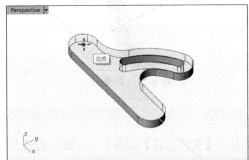

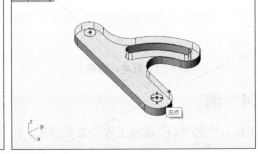

图 8-55　选取圆弧中心点

⑤ 在命令行中设置半径为 "63"，设置贯穿为 "是"，其余选项默认，单击鼠标右键完成孔的创建，如图 8-56 所示。

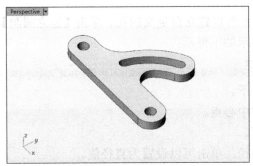

图 8-56　创建孔

2. 建立洞/放置洞

【建立洞】命令（单击按钮）用于将封闭曲线以平面曲线挤出，在实体或多重曲面上挖出一个洞（孔）。

　　【放置洞】命令（在按钮⬚上单击鼠标右键）用于选取已有的封闭曲线或者孔边缘放置到新的曲面位置上来重建孔。

上机操作——建立洞/放置洞

①　打开本例源文件"建立洞-放置洞.3dm"。

②　利用【圆】【矩形】【修剪】等命令，在模型上绘制图形，如图 8-57 所示。

③　单击【建立洞】按钮⬚，选取圆和矩形并单击鼠标右键后再选取放置曲面（上表面），然后单击鼠标右键完成圆孔的创建，如图 8-58 所示。

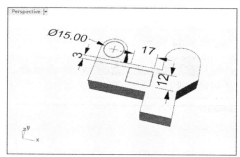

图 8-57　绘制图形

图 8-58　建立孔

④　在【放置洞】按钮⬚上单击鼠标右键，选取圆孔边缘或圆曲线，然后选取孔的基准点，如图 8-59 所示。

⑤　单击鼠标右键保留默认的孔朝上的方向，然后选择目标曲面（放置曲面），如图 8-60 所示。

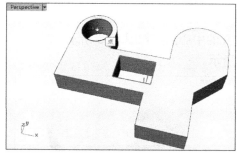

图 8-59　选取封闭曲线和洞基准点

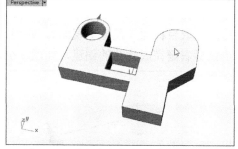

图 8-60　确定孔朝上方向并选择放置面

⑥　将光标移动到模型圆弧处，会自动拾取其圆心，选取此圆心作为放置面上的点，如图 8-61 所示。

⑦　输入深度值或者拖动光标确定深度，再或者设置贯穿，单击鼠标右键后完成孔的放置，如图 8-62 所示。

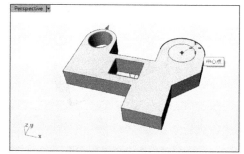

图 8-61　选取孔放置点

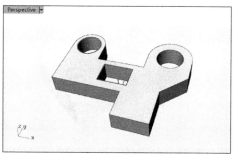

图 8-62　设定深度并放置孔

3. 旋转成洞

【旋转成洞】命令可用于异形孔的创建，也可以理解为在对象上进行旋转切除操作，旋转截面曲线为开放的曲线或者封闭的曲线。

上机操作——旋转成洞

① 打开本例源文件"旋转成洞.3dm"。

② 单击【旋转成洞】按钮 🗔，选取轮廓曲线 1 作为要旋转成孔的轮廓曲线，如图 8-63 所示。

工程点拨：
> 轮廓曲线必须是多重曲线，也就是单一曲线或者将多条曲线进行组合。

③ 选取轮廓曲线的一个端点作为曲线基准点，如图 8-64 所示。

工程点拨：
> 曲线基准点确定了孔的形状，不同的基准点会产生不同的效果。

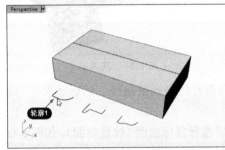

图 8-63　选取轮廓曲线 1　　　　　图 8-64　选取曲线基准点

④ 按提示选取目标面（模型上表面），并指定孔的中心点，如图 8-65 所示。

⑤ 单击鼠标右键完成此孔的创建，如图 8-66 所示。

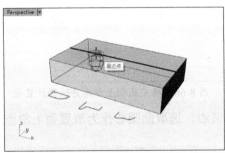
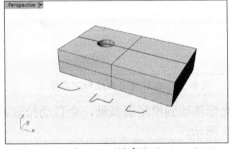

图 8-65　指定孔的中心点　　　　　图 8-66　创建孔

⑥ 同理，再创建其余 2 个旋转成形孔，如图 8-67 所示。剖开的示意图如图 8-68 所示。

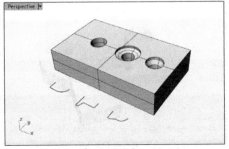
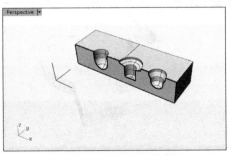

图 8-67　创建其余 2 个孔　　　　　图 8-68　剖开的示意图

4. 将洞移动/将洞复制

使用【将洞移动】命令可以将创建的孔移动到曲面的新位置上，如图 8-69 所示。

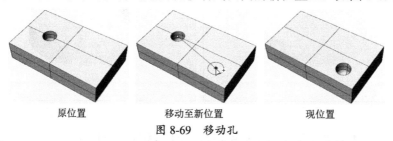

原位置　　　　　　移动至新位置　　　　　　现位置
图 8-69　移动孔

> **工程点拨：**
>
> 　　此命令适用于利用孔工具建立的孔及利用布尔运算差集后建立的孔。从图形创建挤出实体中的孔不能使用此命令，如图 8-70 所示。

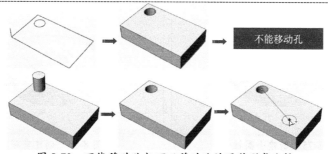

图 8-70　不能移动孔与可以移动孔的两种形式比较

单击鼠标右键，在弹出的快捷菜单中选择【将洞复制】命令可以复制孔，如图 8-71 所示。

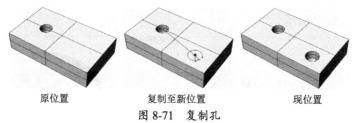

原位置　　　　　　复制至新位置　　　　　　现位置
图 8-71　复制孔

5. 将洞旋转

单击【将洞旋转】按钮 ，可以将平面上的洞绕着指定的中心点旋转。旋转时可以设置是否复制孔，如图 8-72 所示。

旋转中心点（复制(C)=否）：
角度或第一参考点 〈5156.620〉（复制(C)=否）：
图 8-72　旋转洞时设置是否复制孔

上机操作——将洞旋转

① 新建 Rhino 文件。

② 利用【圆柱体】命令在坐标系原点位置创建直径为 "50"、高为 "10" 的圆柱体，如图 8-73 所示。

③ 利用【建立圆洞】命令，在圆柱体上创建直径为 "40"、深度为 "5" 的大圆孔，如图 8-74 所示。

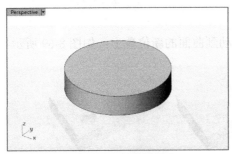

图 8-73　创建圆柱体

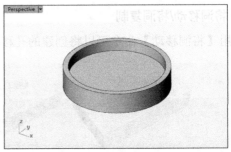

图 8-74　创建大圆孔

④ 利用【圆柱体】命令在坐标系原点创建直径为"20"、高为"7"的小圆柱体，如图 8-75 所示。利用【布尔运算联集】命令组合所有实体。

⑤ 利用【建立圆洞】命令，在小圆柱体上创建直径为"15"的贯穿孔，如图 8-76 所示。

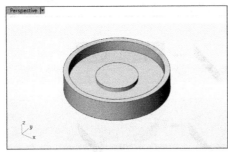

图 8-75　创建小圆柱体

图 8-76　创建贯穿孔

⑥ 利用【建立圆洞】命令，创建直径为"7.5"的贯穿孔，如图 8-77 所示。

⑦ 单击【将洞旋转】按钮，选取要旋转的孔（直径为"7.5"的贯穿孔），然后选取旋转中心点，如图 8-78 所示。

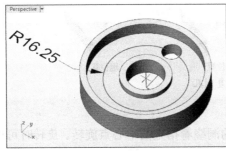

图 8-77　建立贯穿孔

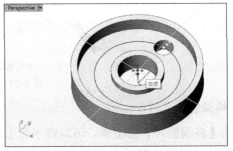

图 8-78　选取旋转中心点

⑧ 在命令行中输入旋转角度"-90"，并设置【复制】选项为"是"，单击鼠标右键后完成孔的旋转复制，如图 8-79 所示。

6. 以洞作环形阵列

使用【以洞作环形阵列】命令可以绕阵列中心点进行旋转复制，生成多个副本。利用【将洞旋转】命令旋转复制的副本数仅仅是 1 个。

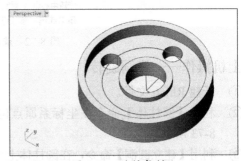

图 8-79　旋转复制孔

上机操作——以洞作环形阵列

① 打开本例源文件"以洞作环形阵列.3dm"。

② 单击【以洞作环形阵列】按钮，选取平面上要阵列的孔，如图 8-80 所示。

③ 指定整个圆形模型的中心点（或者坐标系原点）作为环形阵列的中心点，如图 8-81 所示。

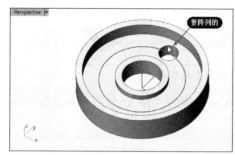
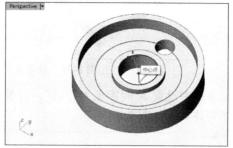

图 8-80　选取要阵列的孔　　　　图 8-81　指定环形阵列的中心点

④ 在命令行中输入阵列的数目为"4"，单击鼠标右键后再输入旋转角度总和为"360"，再单击鼠标右键完成孔的环形阵列，结果如图 8-82 所示。

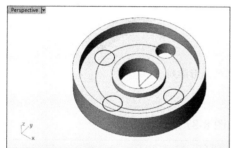
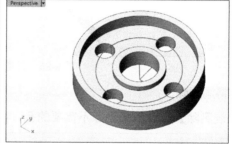

图 8-82　完成孔的环形阵列

7. 以洞作阵列

【以洞作阵列】命令用于将孔作矩形或平行四边形阵列。

上机操作——以洞作矩形阵列

① 打开本例源文件"以洞作阵列.3dm"。

② 单击【以洞作阵列】按钮，选取平面上要阵列的孔，如图 8-83 所示。

③ 在命令行中输入 A 方向数目为"3"，单击鼠标右键输入 B 方向数目为"3"，选取阵列基点，如图 8-84 所示。

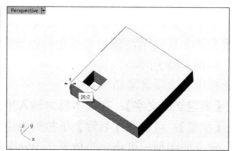

图 8-83　选取要阵列的孔　　　　图 8-84　指定阵列基点

④ 指定 A 方向上的参考点和 B 方向上的参考点，如图 8-85 所示。

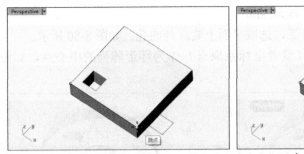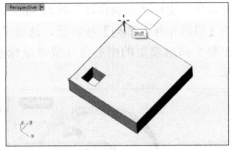

图 8-85　指定 A、B 方向上的参考点

⑤ 在命令行中设置 A 间距值为 "15"，设置 B 间距值为 "15"，最终单击鼠标右键完成孔的矩形阵列，如图 8-86 所示。

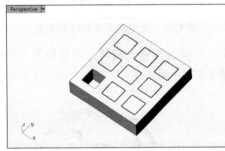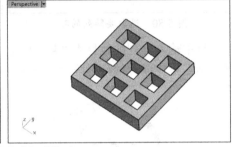

图 8-86　创建孔的矩形阵列

8. 将洞删除

【将洞删除】命令用来删除不需要的孔，如图 8-87 所示。

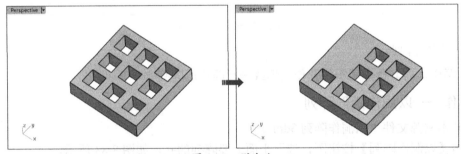

图 8-87　删除孔

8.2.5　文字

利用【文字】命令可以建立文字曲线、曲面或实体。在【标准】选项卡下的左边栏中单击【文字物件】按钮 ，或者在菜单栏中选择【实体】|【文字】命令，弹出【文字物件】对话框，如图 8-88 所示。

对话框中各选项含义如下。

- 【要建立的文字】：在文本框内输入用户要创建文字的文字内容。
- 【字型】：可以从【名称】下拉列表中选择 Windows 系统提供的字体类型。若需自定义的字型，可将字型放置在 Windows 系统中，然后从此对话框中加载即可。
- 【粗体】：设置字体的粗细。

- 【斜体】：设置字体的倾斜度。
- 【建立】：要建立的对象类型。包括【曲线】【曲面】
  和【实体】3 种。
- 【群组物件】：由群组建立的物件。
- 【文字大小】：设置文字的高度与厚度。
- 【小型大写】：以小型大写的方式显示英文小写字母。
- 【间距】：字体之间的间距。

前面章节中已经应用过【文字物件】工具创建文字了，
此处不再重新举例。

图 8-88 【文字物件】对话框

8.3 成形实体工具

成形实体是基于原有实体而进行的再建形状特征操作。

8.3.1 线切割

【线切割】命令使用开放或封闭的曲线切割实体。

上机操作——线切割

① 打开本例源文件"线切割.3dm"。

② 单击【线切割】按钮🌐，选取切割用的曲线和要切割的实体对象，如图 8-89 所示。

③ 单击鼠标右键后输入切割深度或者指定第一切割点，如图 8-90 所示。

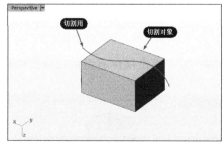

图 8-89 选取切割用的曲线和要切割的对象　　　图 8-90 指定第一切割点

④ 将第二切割点拖动到模型外并单击放置，如图 8-91 所示。

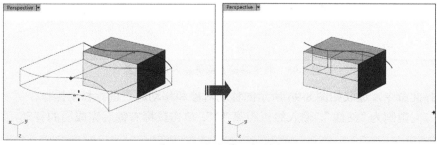

图 8-91 指定第二切割点

⑤ 单击鼠标右键完成切割，如图 8-92 所示。

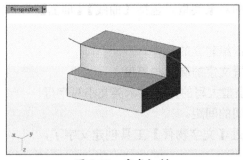

图 8-92　完成切割

8.3.2　将面移动

【将面移动】命令用于通过移动面来修改实体或曲面。如果是曲面，则仅仅移动曲面，不会生成实体。

上机操作——将面移动

① 打开本例源文件"线切割.3dm"，如图 8-93 所示。

② 单击【将面移动】按钮 ，选取如图 8-94 所示的面，单击鼠标右键后指定移动起点。

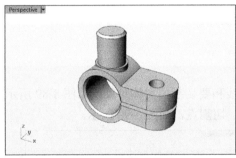

图 8-93　打开的模型

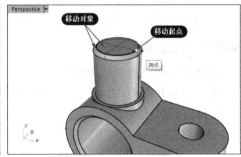

图 8-94　指定移动起点

③ 设置方向限制为"法线"，再输入移动距离为"5"，单击鼠标右键后完成面的移动，结果如图 8-95 所示。

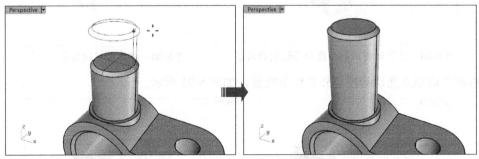

图 8-95　指定移动方向并输入移动距离

④ 再选择此命令，选取如图 8-96 所示的移动对象和移动起点进行移动操作。

⑤ 设置方向限制为"法线"，输入终点距离"2"，单击鼠标右键后完成面的移动，如图 8-97 所示。

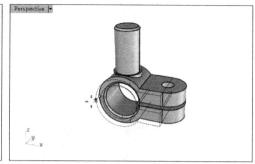

图 8-96　选取移动对象和移动起点进行移动操作　　图 8-97　设置移动终点并完成移动操作

⑥　同理，在相反的另一侧也作相同参数的移动面操作。

8.4　曲面与实体转换工具

Rhino 实体工具中还提供了由曲面生成实体、由实体分离成曲面的功能，下面进行详解。

8.4.1　自动建立实体

利用【自动建立实体】命令以选取的曲面或多重曲面所包围的封闭空间建立实体。

上机操作——自动创建实体

①　新建 Rhino 文件。

②　利用【矩形】【炸开】【曲线圆角】【直线挤出】等命令，建立如图 8-98 所示的曲面。

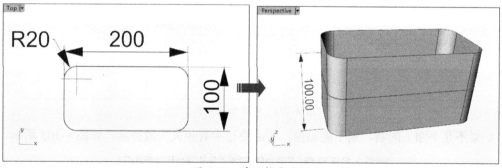

图 8-98　建立挤出曲面

③　利用【圆弧】命令，在 Front 视窗和 Right 视窗中绘制曲线，如图 8-99 所示。

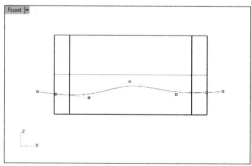

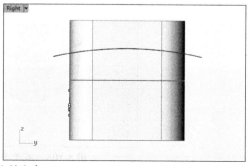

图 8-99　绘制曲线

④ 利用【直线挤出】命令建立挤出曲面，如图 8-100 所示。

⑤ 单击【自动建立实体】按钮，框选所有曲面，单击鼠标右键后自动相互修剪并建立实体，如图 8-101 所示。

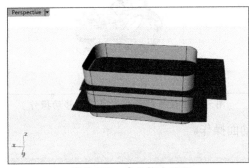 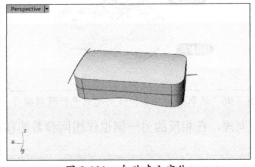

图 8-100　建立挤出曲面　　　　　　图 8-101　自动建立实体

工程点拨：

两两相互修剪的曲面必须完全相交，否则将不能建立实体。

8.4.2　将平面洞加盖

只要曲面上的孔边缘在平面上，就可以利用【将平面洞加盖】命令自动修补平面孔，并自动组合成实体，如图 8-102 所示。

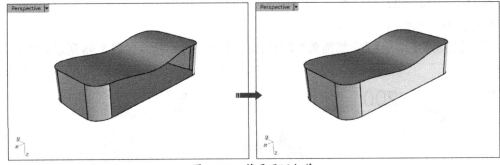

图 8-102　将平面洞加盖

如果不是平面上的洞，则不能加盖，在命令行中有相关失败提示，如图 8-103 所示。

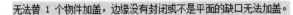

无法替 1 个物件加盖，边缘没有封闭或不是平面的缺口无法加盖。

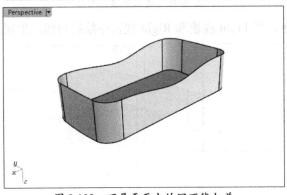

图 8-103　不是平面上的洞不能加盖

8.4.3　抽离曲面

【抽离曲面】命令用于将实体中选中的面剥离开，实体则转变为曲面。抽离的曲面可以删除，也可以进行复制。

单击【抽离曲面】按钮，选取实体中要抽离的曲面，单击鼠标右键即可完成抽离，如图 8-104 所示。

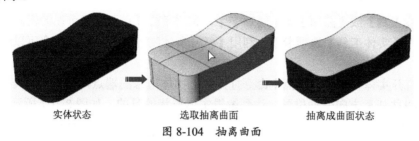

实体状态　　　　　　选取抽离曲面　　　　　　抽离成曲面状态

图 8-104　抽离曲面

8.4.4　合并两个共曲面的面

【合并两个共曲面的面】命令用于将一个多重曲面上相邻的两个共曲面的平面合并为单一平面，如图 8-105 所示。

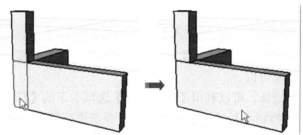

图 8-105　合并两个共曲面的面

8.4.5　取消边缘的组合状态

【取消边缘的组合状态】功能近似于【炸开】功能，可以将实体拆解成曲面。不同的是，前者可以选取单个曲面的边缘进行拆解，也就是可以拆解出一个或多个曲面，如图 8-106 所示。

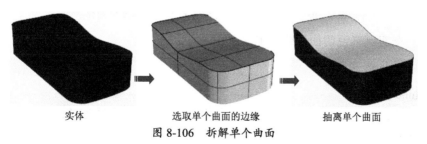

实体　　　　　　选取单个曲面的边缘　　　　　　抽离单个曲面

图 8-106　拆解单个曲面

工程点拨：

如果选取实体中所有边缘，则将拆解所有曲面。

8.5 操作与编辑实体工具

通过操作或编辑实体对象，可以创建一些造型比较复杂的模型，下面来了解这些工具。

8.5.1 打开实体物件的控制点

在【曲线工具】或【曲面工具】选项卡中，利用【打开点】功能可以编辑曲线或曲面的形状。同样在【实体工具】选项卡下，利用【打开实体物件的控制点】命令可以编辑实体的形状。

利用【打开实体物件的控制点】命令打开的是实体边缘的端点，每个点都具有 6 个自由度，表示可以往任意方向变动位置，达到编辑实体形状的目的，如图 8-107 所示。

显示控制点　　　　　　拖动控制点　　　　　　改变形状

图 8-107　打开实体物件的控制点编辑实体

在前面所介绍的基本实体，除了球体和椭圆体不能使用【打开实体物件的控制点】命令进行编辑外，其他命令都可以。

要想编辑球体或椭圆体，可以利用【曲线工具】选项卡下的【打开点】命令，或者在菜单栏中选择【编辑】|【控制点】|【开启控制点】命令来进行编辑，如图 8-108 所示。

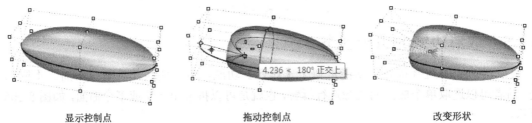

显示控制点　　　　　　拖动控制点　　　　　　改变形状

图 8-108　打开实体物件的控制点编辑球体或椭圆体

下面用一个案例来说明如何编辑实体进行造型。

上机操作——小鸭造型

① 新建 Rhino 文件。

② 利用【球体：中心点、半径】命令，创建半径为"30"和半径为"18"的两个球体，如图 8-109 所示。

③ 为了使球体拥有更多的控制点，需要对球体进行重建。选中 2 个球体，然后选择菜单栏中的【编辑】|【重建】命令，打开【重建曲面】对话框。在对话框中设置 U、V 点数都为"8"，阶数都为"3"，勾选【删除输入物件】复选框和【重新修剪】复选框，最后单击【确定】按钮完成重建操作，如图 8-110 所示。

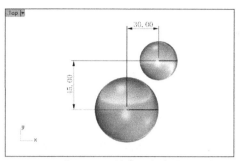

图 8-109　创建 2 个球体

图 8-110　重建球体

　　两个球体现在已经重建成可塑形的球体了，更多的控制点让用户对球体的形状有更大的控制能力，3 阶曲面比原来的球体更能平滑地变形。

④　选中直径较大的球体，然后利用【打开点】命令，显示球体的控制点，如图 8-111 所示。

⑤　框选下部分控制点，然后选择菜单栏中的【变动】|【设置 XYZ 坐标】命令，如图 8-112 所示。

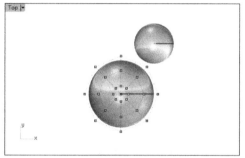

图 8-111　显示控制点

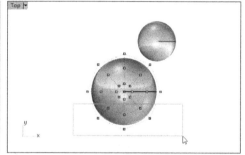

图 8-112　框选下部分控制点

⑥　随后打开【设置点】对话框。在对话框中仅仅勾选【设置 Y】复选框，再单击【确定】按钮完成设置，如图 8-113 所示。

⑦　将选取的控制点往上拖曳。所有选取的控制点会在世界 Y 坐标上对齐（Top 工作视窗垂直的方向），使球体底部平面化，如图 8-114 所示。

图 8-113　设置点的坐标

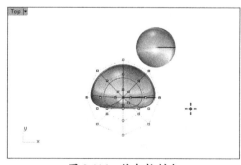

图 8-114　拖曳控制点

⑧　关闭控制点。然后选中身体部分球体，选择菜单栏中的【变动】|【缩放】|【单轴缩放】命令，同时打开底部状态栏中的【正交】模式。选择原球体中心点为基点，再指定第一参考点和第二参考点，如图 8-115 所示。

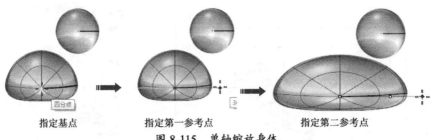

指定基点　　　　　　　指定第一参考点　　　　　　　指定第二参考点

图 8-115　单轴缩放身体

⑨　确定第二参考点后单击即可完成变动操作。在身体部分处于激活状态下（被选中），打
开其控制点。然后选中右上方的 2 个控制点，向右拖曳，使身体部分隆起，随后单击完
成变形操作，如图 8-116 所示。

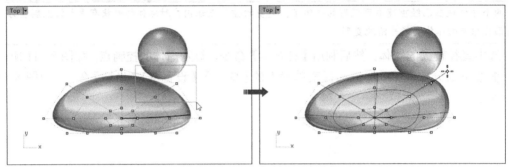

图 8-116　拖曳右上方控制点改变胸部形状

⑩　框选左上方的一个控制点，然后向上拖曳，拉出尾部形状，如图 8-117 所示。

工程点拨：
　　虽然在 Top 工作视窗中看起来只有一个控制点被选取，但是在 Front 工作视窗中用户可以看到共有两个
控制点被选取，这是因为第二个控制点在 Top 工作视窗中位于用户所看到的控制点的正后方。

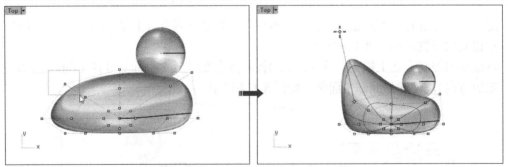

图 8-117　拖曳左上方控制点改变尾部形状

⑪　尾部形状看起来还不是很令人满意，需要继续编辑。编辑之前需要插入一排控制点。
在菜单栏中选择【编辑】|【控制点】|【插入控制点】命令，然后选取身体，在命令行
中更改方向为 V，再选取控制点的放置位置，单击鼠标右键完成插入操作，如图 8-118
所示。

⑫　框选插入的控制点，然后将其向下拖曳，使尾部形状看起来更逼真，如图 8-119 所示。
完成后关闭身体的控制点显示。

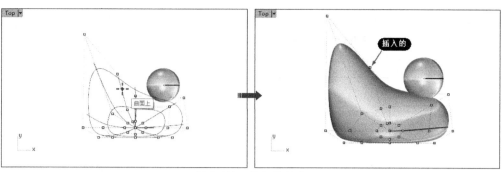

图 8-118　插入控制点

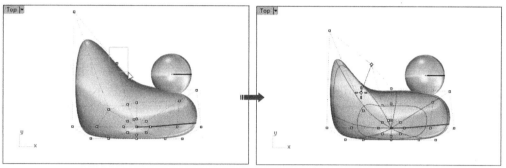

图 8-119　拖曳控制点改变身体

⑬　选取较小的球体，并显示其控制点。框选右侧的控制点然后设置点的坐标方式为"设置 *X*、设置 *Y*"，并进行拖曳，拉出嘴部形状，如图 8-120 所示。

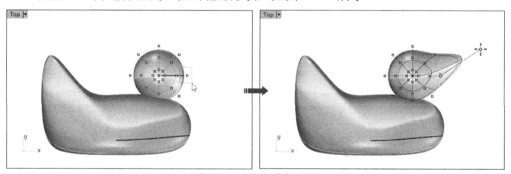

图 8-120　拉出嘴部形状

⑭　框选如图 8-121 所示的控制点，然后在 Front 视窗中向右拖曳，来完善嘴部形状。

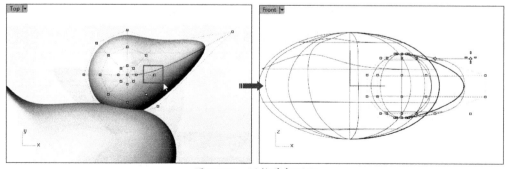

图 8-121　调整嘴部形状

⑮　框选顶部的控制点，向下拖曳少许微调头部形状，如图 8-122 所示。

在微调过程中,要注意观察其他几个视窗中的变形情况,如果发现控制点在其他方向一致运动,则必要时再设置点的 X、Y、Z 坐标,以此可以单方向拖曳变形。

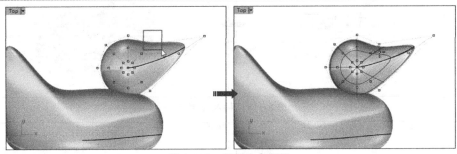

图 8-122 微调头部形状

⑯ 按 Esc 键关闭控制点。利用【内插点曲线】命令绘制一条样条曲线,用来分割出嘴部与头部,分割后可以对嘴部进行颜色渲染,以示区别,如图 8-123 所示。

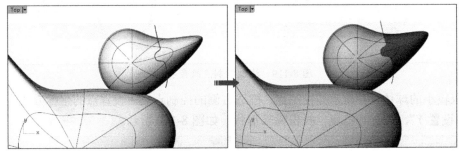

图 8-123 绘制曲线并分割头部

⑰ 利用【直线】命令绘制直线,然后利用直线来修剪头部底端,如图 8-124 所示。

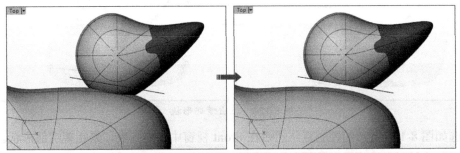

图 8-124 绘制直线再修剪头部底端

⑱ 在修剪后的缺口边缘上创建挤出曲面,如图 8-125 所示。

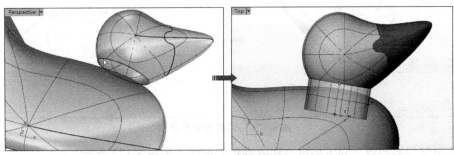

图 8-125 创建挤出曲面

⑲ 利用【修剪】命令，用挤出曲面修剪身体，得到与头部切口对应的身体缺口，如图 8-126 所示。

工程点拨：

选取要修剪的物件时，要选取挤出曲面范围以内的身体。

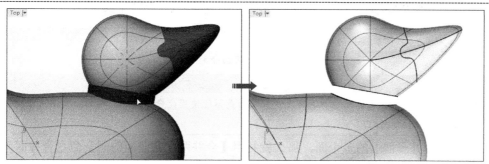

图 8-126   修剪身体

⑳ 利用【混接曲面】命令选取头部缺口边缘和身体缺口边缘，创建出如图 8-127 所示的混接曲面。

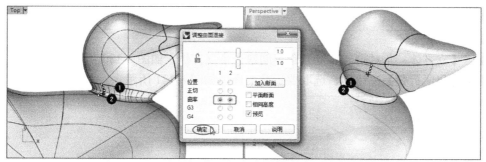

图 8-127   创建混接曲面

㉑ 至此，完成了小鸭的基本造型操作。

8.5.2   移动边缘

【移动边缘】命令用于通过移动实体的边缘来编辑形状。选取要移动的边缘，边缘所在的曲面将随之改变，如图 8-128 所示。

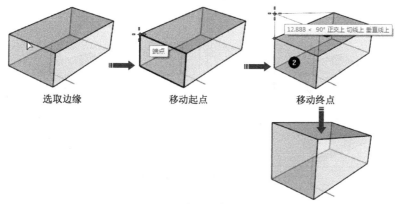

图 8-128   移动边缘编辑实体

8.5.3 将面分割

【将面分割】命令用来分割实体上平直的面或者平面，如图 8-129 所示。

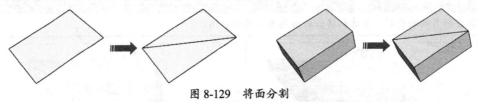

图 8-129　将面分割

实体的面被分割了，其实体性质却没有改变。曲面是不能使用此命令进行分割的，曲面可使用左边栏中的【分割】命令进行分割。

如果需要合并平面上的多个面，那么就利用【合并两个共曲面的面】命令合并即可。

8.5.4 将面折叠

【将面折叠】命令用于将多重曲面中的面沿着指定的轴切割并旋转。

上机操作——将面折叠

① 新建 Rhino 文件。

② 使用【立方体：角对角、高度】命令创建一个立方体，如图 8-130 所示。

③ 单击【将面折叠】按钮，选取要折叠的面，如图 8-131 所示。

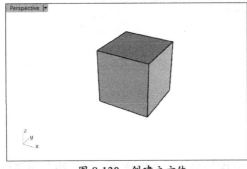

图 8-130　创建立方体

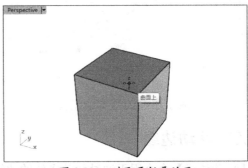

图 8-131　选取要折叠的面

④ 选取折叠轴的起点和终点，如图 8-132 所示。

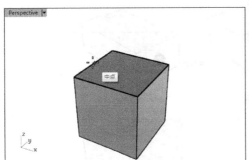

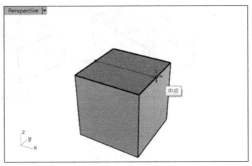

图 8-132　选取折叠轴的起点和终点

工程点拨：

确定折叠轴后，整个面被折叠轴一分为二。接下来可以折叠单面，也可以折叠双面。

---

⑤ 指定折叠的第一参考点和第二参考点，如图 8-133 所示。

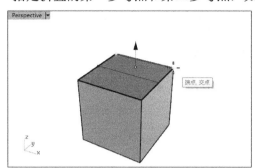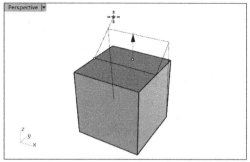

图 8-133　指定折叠的两个参考点

⑥ 单击鼠标右键完成折叠，如图 8-134 所示。

工程点拨：

默认情况下，只设置单个面的折叠，将生成对称的折叠。如果不需要对称，则可以继续指定另一面的折叠。

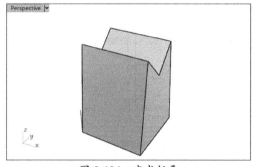

图 8-134　完成折叠

8.6　实战案例——"哆啦 A 梦"存钱罐造型

"哆啦 A 梦"机器猫存钱罐模型的主体由几块曲面组合而成。在主体面之上，通过添加一些卡通模块，令这些细节能够更加丰富整个造型，从而使整体模型更为生动。

在整个模型的创建过程中采用了以下基本方法和要点：

● 创建圆球体并通过调整曲面的形状，创建机器猫头部曲面。

● 通过【双轨扫掠】命令创建机器猫的下部分主体曲面。

● 添加机器猫的手臂、腿部等细节。

● 在机器猫的头部曲面上添加眼睛、鼻子、嘴部等细节。

● 在机器猫的下部分曲面上创建凸起曲面，为存钱罐创建存钱口，最终完成整个模型的创建。

完成的"哆啦 A 梦"存钱罐造型如图 8-135 所示。

图 8-135 "哆啦 A 梦"存钱罐造型

8.6.1 创建主体曲面

操作步骤

① 新建 Rhino 文件。

② 选择菜单栏中的【实体】|【球体】|【中心点、半径】命令，在 Right 正交视图中，以坐标轴原点为球心，创建一个圆球体，如图 8-136 所示。

③ 显示圆球体的控制点，调整圆球体的形状，它将作为机器猫的头部，如图 8-137 所示。

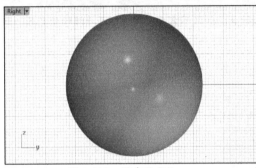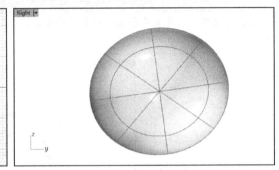

图 8-136 创建圆球体　　　　　　图 8-137 调整圆球体的形状

④ 选择菜单栏中的【变动】|【缩放】|【三轴缩放】命令，在 Right 正交视图中，以坐标原点为基点，缩放图中的圆球体，开启命令行中的【复制(C)=是】选项，通过缩放创建另外两个圆球体，最大的圆球体为球 1，中间的为球 2，原始的圆球体定为球 3，如图 8-138 所示。

⑤ 选择菜单栏中的【曲线】|【自由造型】|【控制点】命令，在 Front 正交视图中圆球体的下方创建一条曲线，如图 8-139 所示。

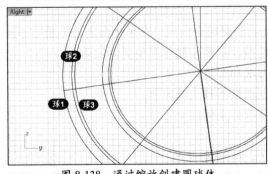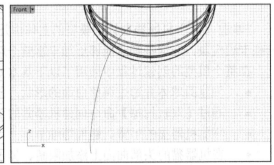

图 8-138 通过缩放创建圆球体　　　　图 8-139 创建控制点曲线

⑥ 选择菜单栏中的【变动】|【镜像】命令，将新创建的曲线在 Front 正交视图中以垂直坐标轴为镜像轴，创建一条镜像副本曲线，如图 8-140 所示。

⑦ 选择菜单栏中的【曲线】|【圆】|【中心点、半径】命令，在 Top 正交视图中，以坐标

原点为圆心，调整半径大小，创建一条圆形曲线，如图 8-141 所示（为了方便观察，图中隐藏了球 1、球 2）。

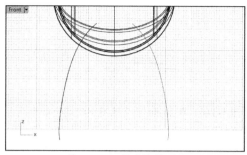

图 8-140　创建镜像副本

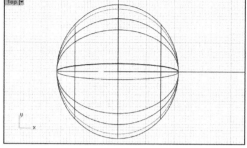

图 8-141　创建圆形曲线

⑧　在 Front 正交视图中，将圆形曲线垂直向下移动到图中的位置，方便接下来的选取，并给图中的几条曲线编号，如图 8-142 所示。

⑨　选择菜单栏中的【曲面】|【双轨扫掠】命令，依次选取曲线①、②、③，单击鼠标右键确定，创建一块扫掠曲面，如图 8-143 所示。

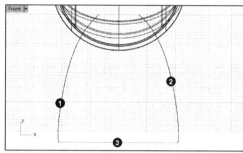

图 8-142　移动圆形曲线

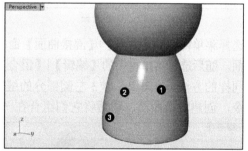

图 8-143　创建扫掠曲面

⑩　隐藏图中的曲线，选择菜单栏中的【曲线】|【从物件建立曲线】|【交集】命令，选取图中的曲面，单击鼠标右键确定，在曲面间的相交处创建 3 条曲线，如图 8-144 所示。

图 8-144　创建曲面间交集

⑪　选择菜单栏中的【编辑】|【修剪】命令，使用刚刚创建的交集曲线修剪曲面。剪切掉曲面间相交的部分，如图 8-145 所示。

⑫　选择菜单栏中的【曲线】|【自由造型】|【控制点】命令，在 Right 正交视图中创建一条曲线，如图 8-146 所示。

⑬　选择菜单栏中的【编辑】|【分割】命令，以新创建的曲线，在 Right 正交视图中对球 1、球 2 和球 3 进行分割。随后隐藏曲线，如图 8-147 所示。

⑭　在 Right 正交视图中，删除分割后的球 1 的左侧、球 3 的右侧，结果如图 8-148 所示。

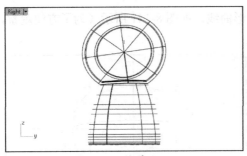

图 8-145　修剪曲面

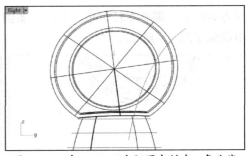

图 8-146　在 Right 正交视图中创建一条曲线

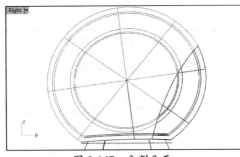

图 8-147　分割曲面

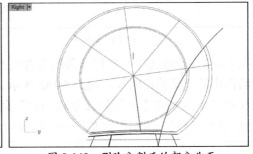

图 8-148　删除分割后的部分曲面

⑮　选择菜单栏中的【曲面】|【混接曲面】命令，在球 3 与球 2 右侧部分的缝隙处创建混接曲面，随后选择菜单栏中的【编辑】|【组合】命令，将它们组合到一起，如图 8-149 所示。

⑯　同样的方法，在球 2、球 3 左侧部分的缝隙处选择菜单栏中的【曲面】|【混接曲面】命令，创建混接曲面，随后将它们组合在一起，如图 8-150 所示。

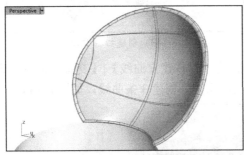

图 8-149　混接并组合曲面

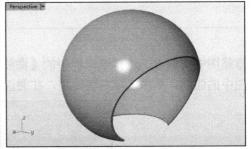

图 8-150　组合球 2、球 3 左侧部分

⑰　选择菜单栏中的【曲线】|【自由造型】|【控制点】命令，在 Top 正交视图的右侧，创建一条曲线，然后选择菜单栏中的【变动】|【旋转】命令，在 Front 正交视图中将其旋转一定角度，如图 8-151 所示。

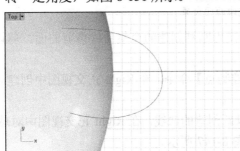

图 8-151　在 Top 正交视图中创建一条曲线

⑱　再次选择菜单栏中的【曲线】|【自由造型】|【控制点】命令，在 Front 正交视图中创建
一条曲线，如图 8-152 所示。

⑲　选择菜单栏中的【曲面】|【单轨扫掠】命令，选取图中的曲线①、②，单击鼠标右键
确定，创建一块扫掠曲面，如图 8-153 所示。

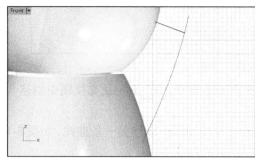

图 8-152　在 Front 正交视图中创建一条曲线

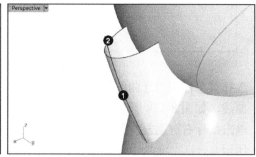

图 8-153　创建扫掠曲面

⑳　隐藏（或删除）图中的曲线。选择菜单栏中的【实体】|【球体】命令，在 Top 正交视图
中创建一个圆球体，如图 8-154 所示。

㉑　显示圆球体的控制点，调整圆球体的形状，使其与扫掠曲面以及机器猫头部曲面相交，
如图 8-155 所示。

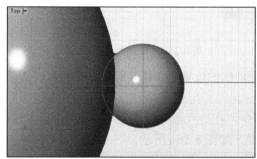

图 8-154　创建圆球体

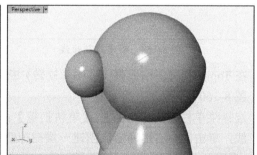

图 8-155　调整圆球体

㉒　选择菜单栏中的【变动】|【镜像】命令，选取小圆球体以及扫掠曲面，单击鼠标右键
确定，在 Front 正交视图中，以垂直坐标轴为镜像轴，创建它们的镜像副本，如图 8-156
所示。

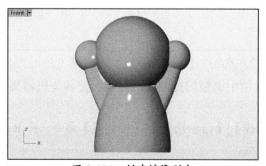

图 8-156　创建镜像副本

㉓　选择菜单栏中的【实体】|【圆管】命令，选取图中的边缘 A，单击鼠标右键确定。在透
视图中通过移动鼠标调整圆管半径的大小并单击确定。最后按 Enter 键完成圆管曲面
的创建，以便封闭上、下两曲面间的缝隙，如图 8-157 所示。

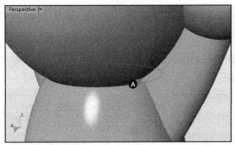
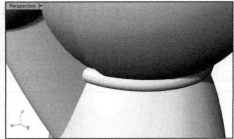

图 8-157　创建圆管曲面

㉔　选择菜单栏中的【曲线】|【自由造型】|【控制点】命令，在 Top 正交视图中创建一条曲线，如图 8-158 所示。

㉕　单击鼠标右键重复执行【控制点】命令，在 Front 正交视图中创建另一条曲线，如图 8-159 所示。

图 8-158　创建路径曲线

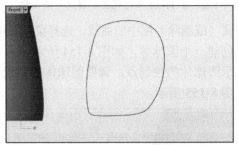

图 8-159　创建断面曲线

㉖　在 Top 正交视图中调整（移动和旋转）断面曲线的位置，并将其旋转一定角度。结果如图 8-160 所示。

㉗　选择菜单栏中的【曲面】|【单轨扫掠】命令，在透视图中依次选取路径曲线、断面曲线，单击鼠标右键确定，创建一块扫掠曲面，如图 8-161 所示。

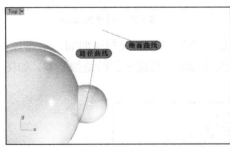

图 8-160　调整断面曲线的位置

图 8-161　创建扫掠曲面

㉘　在 Top、Front 正交视图中调整扫掠曲面的位置，使其与机器猫的身体相交，如图 8-162 所示。

㉙　选择菜单栏中的【曲线】|【自由造型】|【控制点】命令，在 Right 正交视图中创建一条曲线，如图 8-163 所示。

㉚　在 Top 正交视图中，将新建的曲线复制两份，并移动到不同位置，然后选择菜单栏中的【变动】|【旋转】命令，将其旋转一定角度，如图 8-164 所示。

㉛　选择菜单栏中的【曲面】|【放样】命令，依次选取创建的 3 条曲线，单击鼠标右键确定，创建一块扫掠曲面，如图 8-165 所示。

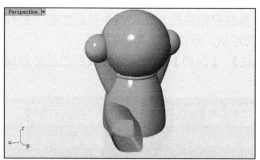

图 8-162　调整曲面的位置

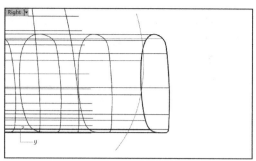

图 8-163　创建控制点曲线

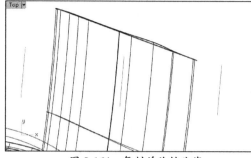

图 8-164　复制并旋转曲线

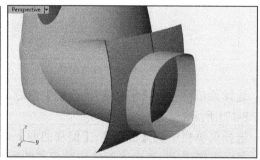

图 8-165　创建放样曲面

㉜ 选择菜单栏中的【编辑】|【修剪】命令，将放样曲面与扫掠曲面互相剪切，最终如图 8-166 所示。

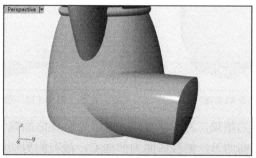

图 8-166　剪切曲面

㉝ 选择菜单栏中的【曲线】|【自由造型】|【控制点】命令，在 Top 正交视图中创建一条曲线，如图 8-167 所示。

㉞ 选择菜单栏中的【曲线】|【从物件建立曲线】|【投影】命令，在 Top 正交视图中将新创建的曲线投影到腿部曲面（扫掠曲面）上，如图 8-168 所示。

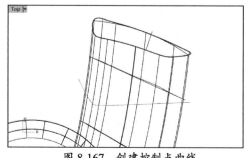

图 8-167　创建控制点曲线

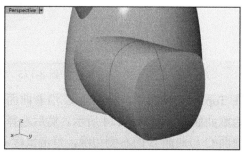

图 8-168　创建投影曲线

㉟ 选择菜单栏中的【编辑】|【重建】命令，重建投影曲线，从而减少投影曲线上的控制点，然后开启控制点显示，调整投影曲线的形状，最终如图 8-169 所示。

㊱ 选择菜单栏中的【曲线】|【从物件建立曲线】|【拉回】命令，将修改后的投影曲线拉回至腿部曲面上，如图 8-170 所示。

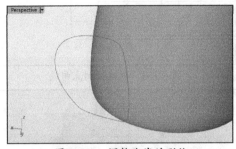
图 8-169　调整曲线的形状

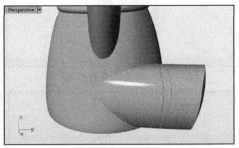
图 8-170　利用【拉回】命令创建曲线

㊲ 选择菜单栏中的【编辑】|【分割】命令，以拉回曲线将腿部曲面分割为两部分，如图 8-171 所示。

㊳ 选择菜单栏中的【曲面】|【偏移曲面】命令，选取分割后的腿部曲面右侧部分，单击鼠标右键确定，在命令行中调整偏移的距离，向外创建一块偏移曲面，如图 8-172 所示。

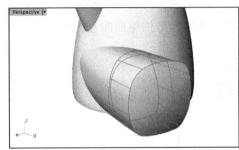
图 8-171　分割曲面

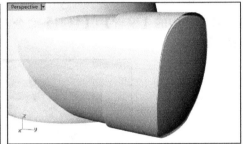
图 8-172　偏移曲面

㊴ 由于接下来的操作较为烦琐，为方便叙述，这里先将各曲面编号，腿部曲面左侧部分为曲面 A，右侧部分为曲面 B，偏移曲面为曲面 C，最右侧剪切后的放样曲面为曲面 D，如图 8-173 所示。

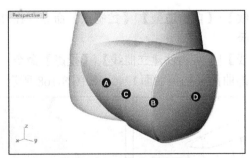
图 8-173　为曲面编号

㊵ 在 Top 正交视图中，将曲面 C 沿着曲面的走向方向，向上稍稍移动一段距离，并暂时隐藏曲面 D，如图 8-174 所示。然后选择菜单栏中的【曲面】|【混接曲面】命令，选取曲面 C 与曲面 B 的右侧边缘，单击鼠标右键确定，连续类型设置为"相切"，创建一块混接曲面，如图 8-175 所示。

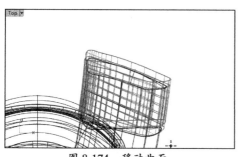

图 8-174　移动曲面

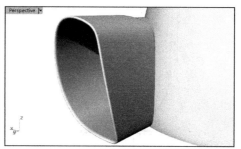

图 8-175　创建混接曲面

㊶ 删除曲面 B，再次选择菜单栏中的【曲面】|【混接曲面】命令，在曲面 A 的右侧边缘、曲面 C 的左侧边缘处创建一块混接曲面，如图 8-176 所示。

㊷ 显示隐藏的曲面 D，选择菜单栏中的【编辑】|【组合】命令，将曲面 A、C、D，以及两块混接曲面组合到一起，如图 8-177 所示。

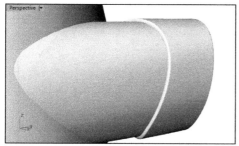

图 8-176　再次创建混接曲面

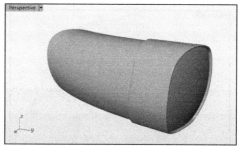

图 8-177　组合曲面

㊸ 选择菜单栏中的【变动】|【镜像】命令，将组合后的腿部曲面在 Top 正交视图中，以垂直坐标轴为镜像轴创建一个副本，如图 8-178 所示。

㊹ 选择菜单栏中的【编辑】|【修剪】命令，修剪掉腿部曲面与机器猫身体曲面交叉的部分。至此，整个模型的主体曲面创建完成，在透视图中进行旋转查看，如图 8-179 所示。

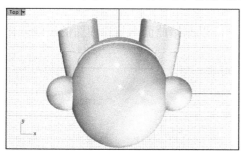

图 8-178　创建镜像副本

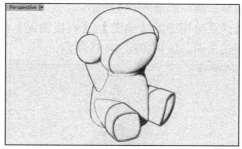

图 8-179　主体曲面创建完成

8.6.2　添加上部分细节

🛠 操作步骤

① 选择菜单栏中的【实体】|【椭圆体】|【从中心点】命令，在 Right 正交视图中创建一个椭圆体，如图 8-180 所示。

② 选择菜单栏中的【曲线】|【椭圆】|【从中心点】命令，在 Front 正交视图中创建一条椭圆曲线，如图 8-181 所示。

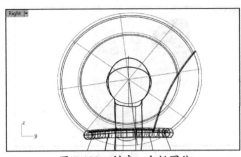
图 8-180　创建一个椭圆体

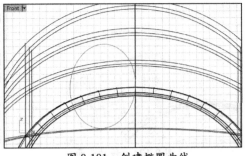
图 8-181　创建椭圆曲线

③ 选择菜单栏中的【曲线】|【从物件建立曲线】命令，在 Front 正交视图中将椭圆曲线投影到椭圆体上，如图 8-182 所示。

④ 选择菜单栏中的【编辑】|【修剪】命令，以投影曲线剪切掉椭圆体上多余的曲面，保留一小块用来作为机器猫眼睛的曲面，如图 8-183 所示。

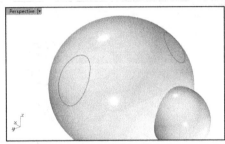
图 8-182　创建投影曲线

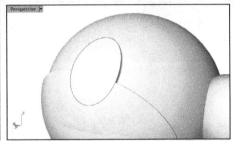
图 8-183　剪切曲面

工程点拨：

　　也可以不创建投影曲线，而直接在 Front 正交视图中使用椭圆曲线对椭圆体进行剪切，但那样不够直观，而且容易出错。

⑤ 选择菜单栏中的【曲面】|【偏移曲面】命令，将图中的曲面偏移一段距离，创建一块偏移曲面，如图 8-184 所示。

⑥ 选择菜单栏中的【曲面】|【混接曲面】命令，以原始曲面与偏移曲面的边缘创建一块混接曲面，结果如图 8-185 所示。

图 8-184　创建偏移曲面

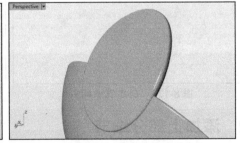
图 8-185　创建混接曲面

⑦ 选择菜单栏中的【曲线】|【圆】|【中心点、半径】命令，在 Front 正交视图中创建一条圆形曲线，如图 8-186 所示。

⑧ 选择菜单栏中的【编辑】|【分割】命令，在 Front 正交视图中以圆形曲线对眼睛曲面进行分割，结果如图 8-187 所示。

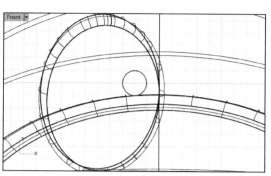

图 8-186 创建圆形曲线

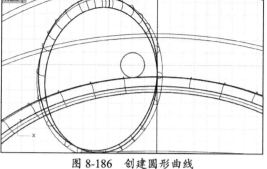

图 8-187 分割曲面

⑨ 选取整个眼睛部分曲面，选择菜单栏中的【变动】|【镜像】命令，在 Front 正交视图中创建出机器猫的另一个眼睛，结果如图 8-188 所示。

⑩ 选择菜单栏中的【曲线】|【自由造型】|【控制点】命令，在 Right 正交视图中创建一条机器猫嘴部轮廓曲线，如图 8-189 所示。

图 8-188 眼睛部分细节创建完成

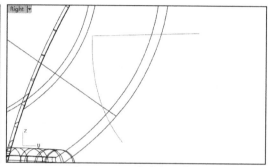

图 8-189 创建嘴部轮廓曲线

⑪ 选择菜单栏中的【曲面】|【挤出曲线】|【直线】命令，以嘴部轮廓曲线创建一块挤出曲面，如图 8-190 所示。

⑫ 选择菜单栏中的【编辑】|【修剪】命令，对机器猫脸部曲面以及刚刚创建的挤出曲面进行相互剪切，最终结果如图 8-191 所示。

图 8-190 创建挤出曲面

图 8-191 剪切曲面

⑬ 接下来创建舌头曲面，隐藏图中所有的曲面，在各个视图中创建几条曲线，如图 8-192 所示。

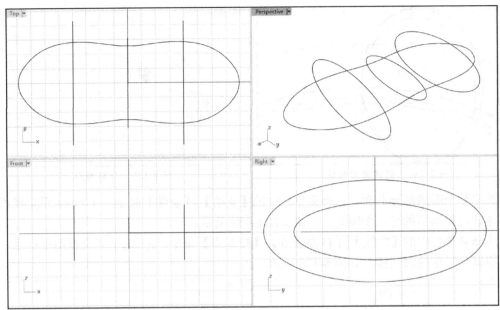

图 8-192　在各个视图中创建舌头轮廓曲线

⑭　选择菜单栏中的【曲面】|【双轨扫掠】命令，选取曲线①、②、③，单击鼠标右键确
　　定，创建扫掠曲面 A，如图 8-193 所示。

⑮　同样的方法，选取曲线①、②、⑤，创建右侧的扫掠曲面 B，如图 8-194 所示。

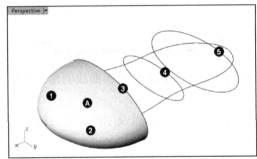

图 8-193　创建扫掠曲面 A

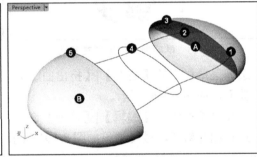

图 8-194　创建扫掠曲面 B

⑯　选择菜单栏中的【曲面】|【放样】命令，依次选取曲面 A 的边缘，以及曲线④、曲面
　　B 的边缘，单击鼠标右键确定，创建放样曲面 C，如图 8-195 所示。

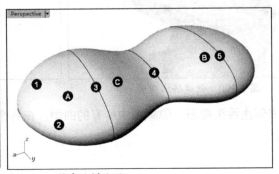

图 8-195　创建放样曲面

⑰　选择菜单栏中的【编辑】|【组合】命令，将这几块曲面组合到一起，然后将它们移动
　　到远离机器猫主体曲面的位置，并隐藏图中的曲线，如图 8-196 所示。

⑱　选择菜单栏中的【变动】|【定位】|【曲面上】命令，选取舌头曲面，单击鼠标右键确
　　定，在 Top 正交视图中确定它的基准点，然后单击嘴部曲面，在弹出的对话框中设置缩
　　放比为合适的大小，单击确定，在嘴部曲面上放置舌头曲面，如图 8-197 所示。

图 8-196　组合并移动曲面

图 8-197　定位物件到曲面

⑲　选择菜单栏中的【曲线】|【自由造型】|【控制点】命令，在 Right 正交视图的右侧创建
　　一条曲线，如图 8-198 所示。

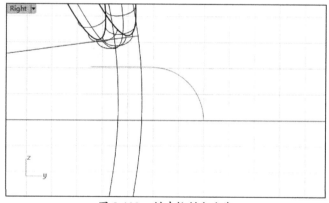

图 8-198　创建控制点曲线

⑳　选取刚刚创建的曲线，选择菜单栏中的【曲面】|【旋转】命令，在 Right 正交视图中以
　　水平坐标轴为旋转轴，创建一块旋转曲面，这块曲面将作为机器猫的鼻子部件，如图
　　8-199 所示。

㉑　选择菜单栏中的【曲线】|【直线】|【单一直线】命令，在 Front 正交视图中创建 6 条直
　　线，如图 8-200 所示。

图 8-199　创建旋转曲面

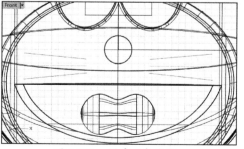

图 8-200　创建 6 条直线

㉒ 选择菜单栏中的【曲线】|【从物件建立曲线】|【投影】命令，在 Front 正交视图中，将 6 条直线投影到机器猫脸部曲面，从而创建出 6 条投影曲线，如图 8-201 所示。

图 8-201　创建投影曲线

㉓ 选择菜单栏中的【实体】|【圆管】命令，以脸部曲面上的 6 条投影曲线创建几条圆管曲面（圆管半径不宜过大），作为机器猫的胡须部分，如图 8-202 所示。

图 8-202　胡须部分创建完成

8.6.3　添加下部分细节

操作步骤

① 选择菜单栏中的【曲线】|【圆】|【中心点、半径】，以及【直线】|【单一直线】命令，在 Front 正交视图中创建一组曲线，随后对它们互相修剪，最终如图 8-203 所示。

② 选择菜单栏中的【曲线】|【从物件建立曲线】|【投影】命令，在 Front 正交视图中将刚刚创建的曲线投影到机器猫身体曲面上，随后在透视图中删除位于机器猫身体后侧的那条投影曲线，如图 8-204 所示。

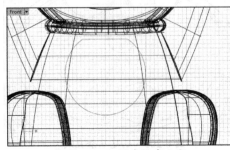

图 8-203　创建轮廓曲线

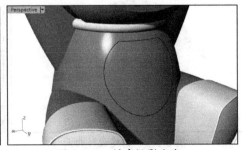

图 8-204　创建投影曲线

③ 将机器猫下部主体曲面复制一份，然后选择菜单栏中的【编辑】|【修剪】命令，以投影曲线修剪主体曲面的副本，仅保留一小块曲面，如图 8-205 所示。

④ 选择菜单栏中的【曲面】|【偏移曲面】命令，将修剪的小块曲面向外偏移一段距离，并删除原始曲面，如图 8-206 所示。

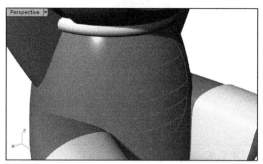

图 8-205 复制并修剪曲面

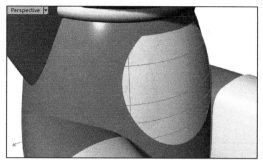

图 8-206 偏移曲面

⑤ 选择菜单栏中的【挤出曲线】|【往曲面法线】命令，以偏移曲面的边缘曲线创建两块挤出曲面，并随后将它们组合到一起，如图 8-207 所示。

⑥ 选择菜单栏中的【实体】|【边缘圆角】|【不等距边缘圆角】命令，为挤出曲面与偏移曲面的边缘创建圆角曲面，如图 8-208 所示。

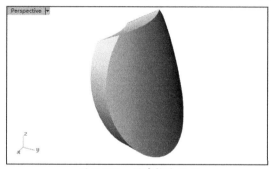

图 8-207 创建挤出曲面

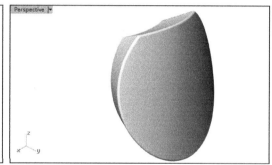

图 8-208 创建边缘圆角

⑦ 采用类似的方法，再在偏移曲面上创建一个凸起曲面，如图 8-209 所示。

⑧ 使用【椭圆】等工具为机器猫添加一个铃铛挂坠，如图 8-210 所示，并在机器猫的后部创建一个小的圆球体，作为它的尾巴。

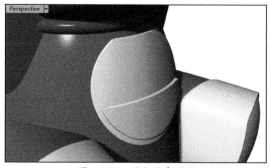

图 8-209 添加凸起曲面

图 8-210 丰富机器猫的细节

⑨ 在 Front 正交视图中创建一条矩形曲线，并使用这条矩形曲线对机器猫的后脑壳曲面进行修剪，创建一个缝隙。至此，整个机器猫模型创建完成，在透视图中进行旋转查看，如图 8-211 所示。

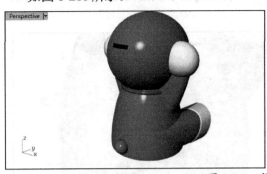

图 8-211　模型创建完成

CHAPTER 9

工业产品设计综合案例

本章导读

本章中将进行3个产品造型设计练习，帮助读者熟悉Rhino功能指令，并掌握Rhino在实战案例中的应用技巧。

项目分解

- ☑ 兔兔儿童早教机建模
- ☑ 制作电吉他模型
- ☑ 制作恐龙模型

扫码看视频

9.1 兔兔儿童早教机建模

兔兔儿童早教机如图 9-1 所示，整个造型以兔兔为主，重点关注一些细节的制作。儿童早教机建模首先需要导入背景图片作为参考，创建出整体曲面，然后依次设计细节，最终将它们整合到一起。

图 9-1　兔兔儿童早教机

9.1.1　添加背景图片

在创建模型之初，需要将参考图片导入对应的视图中。在默认的工作视窗配置中，存在 3 个正交视图。由于儿童早教机的各个面都有不同，所以需要添加更多的正交视图来导入图片。

① 新建 Rhino 文件。

② 切换到 Front 视窗。在菜单栏中选择【查看】|【背景图】|【放置】命令，在任意位置放入模型 Front 图片，如图 9-2 所示。

技术要点：

图片的第一角点是任意点，第二角点无须确定，在命令行中输入【T】，回车即可。也就是以 1:1 的比例放置图片。

③ 在菜单栏中选择【查看】|【背景图】|【移动】命令，将兔兔头顶中间移动到坐标系（0,0）位置，如图 9-3 所示。

图 9-2　放置模型 Front 图片

图 9-3　移动图片

④ 切换到 Right 视窗。在菜单栏中选择【查看】|【背景图】|【放置】命令，在任意位置放入模型 Right 图片，然后再将其移动，如图 9-4 所示。

技术要点：

此图与 Front 图片缩放比例是相同的。

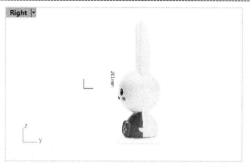

图 9-4 放置模型 Right 图片

⑤ 放置的两张图片都不是很正的视图，稍微有些斜。造型时绘制大概轮廓即可。

9.1.2 建立兔头模型

1. 创建头部主体

① 在【曲线工具】选项卡下左边栏中单击【单一直线】按钮⚡，如图 9-5 所示。

② 单击【椭圆：从中心点】按钮⚙，捕捉单一直线的中点，绘制一个椭圆，如图 9-6 所示。

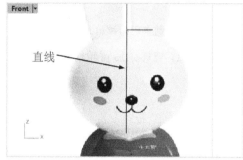

图 9-5 绘制单一直线 图 9-6 绘制椭圆

③ 在 Right 视窗中绘制一个圆，如图 9-7 所示。

④ 在菜单栏中选择【实体】|【椭圆体】|【从中心点】命令，然后在 Front 视窗中确定中心点、第一轴终点及第二轴终点，如图 9-8 所示。

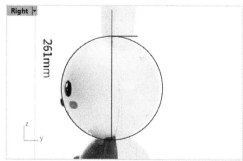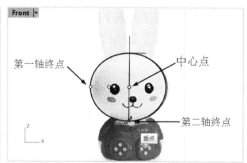

图 9-7 绘制圆 图 9-8 确定椭圆体的中心点及轴端点

⑤ 在 Right 视窗中捕捉第三轴终点，如图 9-9 所示。按回车键或按 Enter 键，完成椭圆体的创建。

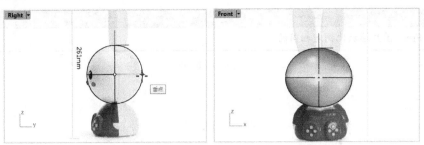

图 9-9　指定第三轴终点并创建椭圆体

2. 创建耳朵

① 在 Front 视窗利用【内插点曲线】工具 ，参考图片绘制出耳朵的正面轮廓，如图 9-10 所示。

② 利用【控制点曲线】工具 ，在耳朵轮廓中间位置继续绘制内插点曲线，如图 9-11 所示。

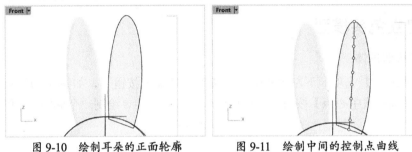

图 9-10　绘制耳朵的正面轮廓　　　　图 9-11　绘制中间的控制点曲线

③ 在 Right 视窗中，参考图片拖动中间这条曲线的控制点，与耳朵后背轮廓重合，如图 9-12 所示。

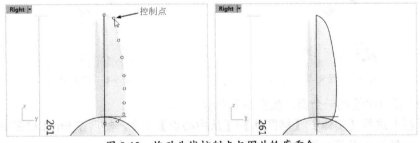

图 9-12　拖动曲线控制点与图片轮廓重合

④ 在左边栏中单击【分割】按钮 ，选取内插点曲线作为要分割的对象，按 Enter 键后再选取中间的控制点曲线作为切割用物件，再次按 Enter 键完成内插点曲线的分割，如图 9-13 所示。

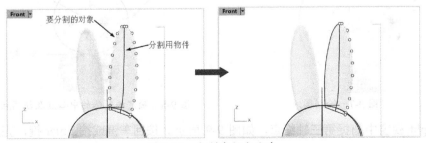

图 9-13　分割内插点曲线

技术要点：

　　分割内插点曲线后，最好利用【衔接曲线】工具 ～，重新衔接一下两条曲线，避免因尖角的产生导致后面无法创建圆角。

⑤　利用【控制点曲线】工具，在 Top 视窗中绘制如图 9-14 所示的曲线，然后在 Front 视窗中调整控制点，结果如图 9-15 所示。

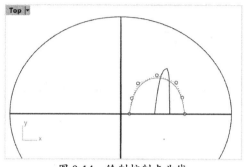

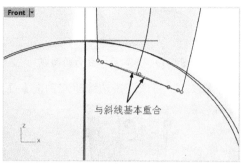

图 9-14　绘制控制点曲线　　　　　　　　　　图 9-15　调整曲线控制点

⑥　在 Right 视窗中调整耳朵后背的曲线端点，如图 9-16 所示。

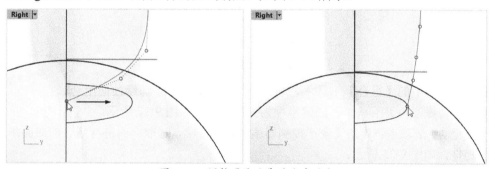

图 9-16　调整耳朵后背的曲线端点

技术要点：

　　在连接线端点时，要在状态栏中开启【物件锁点】功能，但不要勾选【投影锁点】选项。

⑦　在【曲面工具】选项卡下左边栏中单击【以网线建立曲面】按钮，框选耳朵的内插点曲线和控制点曲线，如图 9-17 所示。接着依次选取第一方向的 3 条曲线，如图 9-18 所示。

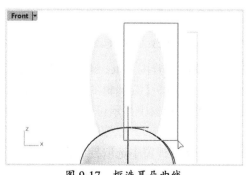

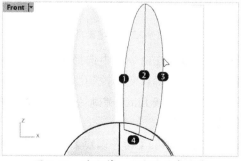

图 9-17　框选耳朵曲线　　　　　　　　　　图 9-18　选取第一方向的 3 条曲线

⑧　按 Enter 键确认后再选取第二方向的 1 条曲线（编号④），如图 9-19 所示。最后按 Enter 键完成网格曲面的创建，如图 9-20 所示。

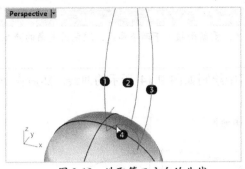

图 9-19　选取第二方向的曲线

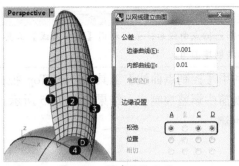

图 9-20　创建网格曲面

⑨　利用【以二、三或四条边缘建立曲面】工具 ⬚，分别创建出如图 9-21 所示的 2 个曲面。

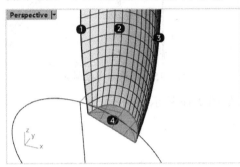

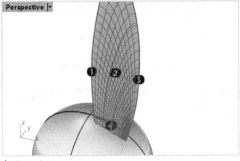

图 9-21　创建平面曲面

⑩　利用左边栏中的【组合】工具 ⬚，将 1 个网格曲面和 2 个边缘曲面组合。

⑪　利用【边缘圆角】工具 ⬚，创建半径为 1 的圆角，如图 9-22 所示。

⑫　在【变动】选项卡下单击【变形控制器编辑】按钮 ⬚，选取前面进行组合的曲面作为受控物件，如图 9-23 所示。

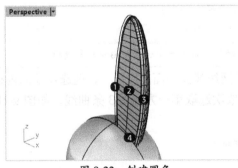

图 9-22　创建圆角

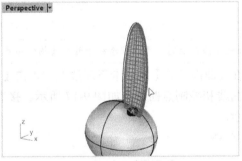

图 9-23　选取受控物件

⑬　按 Enter 键后在命令行中选择【边框方块(B)】选项，接着按 Enter 键确认世界坐标系，再按 Enter 键确认变形控制器参数。然后在命令行中选择【要编辑的范围】为【局部】选项，紧接着按 Enter 键确认衰减距离（确认默认值），视窗中显示可编辑的方块控制框，如图 9-24 所示。

⑭　关闭状态栏中的【物件锁点】选项。按 Shift 键在 Front 视窗中选取控制框中间的 4 个控制点，如图 9-25 所示。

图 9-24　显示方块控制框

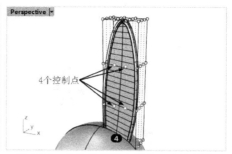
图 9-25　选取控制框中间的 4 个控制点

⑮　在 Top 视窗中拖动控制点，以此改变该侧曲面的形状，如图 9-26 所示。

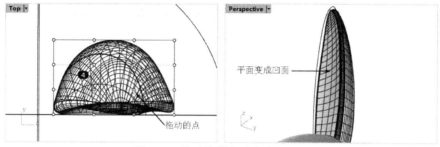
图 9-26　拖动控制点改变曲面形状

⑯　利用【镜像】工具 ，将耳朵镜像复制到 Y 轴的对称侧，如图 9-27 所示。

⑰　利用【组合】工具，将耳朵与头部组合，然后创建半径为 1mm 的圆角，如图 9-28 所示。

图 9-27　镜像复制耳朵

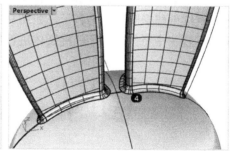
图 9-28　创建圆角

3. 创建眼睛与鼻子

①　在菜单栏中选择【查看】|【背景图】|【移动】命令，将 Front 视窗中的图片稍微向左平移，如图 9-29 所示。

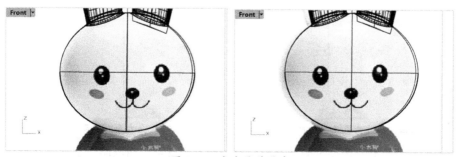
图 9-29　向左平移图片

② 在 Front 视窗中创建一个椭圆体作为眼睛，如图 9-30 所示。

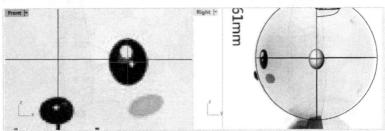

图 9-30　创建椭圆体

③ 在 Right 视窗中利用【变动】选项卡下的【移动】工具 ⊡，将椭圆体向左平移（为了保持水平平移，应按下 Shift 键辅助平移），平移时还需观察 Perspective 视窗中的椭圆体的位置情况，如图 9-31 所示。

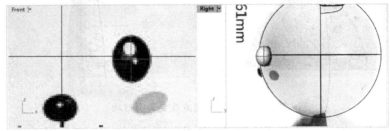

图 9-31　向左平移椭圆体

④ 利用【镜像】工具 ⚏，将椭圆体镜像至 Y 轴的另一侧，如图 9-32 所示。

⑤ 同理，继续创建椭圆体作为鼻子，如图 9-33 所示。

⑥ 在 Right 视窗中将作为鼻子的椭圆体进行旋转，如图 9-34 所示。然后将其平移，如图 9-35 所示。

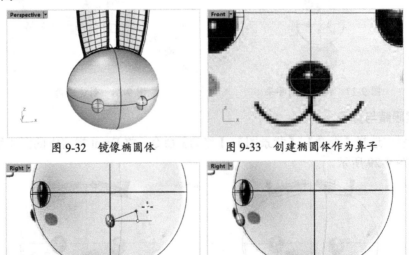

图 9-32　镜像椭圆体　　　　　　　　图 9-33　创建椭圆体作为鼻子

图 9-34　将作为鼻子的椭圆体进行旋转　　　图 9-35　向左平移椭圆体

⑦ 利用【实体工具】选项卡下的【布尔运算联集】工具 ⚙，将眼睛、鼻子及头部主体进行布尔求和运算，形成整体。

技术要点：

　　至此，有些读者不免会问，形成整体后如何给眼睛、鼻子等进行材质的添加并完成渲染呢？其实，渲染前可以利用【实体工具】选项卡下的【抽离曲面】工具 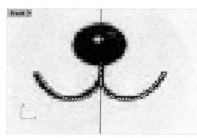，将不同材质的部分曲面抽离出来，即可单独赋予材质。

⑧　利用【控制点曲线】工具在 Front 视窗中绘制如图 9-36 所示的 3 条曲线。绘制或利用【投影曲线】工具 📇 将其投影到头部曲面。

⑨　在【曲面工具】选项卡下左边栏中单击【挤出】工具栏中的【往曲面法线方向挤出曲面】按钮 📦，选取其中的 1 条曲线向头部主体外挤出 0.1mm 的曲面，如图 9-37 所示。

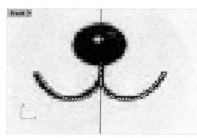

图 9-36　绘制 3 条曲线　　　　　图 9-37　往曲面法线方向挤出曲面

⑩　同理，挤出另 2 条曲线的基于曲面法线的曲面。

⑪　利用【曲面工具】选项卡下的【偏移曲面】工具 🔩，选取 3 个法线曲面进行偏移（在命令行中选择【两侧=是】选项），创建出如图 9-38 所示的偏移距离为 0.15 的偏移曲面。

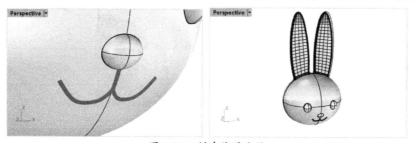

图 9-38　创建偏移曲面

9.1.3　建立身体模型

1. 创建主体

①　利用【单一直线】工具 📏，在 Front 视窗中绘制竖直线，如图 9-39 所示。

②　利用【控制点曲线】工具 📇，在 Front 视窗中绘制身体一半的曲线，如图 9-40 所示。

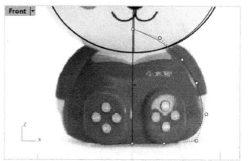

图 9-39　绘制竖直线　　　　　　　图 9-40　绘制控制点曲线

③ 利用【曲面工具】选项卡左边栏中的【旋转成型】工具 💡，选取控制点曲线绕竖直线旋转 360°，创建出如图 9-41 所示的身体主体部分。

2. 创建手臂

① 选中身体部分及其轮廓线，再选择菜单栏中的【编辑】|【可见性】|【隐藏】命令，将其暂时隐藏。

② 利用【控制点曲线】工具 🔲，在 Front 视窗中绘制手臂的外轮廓曲线，如图 9-42 所示。

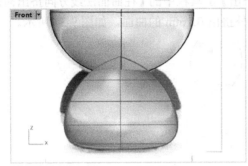

图 9-41　旋转成型

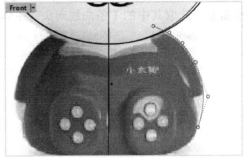

图 9-42　绘制控制点曲线

③ 在 Right 视窗中，平移图片，如图 9-43 所示。

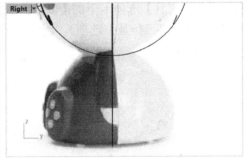

图 9-43　平移图片

④ 利用【控制点曲线】工具 🔲，在 Right 视窗中绘制手臂的外轮廓线，如图 9-44 所示。

⑤ 然后到 Front 视窗调整曲线的控制点位置（移动控制点时应关闭【物件锁点】选项），如图 9-45 所示。

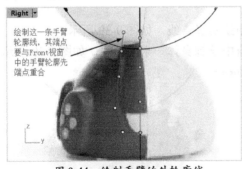

图 9-44　绘制手臂的外轮廓线

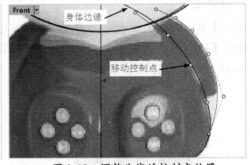

图 9-45　调整曲线的控制点位置

⑥ 将移动控制点后的曲线进行镜像（镜像时开启【物件锁点】选项），如图 9-46 所示。

⑦ 利用【内插点曲线】工具 🔲，仅勾选状态栏中的【物件锁点】选项中的【端点】与【最近点】复选框。然后在 Right 视窗中绘制 3 条内插点曲线，如图 9-47 所示。

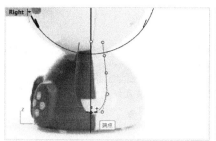
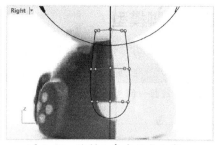

图 9-46 镜像曲线   图 9-47 绘制 3 条内插点曲线

⑧ 利用【曲面工具】选项卡下左边栏中的【以网线建立曲面】工具 ，依次选择 6 条曲线来创建网格曲面，如图 9-48 所示。

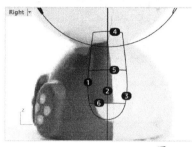
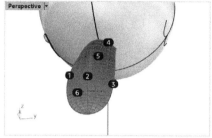

图 9-48 创建网格曲面

⑨ 利用【单一直线】工具 ，补画一条直线，如图 9-49 所示。再利用【以二、三或四条边缘曲线建立曲面】工具 创建 2 个曲面，如图 9-50 所示。

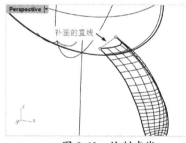
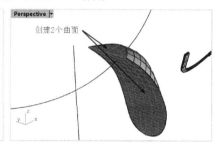

图 9-49 绘制直线   图 9-50 创建 2 个曲面

⑩ 利用【组合】工具 ，将组成手臂的 3 个曲面组合成封闭曲面。

⑪ 在菜单栏中选择【查看】|【可见性】|【显示】命令，显示隐藏的身体主体部分。利用【镜像】工具 ，在 Top 视窗中将手臂镜像至 Y 轴的另一侧，如图 9-51 所示。

⑫ 再利用【布尔运算联集】工具 ，将手臂、身体及头部合并。

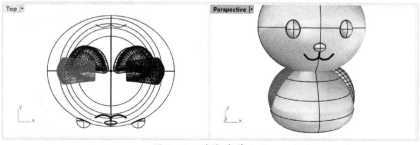

图 9-51 镜像手臂曲面

9.1.4 建立兔脚模型

① 在 Front 视窗中移动背景图片，使两只脚位于中线的两侧，形成对称，如图 9-52 所示。

技术要点：

可以绘制连接两边按钮的直线作为对称参考。移动时，捕捉到该直线的中点，将其水平移动到中线上即可。

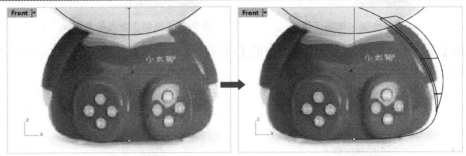

图 9-52 调整背景图片位置

② 绘制兔脚的外形轮廓线，如图 9-53 所示。

技术要点：

可以适当调整下面这段圆弧曲线的控制点位置。

③ 将绘制的曲线利用【投影曲线】工具 📇 投影到身体曲面，如图 9-54 所示。

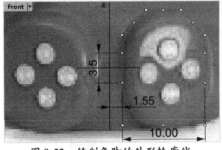

图 9-53 绘制兔脚的外形轮廓线

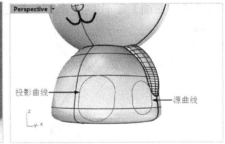

图 9-54 投影轮廓线到身体曲面

④ 利用左边栏中的【分割】工具 🔲，用投影曲线分割身体曲面，如图 9-55 所示。

⑤ 利用【实体工具】选项卡下左边栏中的【挤出建立实体】工具栏中的【挤出曲面成锥状】工具 🔺，选取分割出来的脚曲面，创建挤出实体。在 Top 视窗中指定挤出实体的挤出方向，如图 9-56 所示。

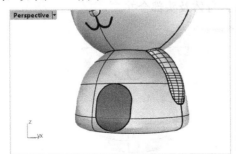

图 9-55 分割出脚曲面

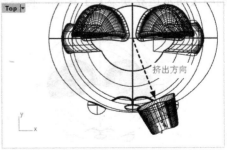

图 9-56 指定挤出实体的挤出方向

技术要点：

指定挤出方向技巧，先开启【物件锁点】中的【投影】选项、【端点】选项、【中点】选项，接着在Right视窗中捕捉到一个点作为方向起点，如图9-57所示。捕捉到方向起点后临时关闭【投影】选项，再捕捉如图9-58所示的方向终点。

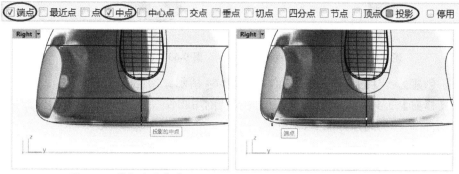

☑端点 □最近点 □点 ☑中点 □中心点 □交点 □垂点 □切点 □四分点 □节点 □顶点 ☑投影 □停用

图 9-57　捕捉方向起点　　　　　图 9-58　捕捉方向终点

⑥ 在命令行中还要选择【反转角度】选项，并输入挤出深度为"5"，按 Enter 键后完成挤出实体的创建，如图9-59所示。

⑦ 在 Top 视窗中绘制 2 条直线（使用【偏移曲线】工具绘制外面这条直线），如图9-60所示。

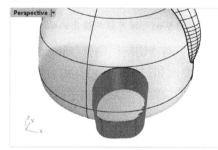 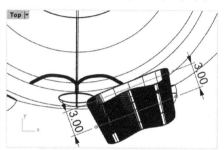

图 9-59　创建挤出实体　　　　　图 9-60　绘制 2 条平行直线

⑧ 在【工作平面】选项卡下单击【设置工作平面与曲面垂直】按钮，在 Perspective 视窗中选取步骤⑦绘制的曲线并捕捉其中点，将工作平面的原点放置于此，如图9-61所示。

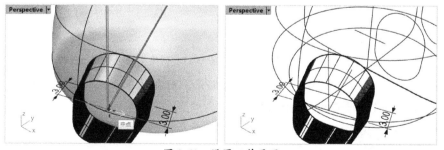

图 9-61　设置工作平面

⑨ 激活 Perspective 视窗，在【设置视图】选项卡下单击【正对工作平面】按钮，切换为工作平面视图。然后绘制一段内插点曲线，此曲线第二点在工作平面原点上，如图9-62所示。

⑩ 利用【曲面工具】选项卡下左边栏中的【单轨扫掠】工具，选取步骤⑨绘制的内插点曲线为路径，直线为端面曲线，创建扫掠曲面，如图9-63所示。

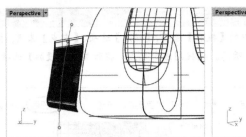

图 9-62　绘制内插点曲线　　　　图 9-63　创建单轨扫掠曲面

⑪　同理，创建另一半的单轨扫掠曲面，如图 9-64 所示。

⑫　利用【修剪】工具，选取扫掠曲面为"切割用物件"，再选取锥状挤出曲面为"要修剪的物件"，修剪结果如图 9-65 所示。

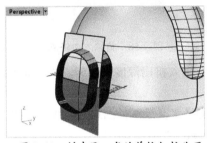
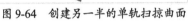
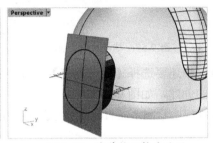

图 9-64　创建另一半的单轨扫掠曲面　　　　图 9-65　修剪锥状挤出曲面

⑬　同理，再次进行修剪操作，不过"要修剪的物件"与"切割用物件"正相反，修剪结果如图 9-66 所示。利用【组合】工具，将锥状曲面和扫掠曲面进行组合。

⑭　利用【边缘圆角】工具，选取组合后的封闭曲面的边缘，创建圆角半径为 0.75mm 的边缘圆角，如图 9-67 所示。

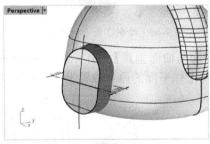
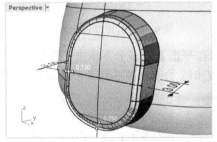

图 9-66　修剪扫掠曲面　　　　图 9-67　创建半径为 0.75mm 的边缘圆角

⑮　在 Front 视窗中绘制 4 个小圆，如图 9-68 所示。再利用【投影曲线】工具，在 Front 视窗中投影小圆到脚曲面，如图 9-69 所示。

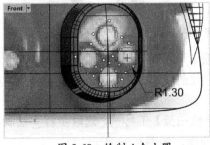
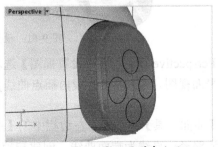

图 9-68　绘制 4 个小圆　　　　图 9-69　投影小圆到脚曲面

⑯ 利用【分割】工具 ，用投影的小圆来分割脚曲面，如图 9-70 所示。

⑰ 暂时将分割出来的小圆曲面隐藏，脚曲面上有 4 个小圆孔。利用【直线挤出】工具 ，将脚曲面上圆孔曲线向身体内挤出-1mm，挤出方向与图 9-56 中的方向相同，创建的挤出曲面如图 9-71 所示。

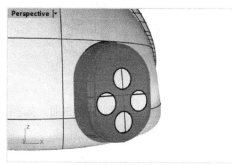

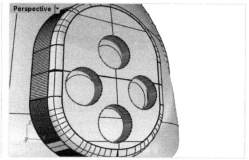

图 9-70　分割脚曲面　　　　　　　　　　图 9-71　创建挤出曲面

⑱ 利用【组合】工具 将步骤⑰创建的挤出曲面与脚曲面组合，再利用【边缘圆角】工具 创建半径为 0.1mm 的圆角，如图 9-72 所示。

⑲ 利用【曲面工具】选项卡下左边栏中的【嵌面】工具 ，依次创建 4 个嵌面，如图 9-73 所示。

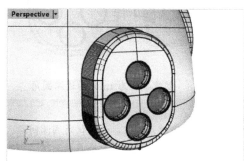

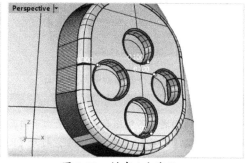

图 9-72　创建半径为 0.1mm 边缘圆角　　　　图 9-73　创建 4 个嵌面

⑳ 将暂时隐藏的 4 个小圆曲面显示，同理，用【挤出曲面】工具 也创建出相同挤出方向的挤出曲面，向外的挤出长度为-1mm（向内挤出为 1mm），如图 9-74 所示。同样，在挤出曲面上创建半径为 0.1mm 的圆角，如图 9-75 所示。

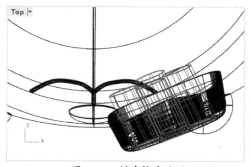

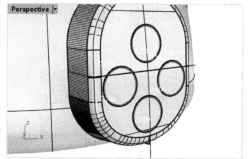

图 9-74　创建挤出曲面　　　　　　　　图 9-75　创建半径为 0.1mm 边缘圆角

㉑ 利用【镜像】工具 ，将整只脚所包含的曲面镜像至 Y 轴的另一侧，如图 9-76 所示。

㉒ 利用【分割】工具 ，选取脚曲面分割身体曲面。

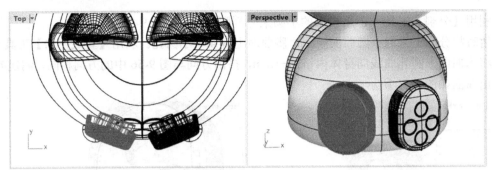

图 9-76　镜像脚曲面

㉓　利用【组合】工具，将两边的脚曲面与身体曲面进行组合，得到整体曲面，如图 9-77 所示。

㉔　利用【边缘圆角】工具，创建脚曲面与身体曲面之间的圆角，半径为 1mm，如图 9-78 所示。

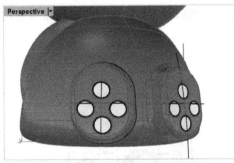

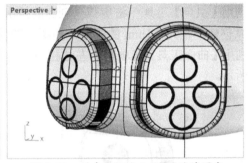

图 9-77　组合身体曲面与脚曲面　　　　　图 9-78　创建半径为 1mm 的边缘圆角

技术要点：

　　如果曲面与曲面之间不能组合，多半是由于曲面间存在缝隙、重叠或交叉。如果仅是间隙问题，则可以选择菜单栏中的【工具】|【选项】命令，打开【Rhino 选项】对话框，设置绝对公差值即可（将默认值 0.000 1 改为 "0.1"），如图 9-79 所示。

㉕　至此，完成兔兔儿童早教机的建模工作。结果如图 9-80 所示。

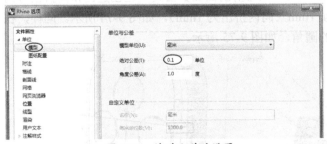

图 9-79　绝对公差的设置　　　　　　图 9-80　创建完成的兔兔儿童早教机模型

9.2　制作电吉他模型

　　电吉他模型效果如图 9-81 所示。

图 9-81 电吉他

9.2.1 建立主体曲面

吉他主体曲面将由曲线、曲面及编辑工具共同完成。

① 新建 Rhino 文件。

② 选择菜单栏中的【曲面】|【平面】|【角对角】命令，在 Top 视窗中创建一块平面，如图 9-82 所示。

③ 在 Top 视窗中，选择菜单栏中的【曲线】|【自由造型】|【控制点】命令，创建一条吉他主体曲面的轮廓曲线，如图 9-83 所示。

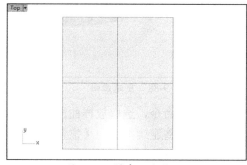
图 9-82 创建一块平面

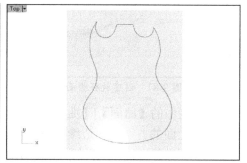
图 9-83 创建轮廓曲线

④ 选择菜单栏中的【编辑】|【修剪】命令，以轮廓曲线在 Top 视窗中对创建的平面进行剪切，剪切掉曲线的外围部分，如图 9-84 所示。

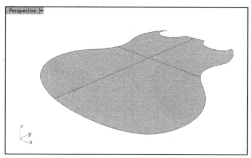
图 9-84 修剪曲面

⑤ 选择菜单栏中的【曲线】|【自由造型】|【控制点】命令，沿修剪后的曲面外围创建如图 9-85 所示的曲线①。

⑥ 在 Right 视窗中，开启【正交】捕捉，将曲线①向上移动复制形成曲线②，然后将前面创建的曲面复制一份并移动到同样的高度，如图 9-86 所示。

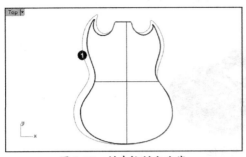

图 9-85　创建控制点曲线

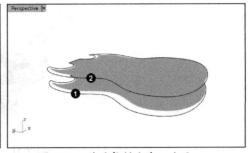

图 9-86　移动复制曲线、曲面

⑦　选择菜单栏中的【曲面】|【放样】命令，选取曲线①、②，单击鼠标右键确定，创建一块放样曲面，如图 9-87 所示。

⑧　选择菜单栏中的【编辑】|【重建】命令，调整放样曲面的 U、V 参数，单击【预览】按钮，在透视窗中观察，最终效果如图 9-88 所示。

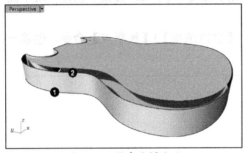

图 9-87　创建放样曲面

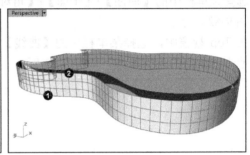

图 9-88　重建曲面

⑨　选择菜单栏中的【曲面】|【曲面编辑工具】|【衔接】命令，选取放样曲面的上侧边缘，然后选取上面的剪切曲面边缘，在弹出的对话框中调整连续类型为【位置】，将放样曲面与上侧面进行衔接。同样的方法，将放样曲面的下侧边缘与下面的剪切曲面边缘进行衔接。最终效果如图 9-89 所示。

⑩　删除上、下两个剪切曲面，选择菜单栏中的【编辑】|【控制点】|【移除节点】命令，调整衔接后的放样曲面，移除曲面上过于复杂的 ISO 线，最终效果如图 9-90 所示。

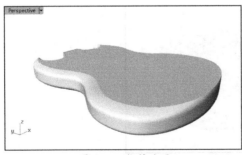

图 9-89　衔接曲面

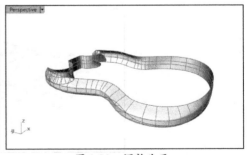

图 9-90　调整曲面

⑪　选择菜单栏中的【曲面】|【平面曲线】命令，选取图中的放样曲面的上、下两条边缘曲线，单击鼠标右键确定，创建两块曲面，如图 9-91 所示。

⑫　选择菜单栏中的【编辑】|【组合】命令，将这几块曲面组合到一起，吉他的主体轮廓曲面创建完成。选择菜单栏中的【变动】|【旋转】命令，在 Right 视窗中，将组合后的曲面向上倾斜一定角度，如图 9-92 所示。

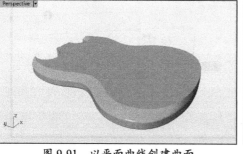

图 9-91 以平面曲线创建曲面

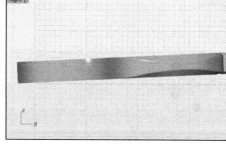

图 9-92 旋转多重曲面

⑬ 选择菜单栏中的【曲线】|【控制点】|【自由造型】命令，在 Right 视窗中创建 3 条轮廓曲线，如图 9-93 所示。

⑭ 在曲线①、②、③的两端处，选择菜单栏中的【曲线】|【直线】|【单一直线】命令，分别创建一条水平直线和一条垂直直线，如图 9-94 所示。

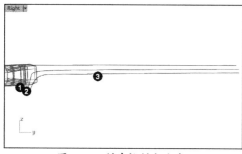

图 9-93 创建控制点曲线

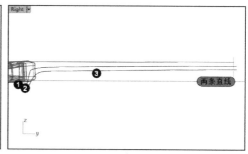

图 9-94 创建两条直线

⑮ 在 Right 视窗中使用新创建的两条直线对曲线①、②、③进行修剪，然后在 Top 视窗中，调整它们的位置、形状，如图 9-95 所示。

⑯ 选择菜单栏中的【变动】|【镜像】命令，以曲线③上的点的连线为镜像轴，在 Top 视窗中创建曲线①、②的镜像副本——曲线④、曲线⑤，如图 9-96 所示。

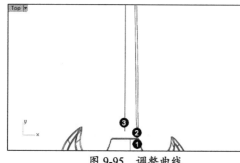

图 9-95 调整曲线

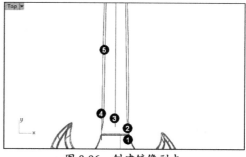

图 9-96 创建镜像副本

⑰ 选择菜单栏中的【曲线】|【断面轮廓线】命令，在透视窗中依次选取曲线①、②、③、⑤和④，单击鼠标右键确定，再在命令行中选择【封闭(C)=否】选项，按 Enter 键后创建几条轮廓曲线，如图 9-97 所示。

⑱ 选择菜单栏中的【编辑】|【分割】命令，用曲线②和曲线④对步骤⑰创建的轮廓曲线进行分割。再选择菜单栏中的【曲线】|【直线】|【单一直线】命令，在曲线①与曲线②之间创建 4 条直线，如图 9-98 所示。

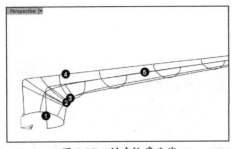
图 9-97　创建轮廓曲线

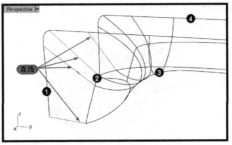
图 9-98　分割并创建曲线

⑲　选择菜单栏中的【曲面】|【网线】命令，选取曲线②、③、⑤，以及位于它们之间的断面轮廓线，单击鼠标右键确定，创建一块曲面，如图 9-99 所示。

⑳　选择菜单栏中的【曲面】|【双轨扫掠】命令，选取曲线①、曲线②，然后选取位于它们之间的几条直线、曲线，单击鼠标右键确定，创建一块扫掠曲面，如图 9-100 所示。

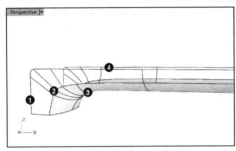
图 9-99　创建一块曲面

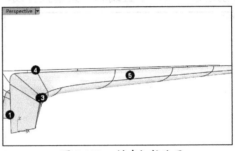
图 9-100　创建扫掠曲面

㉑　对另一侧同样选择菜单栏中的【曲面】|【双轨扫掠】命令，做相同的处理，创建另一块扫掠曲面，随后隐藏图中的曲线，如图 9-101 所示。

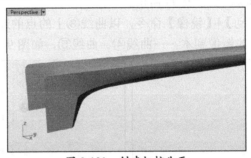
图 9-101　创建扫掠曲面

㉒　选择菜单栏中的【曲面】|【放样】命令，选取图中的边缘 A、边缘 B，创建一块放样曲面，如图 9-102 所示。

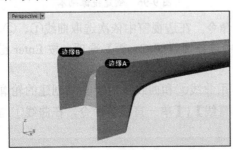
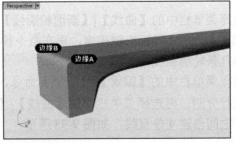
图 9-102　创建放样曲面

㉓ 选择菜单栏中的【曲面】|【平面曲线】命令，选取图中几条曲面的底部边缘，单击鼠标右键确定，创建一块平面，如图 9-103 所示。

㉔ 选择菜单栏中的【编辑】|【组合】命令，将图中的曲面组合到一起，然后选择菜单栏中的【实体】|【边缘圆角】|【不等距边缘圆角】命令，为底部的棱边曲面创建边缘圆角，如图 9-104 所示。

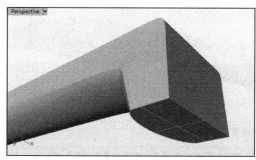

图 9-103　以平面曲线创建一块平面

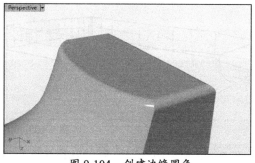

图 9-104　创建边缘圆角

㉕ 选择菜单栏中的【实体】|【立方体】|【角对角、高度】命令，在 Right 视窗中，在整个吉他曲面的右侧创建一块立方体，如图 9-105 所示。

㉖ 选择菜单栏中的【曲线】|【自由造型】|【控制点】命令，在 Top 视窗中的立方体上，创建一组曲线，如图 9-106 所示。

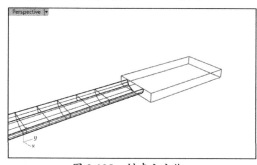

图 9-105　创建立方体

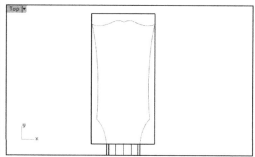

图 9-106　创建控制点曲线

㉗ 选择菜单栏中的【编辑】|【修剪】命令，在 Top 视窗中以新创建的那组曲线，对立方体进行修剪，剪切掉无限外围的部分，最终效果如图 9-107 所示。

㉘ 选择菜单栏中的【编辑】|【炸开】命令，将剪切后的立方体炸开为几个单独的曲面，然后删除右侧的那块曲面。紧接着选择菜单栏中的【曲面】|【混接曲面】命令，调整连续性为【位置】，创建几块混接曲面，封闭上、下两块底面的侧面。最终效果如图 9-108 所示。

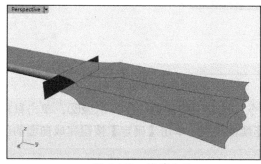

图 9-107　修剪曲面

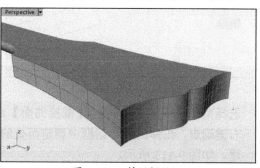

图 9-108　封闭侧面

㉙ 选择菜单栏中的【曲线】|【直线】|【单一直线】命令，开启状态栏中的【物件锁点】捕捉，在炸开后的立方体下底面上，创建一条直线，然后选择菜单栏中的【编辑】|【修剪】命令，以这条曲线剪切下底面，最终将直线删除，如图9-109所示。

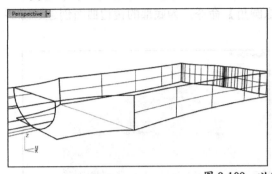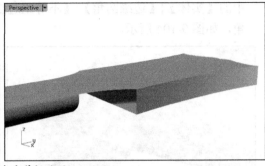

图 9-109 以直线剪切曲面

㉚ 在 Right 视窗中选取右侧的几块曲面，选择菜单栏中的【变动】|【旋转】命令，以图9-110 所示的旋转中心点，旋转这几块曲面，如图9-110所示。

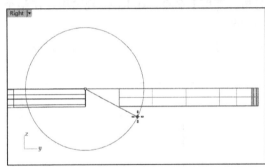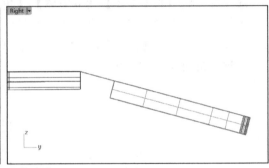

图 9-110 旋转曲面

㉛ 选择菜单栏中的【曲线】|【直线】【单一直线】命令，在 Right 视窗中创建一条直线，如图9-111所示。

㉜ 选择菜单栏中的【编辑】|【修剪】命令，在 Perspective 视窗中，以新创建的直线对吉他杆曲面进行剪切，剪切掉右侧的一小部分曲面，如图9-112所示。

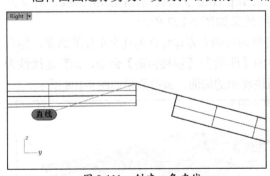
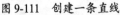
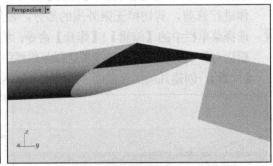

图 9-111 创建一条直线   图 9-112 剪切曲面

㉝ 选择菜单栏中的【曲面】|【混接曲面】命令，选取图中的边缘①、边缘②，单击鼠标右键确定，在弹出的对话框中调整两处的连续性类型，单击【确定】按钮完成曲面的创建，如图9-113所示。

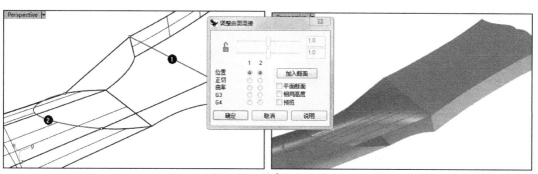

图 9-113 创建混接曲面

㉞ 选择菜单栏中的【曲面】|【曲面编辑工具】|【衔接】命令，选取创建的混接曲面的左侧边缘，然后选取与其相接的吉他杆曲面边缘，在弹出的对话框中调整相关的参数，最后单击【确定】按钮，完成曲面间的衔接，如图 9-114 所示。

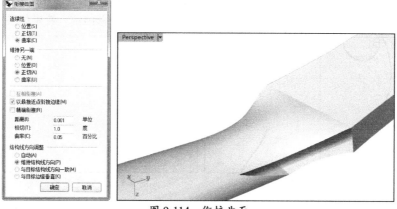

图 9-114 衔接曲面

㉟ 选择菜单栏中的【曲面】|【边缘曲线】命令，选取图中的 4 个边缘，创建一块曲面，封闭曲面间的空隙，对吉他杆的另一侧做相同的处理。随后选择菜单栏中的【编辑】|【组合】命令，将吉他杆尾部的曲面组合为一块多重曲面，如图 9-115 所示。

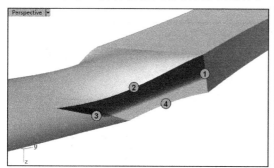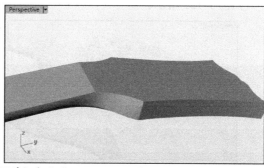

图 9-115 封闭并组合曲面

㊱ 选择菜单栏中的【实体】|【边缘圆角】|【不等距边缘圆角】命令，为组合后的吉他柄曲面的下部创建圆角曲面，如图 9-116 所示。

㊲ 至此，整个吉他的主体曲面创建完成，接下来的工作是在吉他的主体曲面上添加细节，使整个模型更为饱满。在透视窗中旋转观察整个主体曲面，如图 9-117 所示。

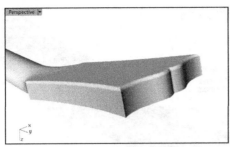
图 9-116　创建圆角曲面

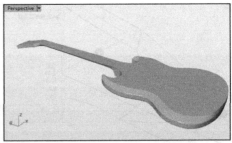
图 9-117　主体曲面创建完成

9.2.2　建立琴身细节

① 选择菜单栏中的【曲线】|【自由造型】|【控制点】命令，在 Perspective 视窗中创建几条曲线，如图 9-118 所示。

② 选择菜单栏中的【曲线】|【从物件建立曲线】|【投影】命令，在 Top 视窗中将创建的几条曲线投影到吉他正面，随后删除这几条曲线，保留投影曲线，效果如图 9-119 所示。

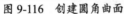
图 9-118　创建控制点曲线

图 9-119　创建投影曲线

③ 选择菜单栏中的【曲面】|【挤出曲线】|【往曲面法线】命令，选取投影曲线，然后单击吉他正面，创建一块挤出曲面（挤出曲面的长度不宜过长），如图 9-120 所示。

④ 选择菜单栏中的【曲面】|【挤出曲面】|【锥状】命令，选择刚刚创建的挤出曲面的上侧边缘，单击鼠标右键确定，在命令行中调整拔模角度与方向，创建一块锥状挤出曲面，如图 9-121 所示。

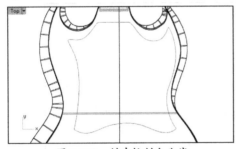
图 9-120　创建挤出曲面

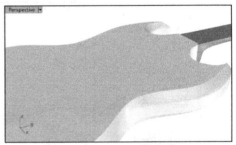
图 9-121　创建锥状挤出曲面

⑤ 选择菜单栏中的【编辑】|【组合】命令，将锥状挤出曲面与往曲面法线方向挤出曲面组合到一起，创建一块多重曲面，如图 9-122 所示。

⑥ 选择菜单栏中的【实体】|【立方体】|【角对角、高度】命令，在 Top 视窗中创建一个立方体，在 Front 视窗中调整它的高度，随后在 Perspective 视窗中向上移动曲面到图 9-123 所示的位置。

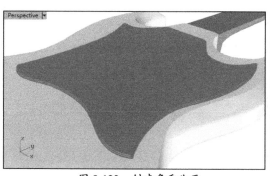

图 9-122　创建多重曲面

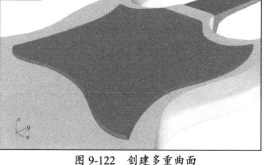

图 9-123　创建立方体

⑦　单独显示立方体，然后选择菜单栏中的【实体】|【球体】|【中心点、半径】命令，在 Top 视窗中，创建一个小圆球体，如图 9-124 所示。在 Right 视窗中，将它移动到立方块的上部。

⑧　显示圆球体的控制点，在 Right 视窗中调整圆球体的上排控制点，将其向下垂直移动一小段距离，从而调整圆球体的上部形状，如图 9-125 所示。

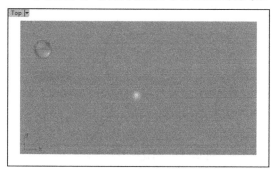

图 9-124　创建圆球体

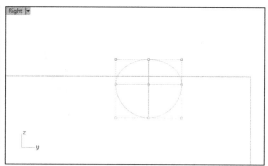

图 9-125　调整圆球体形状

⑨　再次选择菜单栏中的【实体】|【立方体】|【角对角、高度】命令，在圆球体的上部创建一个小立方体，如图 9-126 所示。

⑩　选择菜单栏中的【实体】|【差集】命令，选取圆球体，单击鼠标右键确定，然后选取上部的小立方体，单击鼠标右键确定，布尔运算完成，如图 9-127 所示。

图 9-126　创建一个小的立方体

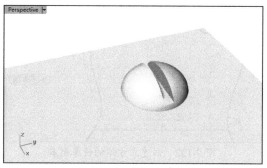

图 9-127　布尔运算差集

⑪　在 Top 视窗中，将完成布尔运算后的圆球体复制几份，平均分布在大立方体的上部，如图 9-128 所示。

⑫　选择菜单栏中的【实体】|【并集】命令，选取立方体，然后选取图中的 6 个圆球体，单击鼠标右键确定，执行布尔运算并集完成，结果如图 9-129 所示。

图 9-128　复制、移动圆球体

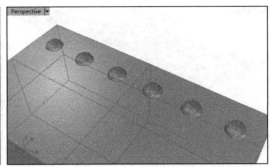

图 9-129　布尔运算并集

⑬　选择菜单栏中的【实体】|【边缘圆角】|【不等距边缘圆角】命令，为组合后的多重曲面的棱边创建圆角曲面，最终如图 9-130 所示。

⑭　显示其他曲面，选择菜单栏中的【曲线】|【直线】|【单一直线】命令，在 Top 视窗中创建一条水平直线，如图 9-131 所示。

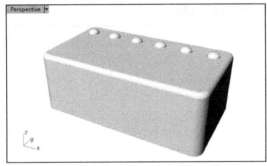

图 9-130　创建不等距边缘圆角

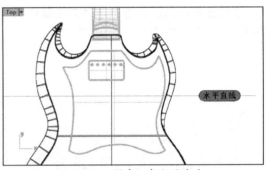

图 9-131　创建一条水平直线

⑮　选择菜单栏中的【变动】|【镜像】命令，选取前面创建的立方体，单击鼠标右键确定，然后以水平直线为镜像轴，创建一个立方体的镜像副本，最终如图 9-132 所示。

⑯　选择菜单栏中的【实体】|【圆柱体】命令，在 Top 视窗中控制圆柱体的底面大小，创建一个圆柱体，然后将其移动到吉他曲面上侧，如图 9-133 所示。

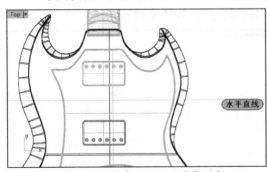

图 9-132　创建立方体的镜像副本

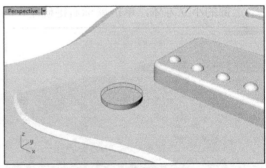

图 9-133　创建圆柱体

⑰　将圆柱体曲面复制一份，并在 Right 视窗中将其垂直向下移动一段距离，如图 9-134 所示。

⑱　将上面创建的两个圆柱体在 Top 视窗中复制一份，并水平移动到如图 9-135 所示的位置。

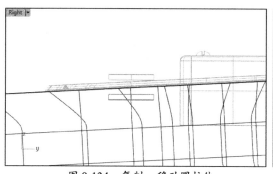

图 9-134　复制、移动圆柱体

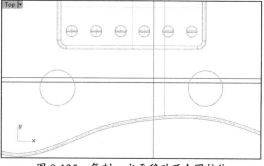

图 9-135　复制、水平移动两个圆柱体

⑲　在透视窗中，单独显示这 4 个圆柱体。选择菜单栏中的【曲线】|【矩形】|【角对角】命令，然后在命令行中的【圆角(R)】选项上单击，在 Top 视窗中创建圆角矩形曲线①，如图 9-136 所示。

⑳　选择菜单栏中的【实体】|【挤出平面曲线】|【直线】命令，以曲线①创建一块多重曲面，然后在 Right 视窗中将这块曲面向上垂直移动，效果如图 9-137 所示的位置。

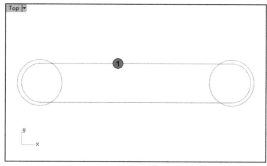

图 9-136　创建圆角矩形曲线

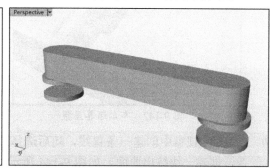

图 9-137　创建并移动挤出曲面

㉑　选择菜单栏中的【实体】|【圆柱体】命令，创建两个圆柱体，贯穿图中的几个曲面，如图 9-138 所示。

㉒　将两个新创建的圆柱体复制一份，然后选择菜单栏中的【实体】|【差集】命令，将两个圆柱体和与其相交的曲面进行差集运算，最终效果如图 9-139 所示。

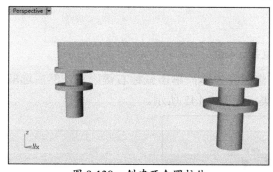

图 9-138　创建两个圆柱体

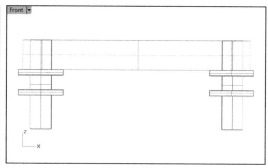

图 9-139　布尔差集运算

㉓　选择菜单栏中的【实体】|【立方体】|【角对角、高度】命令，创建两个等宽的立方体，如图 9-140 所示。

㉔　选择菜单栏中的【实体】|【并集】命令，将两个等宽的立方体组合成一个多重曲面，然后将其移动到图 9-141 所示的位置。

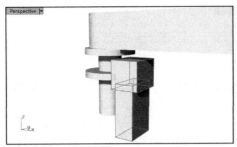

图 9-140　创建两个立方体

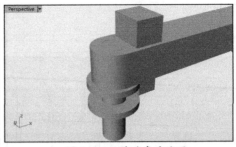

图 9-141　移动多重曲面

㉕　选择菜单栏中的【实体】|【差集】命令，选取以圆角矩形创建的挤出曲面，单击鼠标右键确定，然后选取刚刚组合的多重曲面，单击鼠标右键确定，最终效果如图 9-142 所示。

㉖　选择菜单栏中的【实体】|【立方体】|【角对角、高度】命令，再次创建一个立方体，如图 9-143 所示。

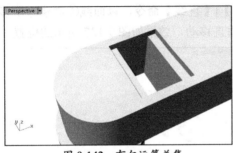

图 9-142　布尔运算差集

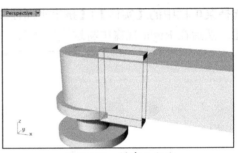

图 9-143　创建立方体

㉗　在 Right 视窗中创建一条直线，随后选择菜单栏中的【曲面】|【挤出曲线】|【直线】命令，创建一块挤出曲面，如图 9-144 所示。

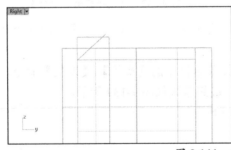

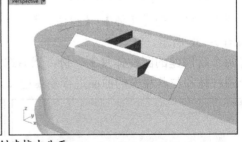

图 9-144　创建挤出曲面

㉘　选择菜单栏中的【实体】|【差集】命令，选取立方体，单击鼠标右键确定，然后选取挤出曲面，单击鼠标右键完成布尔运算差集，如图 9-145 所示。

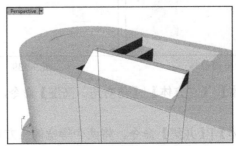

图 9-145　完成布尔运算差集

㉙ 以类似的方法创建一块曲面，然后【执行布尔运算差集】命令，在立方体的上边沿创建一个豁口的形状，具体如图 9-146 所示。

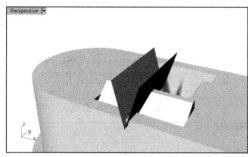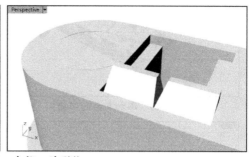

图 9-146 创建一个豁口的形状

㉚ 选择菜单栏中的【实体】|【并集】命令，将这几块曲面组合为一个实体，如图 9-147 所示。

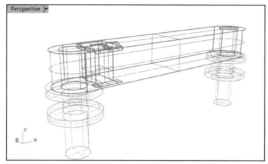

图 9-147 布尔运算并集

㉛ 接下来需要创建一个螺丝来连接曲面的前后两端，这里不再详细讲解具体的步骤，大致为创建圆柱体，以及螺丝盖、螺母曲面，然后执行布尔运算来将它们组合到一起，如图 9-148 所示。

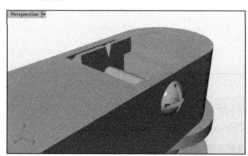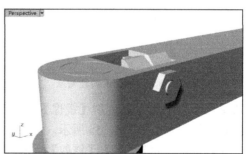

图 9-148 添加螺丝

㉜ 同上述方法，在多重曲面上，再创建出其余 5 个凹槽，并添加螺丝等细节。最终效果如图 9-149 所示。

㉝ 选择菜单栏中的【曲线】|【自由造型】|【控制点】命令，在 Front 视窗中创建几条曲线，如图 9-150 所示。

㉞ 隐藏多余的曲面，在 Top 视窗中，垂直移动 3 条曲线，调整它们的位置，最终效果如图 9-151 所示。

㉟ 选择菜单栏中的【曲面】|【放样】命令，依次选取曲线①、③、②，单击鼠标右键确定，在对话框中调整相关的参数，单击【确定】按钮，完成曲面的创建，如图 9-152 所示。

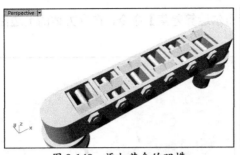

图 9-149　添加其余的凹槽

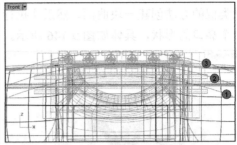

图 9-150　创建几条曲线

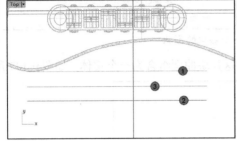

图 9-151　调整曲线的位置

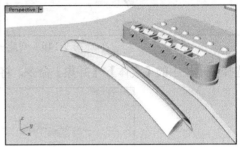

图 9-152　创建放样曲面

㊱　显示放样曲面的控制点，在 Right 视窗中调整曲面的控制点，使整个曲面拱起的弧度更加明显，如图 9-153 所示。

㊲　单独显示这块曲面，然后选择菜单栏中的【曲线】|【直线】|【单一直线】命令，在 Front 视窗中创建两条直线，如图 9-154 所示。

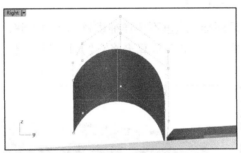

图 9-153　调整曲面的控制点

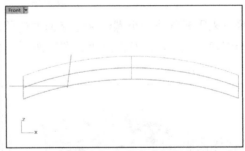

图 9-154　创建两条直线

㊳　选择菜单栏中的【变动】|【镜像】命令，将新创建的两条直线以曲面的中线为对称轴创建镜像副本，如图 9-155 所示。

㊴　选择菜单栏中的【编辑】|【修剪】命令，以这 4 条直线在 Front 视窗中对曲面进行剪切。最终效果如图 9-156 所示。

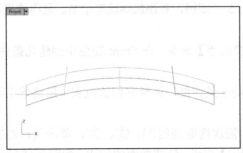

图 9-155　创建镜像副本

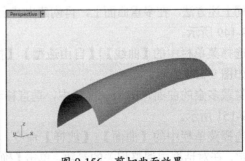

图 9-156　剪切曲面效果

④ 选择菜单栏中的【曲线】|【直线】|【单一直线】命令，开启状态栏中的【正交】【物件锁点】捕捉，以曲面的一个端点为直线的起点，在 Right 视窗中创建一条水平直线，如图 9-157 所示。

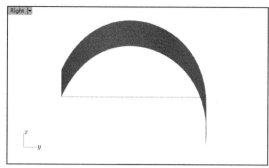
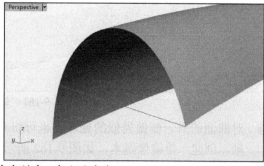

图 9-157　在 Right 视窗中创建一条水平直线

④ 选择菜单栏中的【曲面】|【挤出曲线】|【直线】命令，以刚创建的直线，在 Front 视窗中挤出一块曲面。效果如图 9-158 所示。

④ 选择菜单栏中的【曲面】|【边缘工具】|【分割边缘】命令，将曲面边缘 A 在与挤出曲面的交点处分割为两段，如图 9-159 所示。

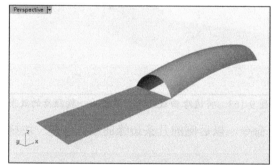
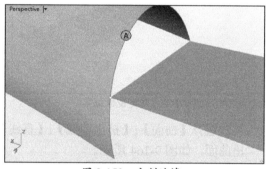

图 9-158　创建挤出曲面效果　　　　　图 9-159　分割边缘

④ 选择菜单栏中的【曲面】|【平面曲线】命令，选取边缘 A 的上部分，然后选取相邻的挤出曲面的边缘，单击鼠标右键确定，创建一块平面，如图 9-160 所示。

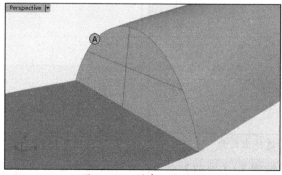

图 9-160　创建一块平面

④ 选择菜单栏中的【曲面】|【单轨扫掠】命令，然后依次选取图中的边缘 1、边缘 A 的下半部分，单击鼠标右键确定，在弹出的对话框中调整相关的曲面参数，最后单击【确定】按钮，完成曲面的创建，如图 9-161 所示。

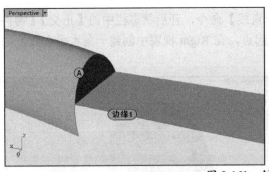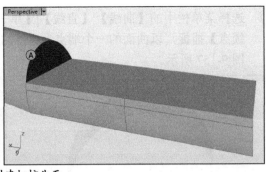

图 9-161　创建扫掠曲面

㊺　对曲面的另一侧做类似的处理，也可将左侧的这几块曲面以放样曲面的中轴线为镜像轴，创建一份镜像副本，如图 9-162 所示。

㊻　选择菜单栏中的【曲面】|【挤出曲线】|【直线】命令，选取图中的 3 条边缘曲线，单击鼠标右键确定，在 Right 视窗中，向下垂直挤出一段距离。效果如图 9-163 所示。

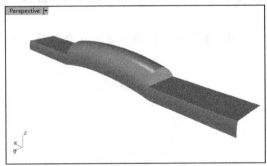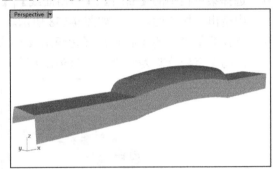

图 9-162　创建镜像副本　　　　　　图 9-163　将边缘曲线向下垂直挤出一段距离的效果

㊼　再次选择【曲面】|【挤出曲线】|【直线】命令，以后侧的几条边缘曲线，创建一块挤出曲面，如图 9-164 所示。

㊽　在 Top 视窗中，选择菜单栏中的【曲线】|【自由造型】|【控制点】命令，创建两条圆弧状曲线，如图 9-165 所示。

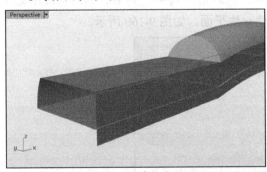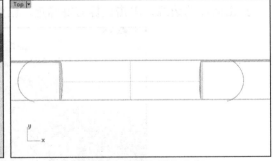

图 9-164　创建挤出曲面　　　　　　图 9-165　创建控制点曲线

㊾　选择菜单栏中的【编辑】|【修剪】命令，在 Top 视窗中，以新创建的曲线对图中的曲面进行剪切，剪切掉位于左右侧多余的部分。最终效果如图 9-166 所示。

㊿　选择菜单栏中的【曲面】|【双轨扫掠】命令，以上下挤出曲面的边缘为路径曲线，以前后两块曲面的边缘为断面曲线，创建两块挤出曲面，封闭图中的曲面，如图 9-167 所示。

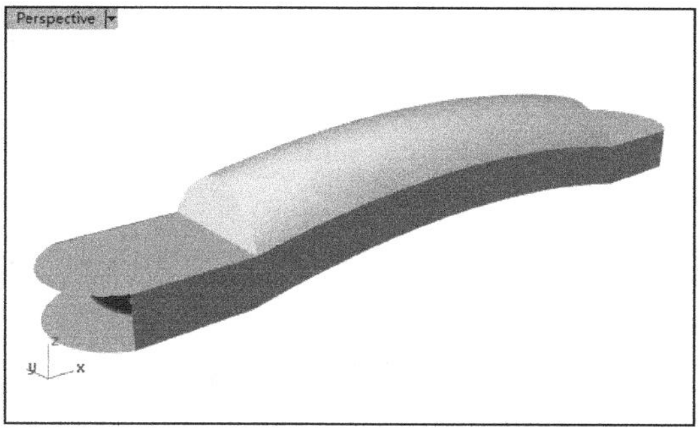

图 9-166 修剪曲面

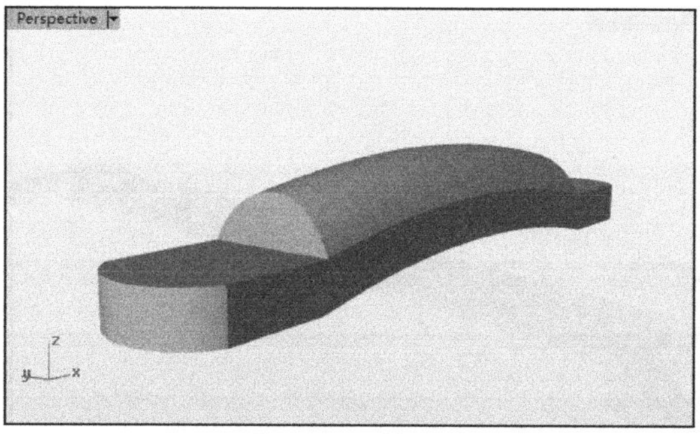

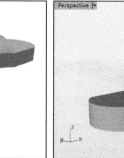

图 9-167 封闭曲面

(51) 将图中这几块曲面组合为一块多重曲面，然后进行多次布尔求差运算，为曲面添加洞、孔等其他细节，最终效果如图 9-168 所示。

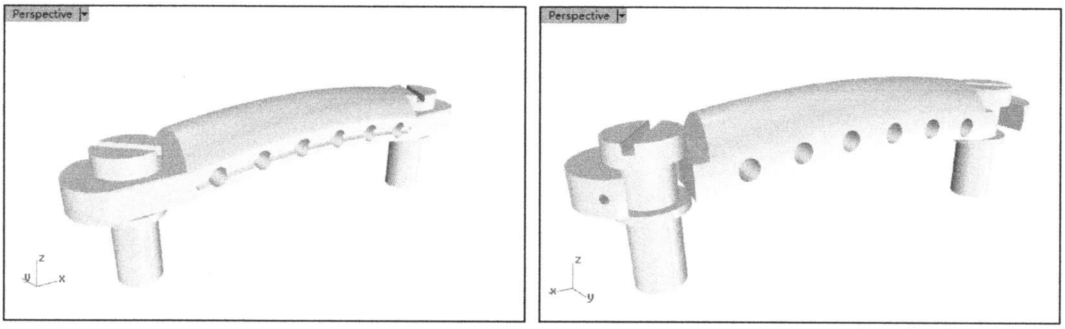

图 9-168 添加其他细节

(52) 在图中显示其他曲面。至此，吉他正面的重要结构曲面创建完成，对于一些较为琐碎的结构，如螺丝钉等小部件的建模较为简单，可以参考光盘文件中附带的模型完善吉他的正面细节，如图 9-169 所示。

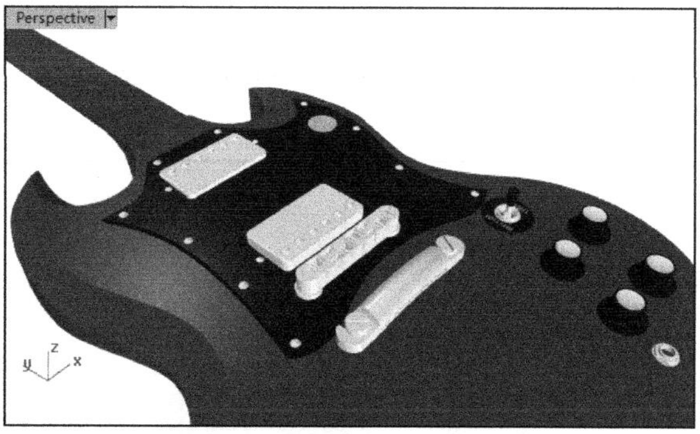

图 9-169 完善吉他正面细节

9.2.3 建立琴弦细节

① 选择菜单栏中的【实体】|【立方体】|【角对角、高度】命令，在 Perspective 视窗中的吉他杆上部，创建一个立方体，效果如图 9-170 所示。

② 在 Top 视窗中，选择菜单栏中的【曲线】|【直线】|【单一直线】命令，依据吉他杆的轮廓，创建两条直线，如图 9-171 所示。

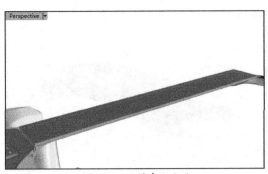

图 9-170　创建立方体　　　　　　　　　　图 9-171　创建两条直线

③　选择菜单栏中的【编辑】|【修剪】命令，剪切掉立方体两边多出的部分，如图 9-172 所示（由于剪切的部分较少，在图中可能不大容易看出立方体的变化）。

④　选择菜单栏中的【实体】|【将平面洞加盖】命令，将剪切后的立方体的两侧边封闭，如图 9-173 所示。

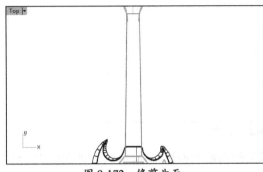

图 9-172　修剪曲面

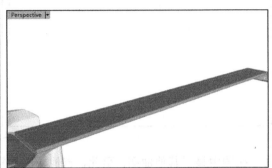

图 9-173　将平面洞加盖

⑤　选择菜单栏中的【曲线】|【直线】|【线段】命令，在 Top 视窗中创建一组多重直线，如图 9-174 所示。

⑥　选择菜单栏中的【编辑】|【分割】命令，在 Top 视窗中对长条立方体进行分割，最终效果如图 9-175 所示。

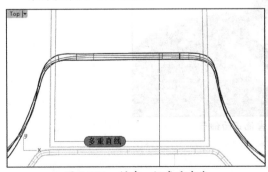

图 9-174　创建一组多重直线

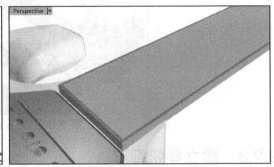

图 9-175　分割曲面

⑦　选择菜单栏中的【曲面】|【混接曲面】命令，以及【编辑】|【组合】等命令，将分割后的两份曲面各自组合为实体，如图 9-176 所示。

⑧　选择菜单栏中的【曲线】|【自由造型】|【控制点】命令，在 Top 视窗中，创建一条曲线，如图 9-177 所示。

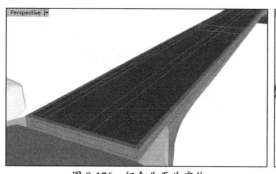
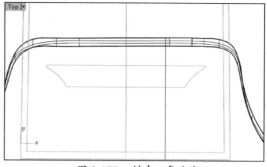

图 9-176　组合曲面为实体　　　　图 9-177　创建一条曲线

⑨ 选择菜单栏中的【实体】|【挤出平面曲线】命令，以新创建的曲线创建一块实体曲面，并在 Perspective 视窗中将其向上移动到图中的位置，如图 9-178 所示。

⑩ 选择菜单栏中的【曲线】|【自由造型】|【控制点】命令，在 Right 视窗中创建一条曲线，如图 9-179 所示。

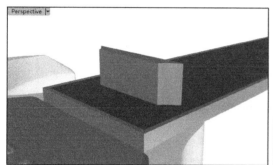
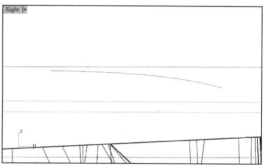

图 9-178　创建挤出实体曲面　　　　图 9-179　创建控制点曲线

⑪ 选择菜单栏中的【曲面】|【挤出曲线】|【直线】命令，以新创建的曲线挤出一块曲面，然后将这块曲面在 Top 视窗中移动到与前面创建的实体曲面相交的位置，选择菜单栏中的【实体】|【差集】命令，以这块曲面修剪掉实体曲面的下部分，如图 9-180 所示。

⑫ 将图中的曲面 A、曲面 B 复制一份，然后选择菜单栏中的【实体】|【交集】命令，依次选取图 9-181 所示的实体曲面 B、实体曲面 A，执行布尔运算交集。

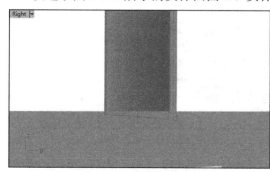
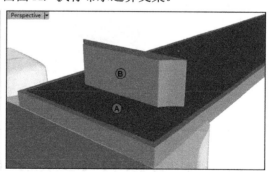

图 9-180　布尔运算差集　　　　图 9-181　布尔运算交集

⑬ 再次选择菜单栏中的【实体】|【差集】命令，选取实体曲面 A 的副本，单击鼠标右键确定，然后选取实体曲面 B 的副本，单击鼠标右键完成，如图 9-182 所示。

⑭ 以类似的方法，在上面标记的实体曲面 A 上创建出多个这样的曲面，由于过程的重复性，这里不再赘述，结果如图 9-183 所示。

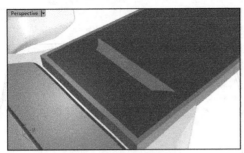

图 9-182　布尔运算差集

图 9-183　添加其余的细节

9.2.4　建立琴头细节

① 选择菜单栏中的【实体】|【立方体】|【角对角、高度】命令，在 Right 视窗中，位于吉他头部的位置创建一个立方体，效果如图 9-184 所示。

② 在 Right 视窗中，选择菜单栏中的【曲线】|【自由造型】|【控制点】命令，创建一条曲线，如图 9-185 所示。

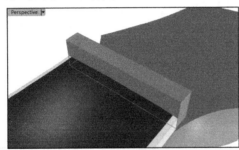

图 9-184　创建立方体

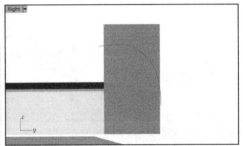

图 9-185　创建控制点曲线

③ 选择菜单栏中的【曲面】|【挤出曲线】|【直线】命令，以新创建的控制点曲线，挤出一块曲面，并将其移动到如图 9-186 所示的位置。

④ 选择菜单栏中的【实体】|【差集】命令，选取立方体，单击鼠标右键确定，然后选取挤出曲面，单击鼠标右键完成，结果如图 9-187 所示。

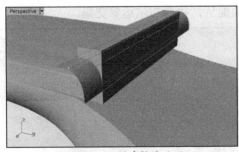

图 9-186　创建挤出曲面

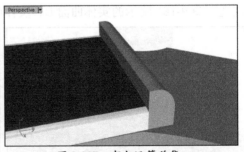

图 9-187　布尔运算差集

⑤ 选择菜单栏中的【实体】|【边缘圆角】|【不等距边缘圆角】命令，为棱边创建边缘圆角，结果如图 9-188 所示。

⑥ 选择菜单栏中的【实体】|【立方体】|【角对角、高度】命令，在 Top 视窗中创建 6 个大小不等的立方体，如图 9-189 所示。

⑦ 选择菜单栏中的【实体】|【差集】命令，选取实体曲面 A，单击鼠标右键确定，然后选取 6 个立方体，单击鼠标右键完成，结果如图 9-190 所示。

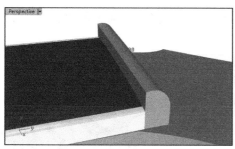

图 9-188 创建边缘圆角

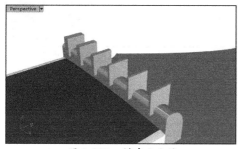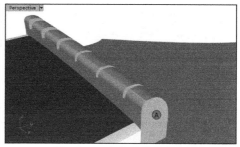

图 9-189 创建立方体　　　　　　图 9-190 布尔运算差集

⑧ 在吉他头部添加一块表示厚度的曲面，然后在这块曲面上添加细节，如图 9-191 所示。

⑨ 添加固定吉他弦用的旋钮曲面，并将它复制多份，分布在不同的位置，结果如图 9-192 所示。

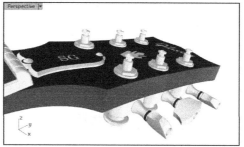

图 9-191 在吉他头部添加细节　　　图 9-192 添加固定吉他弦用的旋钮曲面

⑩ 参照 Right 视窗和 Top 视窗中各吉他部件的位置，选择菜单栏中的【曲线】|【自由造型】|【控制点】命令，创建 6 条吉他弦曲线，如图 9-193 所示。

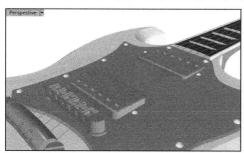

图 9-193 创建吉他弦曲线

⑪ 选择菜单栏中的【实体】|【圆管】命令，以这几条吉他弦曲线，创建圆管曲面，调整圆管半径的大小从而控制吉他弦的粗细，结果如图 9-194 所示。

⑫ 至此，整个吉他模型创建完成，在透视窗中进行旋转查看，也可在创建的模型基础上创建更多细节，如图 9-195 所示。

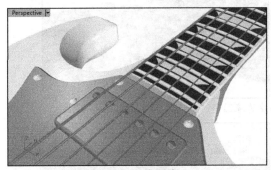

图 9-194 创建圆管曲面

图 9-195 吉他模型创建完成

9.3 制作恐龙模型

恐龙模型看起来较为复杂，由于曲面的变化较为多样，这里很多时候需要通过调整控制点的位置来改动曲面的形状。

整个恐龙模型在建模过程中大致有如下几个步骤：

- 创建主体曲面轮廓线，并依据轮廓线创建断面轮廓线。
- 依据断面线通过放样工具的使用创建恐龙身体曲面，并通过移动控制点来进行调整。
- 创建恐龙头部曲面及细节。
- 创建恐龙四肢曲面及细节。
- 为整个模型曲面分配图层，模型创建完成。

9.3.1 创建恐龙主体曲面

① 新建 Rhino 模型文件。

② 创建模型之初，需要将模型的俯视图与侧视图分别导入 Top 正交视图和 Front 正交视图中，并进行对齐操作，效果如图 9-196 所示。

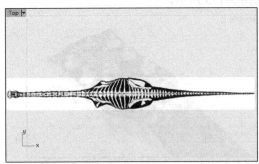

图 9-196 放置背景图片

③ 选择菜单栏中的【曲线】|【自由造型】|【控制点】命令，在 Front 正交视图中依据背景参考图片创建两条轮廓曲线，如图 9-197 所示。

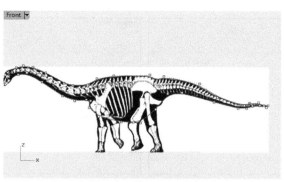

图 9-197 创建两条轮廓曲线

技术要点：

　　在创建控制点曲线时，对于图 9-197 中的复杂轮廓线，很难直接创建完成，一般创建出轮廓线的大致轮廓，在曲线变化复杂处多放置几个控制点，变化平滑处少放置几个，然后开启控制点显示，再对它们进行调整，最终创建出符合要求的曲线。

④　再次选择菜单栏中的【曲线】|【自由造型】|【控制点】命令，在 Top 正交视图中创建一条轮廓曲线，如图 9-198 所示。

⑤　显示新创建曲线的控制点，在 Front 正交视图中移动、调整这条曲线，调整后的形状如图 9-199 所示。

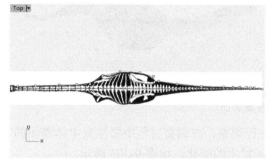

图 9-198 创建一条轮廓曲线

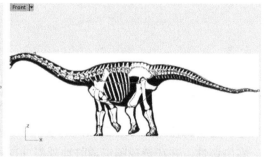

图 9-199 调整曲线

⑥　选择菜单栏中的【变动】|【镜像】命令，在 Top 正交视图中，为前面的曲线创建一个镜像副本，如图 9-200 所示。

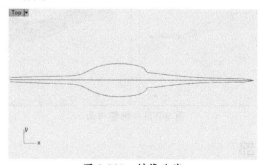

图 9-200 镜像曲线

⑦　选择菜单栏中的【曲线】|【断面轮廓线】命令，在透视图中依次选取 4 条曲线，单击鼠标右键确定，然后在 Front 正交视图中创建一组断面曲线，最后单击鼠标右键创建完成，如图 9-201 所示。

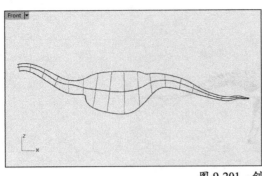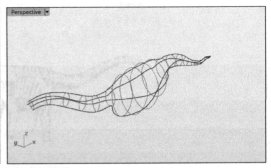

图 9-201　创建断面轮廓线

⑧　选择菜单栏中的【曲面】|【放样】命令，在 Front 正交视图中从左至右依次选取新创建的断面曲线，然后选择命令行中的【点(P)】选项，选取右端的几条曲线的端点，然后单击鼠标右键确定，在弹出的对话框中调整相关的参数，最后单击【确定】按钮，完成曲面的创建（完成后对曲面选择菜单栏中的【编辑】|【重建】命令可以调整曲面的 U、V 参数），如图 9-202 所示。

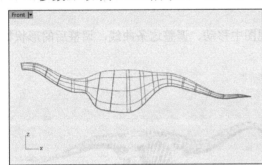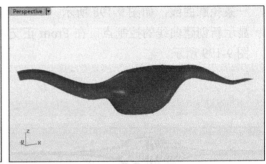

图 9-202　重建曲面

⑨　显示曲面的控制点，在 Front 正交视图中进行调整，在调整过程中要注意主体曲面的对称协调性，并在透视图中适时地观察曲面所发生的变化，如图 9-203 所示。

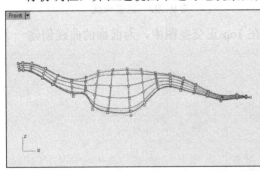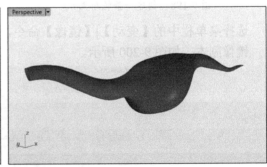

图 9-203　调整曲面

9.3.2　制作恐龙头部

①　选择菜单栏中的【曲线】|【自由造型】|【控制点】命令，在 Front 正交视图中创建两条恐龙头部轮廓曲线，如图 9-204 所示。

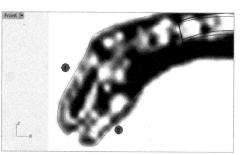

图 9-204　创建两条恐龙头部轮廓曲线

② 再次选择菜单栏中的【曲线】|【自由造型】|【控制点】命令，以曲线①的左侧端点为起始点创建一条曲线，并以曲线②的左侧端点作为这条曲线的终点。然后在各个视图中调整曲线的控制点，如图 9-205 所示。

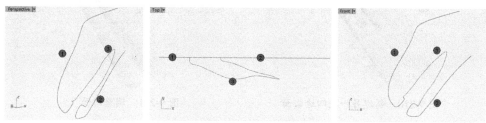

图 9-205　调整曲线的控制点

③ 继续选择菜单栏中的【曲线】|【自由造型】|【内插点】命令，在 Front 正交视图中连接曲线①、②的右侧端点，单击鼠标右键确定，创建出曲线④，开启它的控制点，调整形状，如图 9-206 所示。

④ 开启状态栏中的【物件锁点】捕捉，在透视图中创建曲线⑤。曲线⑤的首尾两点分别位于曲线③和曲线④上，调整它的控制点，最终效果如图 9-207 所示。

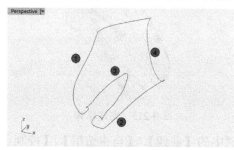

图 9-206　创建并调整曲线

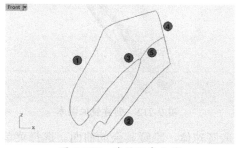

图 9-207　连接两条曲线

⑤ 选择菜单栏中的【编辑】|【分割】命令，以曲线⑤对曲线③、曲线④进行分割，如图 9-208 所示。

⑥ 选择菜单栏中的【曲面】|【边缘曲线】命令，依次选取曲线②、⑦、⑤、⑨，单击鼠标右键确定，创建出恐龙头部的下颚部分曲面，如图 9-209 所示。

⑦ 单击鼠标右键，重复执行步骤 ⑥ 的命令，依次选取曲线①、⑥、⑤、⑧，单击鼠标右键确定，创建出上部分曲面，如图 9-210 所示。

⑧ 开启上部曲面的控制点，然后通过调整控制点来为曲面添加凹陷、凸出等特征，这部分较为烦琐，自主性较强，在调整控制点的过程中，通过观察透视图中的曲面所发生的变化进行适时的调整。最终效果如图 9-211 所示。

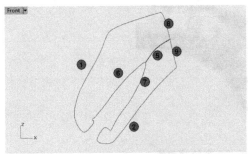

图 9-208　分割曲线

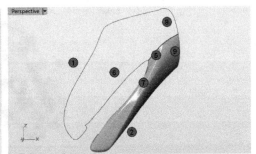

图 9-209　创建四边曲面

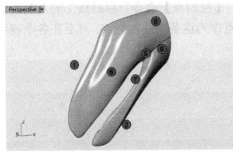

图 9-210　创建另一块四边曲面

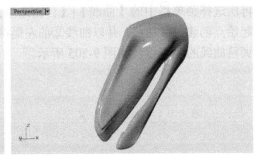

图 9-211　调整曲面

⑨　选择菜单栏中的【变动】|【镜像】命令，选取头部的两块曲面，在 Top 正交视图中创建出它们的镜像副本，完成整个头部的创建，如图 9-212 所示。

⑩　选择菜单栏中的【实体】|【球体】|【中心点、半径】命令，在 Top 正交视图中创建一个圆球体，然后将其移动到如图 9-213 所示的位置，将以此作为恐龙的眼球曲面。

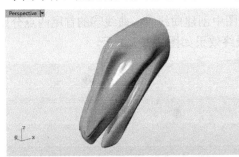

图 9-212　创建镜像副本

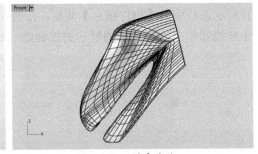

图 9-213　创建球体

⑪　选取圆球体，隐藏其余的曲面。选择菜单栏中的【曲线】|【自由造型】|【控制点】命令，在 Front 正交视图中创建几条曲线，作为眼睑曲面的轮廓曲线。然后显示这些曲线的控制点，在 Right 正交视图中调整曲线的形状，如图 9-214 所示。

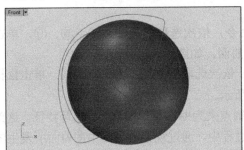

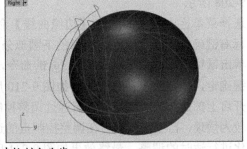

图 9-214　创建控制点曲线

⑫ 选择菜单栏中的【曲面】|【放样】命令，依次选取曲线①、②、③，单击鼠标右键确定，在弹出的对话框中调整相关的参数，最后单击【确定】按钮，完成放样曲面的创建。在透视图中进行查看，如图 9-215 所示。

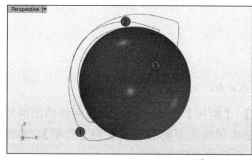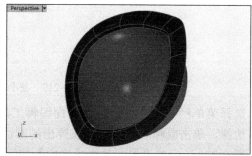

图 9-215　创建放样曲面

⑬ 显示头部曲面，选择菜单栏中的【曲线】|【自由造型】|【控制点】命令，在 Front 正交视图中创建一条曲线，如图 9-216 所示。

⑭ 选择菜单栏中的【编辑】|【修剪】命令，在 Front 正交视图中以新创建的曲线①剪切掉曲线内的头部曲面，结果如图 9-217 所示。

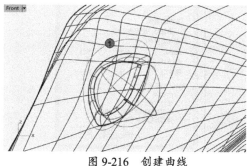

图 9-216　创建曲线　　　　　　　　图 9-217　修剪曲面

⑮ 选择菜单栏中的【曲面】|【混接曲面】命令，然后在透视图中选取剪切曲面的边缘以及眼睑曲面的边缘，单击鼠标右键确定，在弹出的对话框中设置相应的参数，单击【确定】按钮，完成混接曲面的创建，如图 9-218 所示。

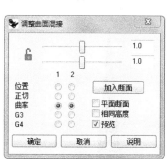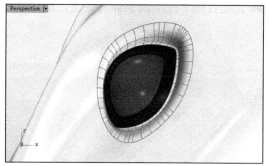

图 9-218　创建混接曲面

⑯ 对另一侧的头部曲面做相同的处理（也可删除原有的一侧曲面，将添加完眼部细节的曲面以镜像复制创建另一侧曲面），最终整个头部曲面的效果如图 9-219 所示。

图 9-219　整个头部曲面的效果

⑰　选择菜单栏中的【曲面】|【曲面编辑工具】|【衔接】命令，依次选取两块曲面的相接
　　边缘，单击鼠标右键确定，在弹出的对话框中调整曲面间的连续性为【曲率】，参照如
　　图 9-220 所示的设置，单击【确定】按钮，完成曲面间的衔接。

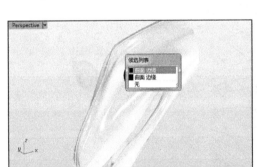

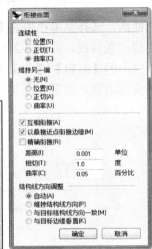

图 9-220　衔接曲面

⑱　选择菜单栏中的【曲线】|【从物件建立曲线】|【抽离结构线】命令，选取下颚曲面，
　　移动鼠标位置，在曲面上选取一条如图 9-221 所示的结构线。

⑲　选择菜单栏中的【实体】|【圆锥体】命令，在 Top 正交视图中确定圆锥体底面的大小，
　　在 Front 正交视图中控制圆锥体的高度，最后单独显示这个圆锥体，如图 9-222 所示。

图 9-221　抽离结构线

图 9-222　创建圆锥体

⑳　选择菜单栏中的【编辑】|【炸开】命令，将圆锥体曲面炸开为几个单一曲面。然后选
　　择菜单栏中的【编辑】|【重建】命令，重建圆锥体曲面，使其有更多的控制点可供编
　　辑，如图 9-223 所示。

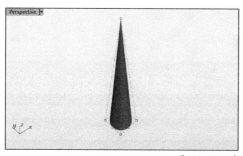

图 9-223　重建圆锥体曲面

㉑ 调整圆锥体曲面的控制点，修改为恐龙牙齿的形状，随后将整个圆锥体重新组合为一个实体，如图 9-224 所示。

㉒ 显示头部曲面，选择菜单栏中的【变动】|【移动】命令，将整个圆锥体旋转移动到抽离的结构线上（如果大小不适合可将其进行三轴缩放），如图 9-225 所示。

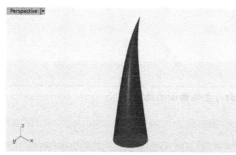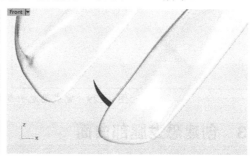

图 9-224　调整圆锥体曲面　　　　　　图 9-225　旋转移动圆锥体

㉓ 选择菜单栏中的【变动】|【阵列】|【沿着曲线】命令，将小圆锥体沿抽取的结构线创建阵列，如图 9-226 所示。

㉔ 选择菜单栏中的【变动】|【镜像】命令，选取所有的牙齿曲面，在 Top 正交视图中将它们以头部中轴线为镜像轴创建牙齿曲面的副本，如图 9-227 所示。

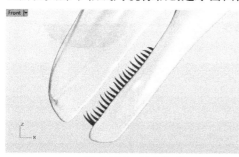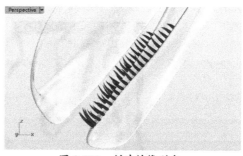

图 9-226　创建阵列　　　　　　　　　图 9-227　创建镜像副本

㉕ 以同样的方法，为恐龙头部添加上侧的牙齿曲面，为了构造出牙齿的多样性，可对一些牙齿的控制点进行移动，如图 9-228 所示。

㉖ 显示恐龙的主体曲面，选择菜单栏中的【曲面】|【混接曲面】命令，选取图中的两条边缘曲线，单击鼠标右键确定，在弹出的对话框中调整混接参数，单击【确定】按钮，完成恐龙头部曲面与主体曲面的混接，如图 9-229 所示。

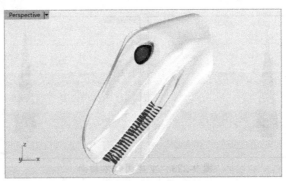

图 9-228　恐龙牙齿曲面创建完成

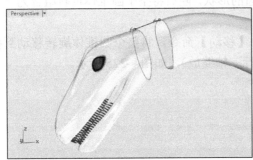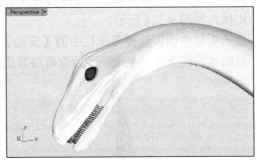

图 9-229　完成恐龙头部曲面与主体曲面的混接

9.3.3　创建恐龙腿部曲面

由于四条腿部曲面有着相同的建模思路以及建模方法，因此这里以一条腿部曲面建模为主要讲解对象，其他的腿部曲面需要依此独立来完成。

① 选择菜单栏中的【曲线】|【自由造型】|【控制点】命令，在 Front 正交视图中创建其中一条腿部轮廓曲线，如图 9-230 所示。

② 在 Right 正交视图中移动这几条曲线的位置，显示并调整它们的控制点，最终如图 9-231 所示。

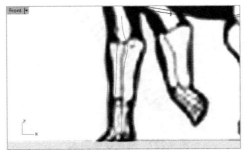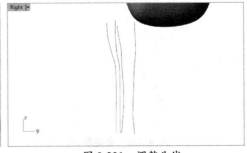

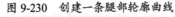

图 9-230　创建一条腿部轮廓曲线　　　　　图 9-231　调整曲线

③ 选择菜单栏中的【曲线】|【断面轮廓线】命令，依次选取腿部轮廓线①、②、③、④，单击鼠标右键确定，在 Front 正交视图中创建几条断面轮廓线，如图 9-232 所示。

④ 选择菜单栏中的【曲面】|【放样】命令，依次选取图中的断面曲线，单击鼠标右键确定，在弹出的对话框中设置相关的参数，单击【确定】按钮，完成腿部曲面的创建。之后，开启曲面的控制点，对曲面进行微调。最终效果如图 9-233 所示。

⑤ 选择菜单栏中的【曲线】|【圆】|【中心点、半径】命令，选择命令行中的【可塑形的

(D)】选项，在 Front 正交视图中创建一条圆形曲线，然后显示它的控制点并移动，最终效果如图 9-234 所示。

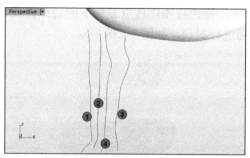 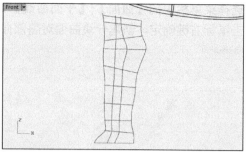

图 9-232　创建断面轮廓线

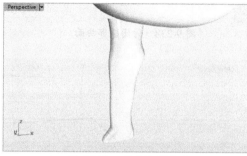 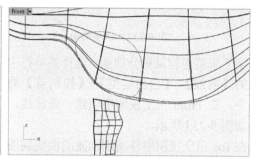

图 9-233　创建放样曲面　　　　　　图 9-234　创建可塑形的圆形曲线

⑥　选择菜单栏中的【编辑】|【修剪】命令，在 Front 正交视图中，以新创建的曲线对恐龙主体曲面进行剪切，剪去曲线所包围的那部分曲面，结果如图 9-235 所示。

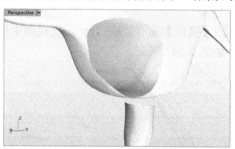

图 9-235　修剪曲面

⑦　选择菜单栏中的【曲面】|【混接曲面】命令，选取图中的两条边缘曲线，单击鼠标右键确定，在弹出的对话框中调整两条边缘曲线的混接参数，最后单击鼠标右键确定，创建混接曲面完成，如图 9-236 所示。

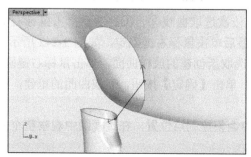 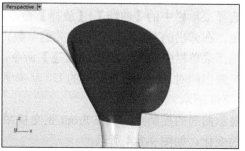

图 9-236　创建混接曲面

⑧ 为了使腿部连接曲面显得更为丰富，显示混接曲面的控制点，然后进行移动，使模型更为生动，如图 9-237 所示。

⑨ 选择菜单栏中的【曲面】|【平面曲线】命令，在透视图中选取腿部下侧边缘曲线，单击鼠标右键确定，创建一块曲面对腿部曲面进行封口，如图 9-238 所示。

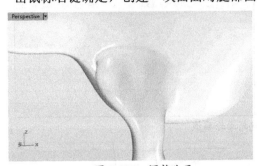

图 9-237 调整曲面

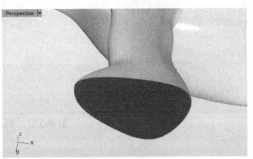

图 9-238 封闭腿部曲面

⑩ 接下来创建脚趾部分曲面。选择菜单栏中的【曲线】|【自由造型】|【控制点】命令，在 Front 正交视图中创建一条曲线，如图 9-239 所示。

⑪ 在 Top 正交视图中移动刚创建的曲线到图中的位置，然后再次选择菜单栏中的【曲线】|【自由造型】|【控制点】命令，以曲线①的端点为起始点创建曲线②，如图 9-240 所示。

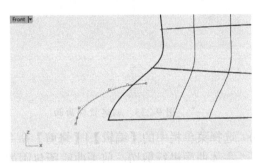

图 9-239 创建曲线

⑫ 选择菜单栏中的【变动】|【镜像】命令，在 Top 正交视图中以曲线①为镜像轴为曲线②创建镜像副本曲线③，如图 9-241 所示。

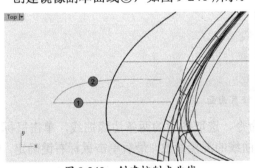

图 9-240 创建控制点曲线

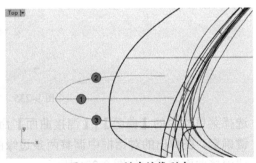

图 9-241 创建镜像副本

⑬ 选择菜单栏中的【曲线】|【放样】命令，依次选取曲线②、①、③，单击鼠标右键确定，在弹出的对话框中调整相关的参数，最后单击鼠标右键确定，如图 9-242 所示。

⑭ 选择菜单栏中的【编辑】|【重建】命令，选取新创建的放样曲面，单击鼠标右键确定，在弹出的对话框中设置重建的 U、V 参数，单击【确定】按钮，完成曲面的重建，如图 9-243 所示。

⑮ 显示曲面的控制点，并在 Front 正交视图中调整控制点位置，在透视图中观察整个曲面的变化，如图 9-244 所示。

图 9-242 创建放样曲面

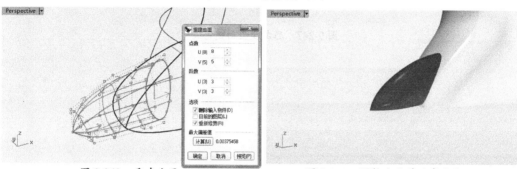

图 9-243 重建曲面

图 9-244 调整曲面并观察变化

⑯ 将创建好的脚趾曲面在 Top 正交视图中进行旋转复制,并对其进行缩放,分配到脚部的不同位置。最终效果如图 9-245 所示。

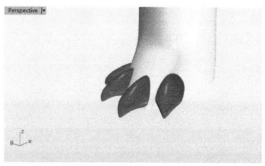

图 9-245 旋转复制脚趾曲面最终效果

⑰ 以类似的方法创建出其余的腿部曲面,在透视图中旋转查看,并进行调整,如图 9-246 所示。

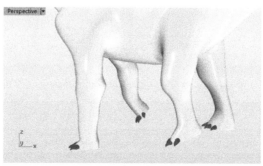

图 9-246 创建其余的腿部曲面

⑱ 至此，整个恐龙模型创建完成，显示所有的曲面，在透视图中进行着色显示，隐藏构建曲线，旋转查看，如图 9-247 所示。

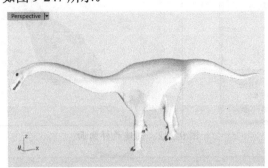

图 9-247　恐龙模型创建完成